# 住宅设计解剖书

## 宫胁檀作品集

[日本] 中山繁信 著
张立 范琳琳 陈思 译

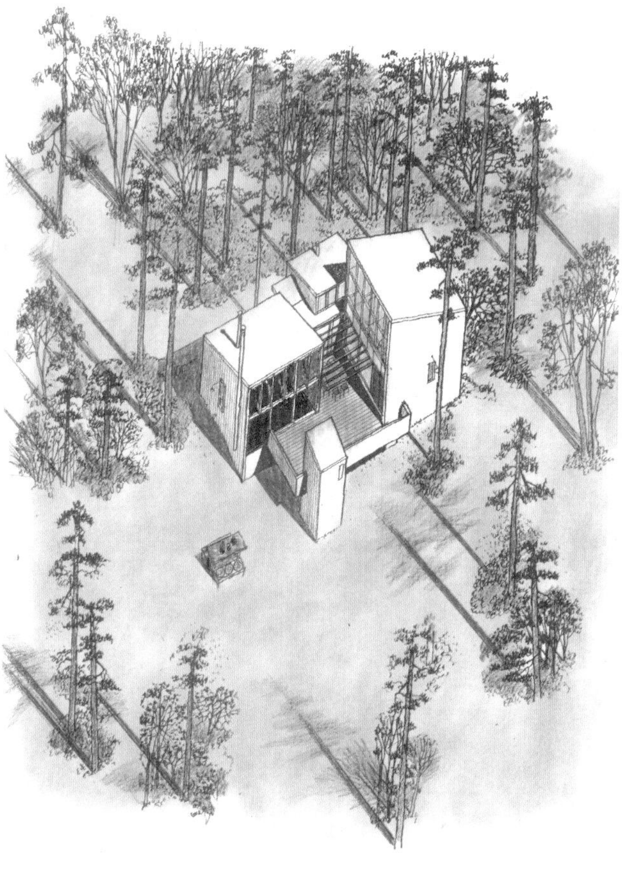

江苏凤凰科学技术出版社·南京

**图书在版编目（CIP）数据**

住宅设计解剖书．宫胁檀作品集 /（日）中山繁信著；张立，范琳琳，陈思译．—南京：江苏凤凰科学技术出版社，2023.1
ISBN 978-7-5713-3297-6

Ⅰ．①住… Ⅱ．①中… ②张… ③范… ④陈… Ⅲ．①住宅－室内装饰设计－作品集－日本－现代 Ⅳ．①TU241

中国版本图书馆 CIP 数据核字 (2022) 第 210907 号

**住宅设计解剖书　宫胁檀作品集**

著　　者　[日本] 中山繁信
译　　者　张　立　范琳琳　陈　思
项目策划　凤凰空间 / 周明艳
责任编辑　赵　研　刘屹立
特约编辑　周明艳　马思齐

出版发行　江苏凤凰科学技术出版社
出版社地址　南京市湖南路 1 号 A 楼，邮编：210009
出版社网址　http://www.pspress.cn
总　经　销　天津凤凰空间文化传媒有限公司
总经销网址　http://www.ifengspace.cn
印　　刷　北京军迪印刷有限责任公司

开　　本　710 mm×1 000 mm　1 / 16
印　　张　12
字　　数　152 000
版　　次　2023 年 1 月第 1 版
印　　次　2023 年 1 月第 1 次印刷

标准书号　ISBN　978-7-5713-3297-6
定　　价　78.00 元

# 目录

## 第 1 章　住宅设计的关键词


1　把生活完美收纳在简洁箱体中 · · · 6
2　从箱体演变出各种形状 · · · · · · 8
3　有缺失的剖面 · · · · · · · · · · · 10
4　混合两种结构 · · · · · · · · · · · 12
5　房间的连接与拆分 · · · · · · · · · 14
6　将客厅位置上移 · · · · · · · · · · 16
7　畅通的环形动线保证舒适性 · · · · 18
专栏　解读宫胁檀住宅的 3 个关键词 · 20
8　组合多个箱体 · · · · · · · · · · · 22


## 第 2 章　活用场地


1　把握场地的特征 · · · · · · · · · · 24
2　传统和现代的融合 · · · · · · · · · 26
专栏　从设计调查中有所收获 · · · · 28
3　充分利用场地的各个角落 · · · · · 30
4　庭院的绿植决定居住品质 · · · · · 32
5　露台、外廊作为客厅的延展空间 · · 34
6　住宅须应对变化 · · · · · · · · · · 36
7　观察周围的环境 · · · · · · · · · · 40


## 第 3 章　住宅规划设计


1　模块化减少空间浪费 · · · · · · · · 43
2　小户型住宅的秘密 · · · · · · · · · 44
3　小户型的收纳需要细心设计 · · · · 46
4　住宅密集区的生活中心宜放在二楼 · 48
5　LDK 是生活的中心 · · · · · · · · 50
6　考虑动线、采光和通风 · · · · · · · 52
7　功能不明确的空间让生活更丰富 · · 54
8　从容地享受不便 · · · · · · · · · · 56
9　把避雨的空间视作给行人的礼物 · · 58
10　以广场为中心的休息空间 · · · · 60
11　色彩丰富的非日常空间 · · · · · · 62
12　露台给生活带来变化 · · · · · · · 64
13　封闭的阳台确保隐私和采光 · · · 66
14　灵活利用大自然设计建筑 · · · · 68
15　有意义的鲸鱼形状 · · · · · · · · 70
16　嵌套结构的一居室 · · · · · · · · 73
17　尽可能实现鲸鱼形式 · · · · · · · 74
18　优秀的客户便于创造卓越的作品 · 76
专栏　改变人生的邂逅 · · · · · · · · 77
专栏　建筑家宫胁檀的技术支撑 · · · 78


## 第 4 章　营造舒适空间的方法

### 客厅


1　客厅是家人休憩、招待客人的场所 · 80
2　客厅的沙发并非坐坐而已 · · · · · 82
3　注重南北两侧的采光和通风 · · · · 84
4　阳光房是客厅的辅助空间 · · · · · 86
5　内凹的沙发是客厅里的摇篮 · · · · 87
6　扇形区域是休憩场所 · · · · · · · 88
7　客厅和餐厅的重要关系 · · · · · · 90
8　拥有下沉空间的舒适客厅 · · · · · 92
9　下沉空间是家人聚集的中心 · · · · 94
10　有下沉空间和沙发的客厅 · · · · 95
11　用沙发填满的客厅 · · · · · · · · 96
12　客厅里定制沙发不可或缺 · · · · 98


### 厨房和餐厅


13　厨房、餐厅、客厅的花样组合 · 100
14　不同类型的面对面式厨房 · · · 102

15　厨房动线和易操作的台面高度 · 104
16　独立式厨房是主妇的城堡 · · · 106
17　明亮好用的餐厅厨房 · · · · · 108
18　灵活多变的餐厅厨房 · · · · · 110
19　利用门的设计自由地整合空间 · 112
20　有意义的灶台前的矮墙 · · · · 114
21　紧凑型餐厨 · · · · · · · · · 116
22　形似驾驶舱的小厨房 · · · · · 118
23　从餐厅厨房到客厅的过渡很重要 122
24　以餐桌为中心的 LDK 空间 · · · 124
25　餐厅厨房的尺寸很重要 · · · · 126
26　舒适的箱体餐厅 · · · · · · · 128
27　餐厅和厨房的立体采光 · · · · 130
28　兼顾厨房的采光和通风 · · · · 131
29　厨房的双重采光 · · · · · · · 132
30　餐桌和料理台高度差的处理 · · 133
31　视野开阔、令人心情愉悦的客厅 134
32　与和室打通的餐厅 · · · · · · 136

**卧室**

33　拥有舒适小书房的卧室 · · · · 138
34　悬空卧室赋予舒适睡眠 · · · · 140
35　设有衣橱和洗手台的卧室 · · · 141
36　小卧室也不忘留白 · · · · · · 142
37　设有衣柜和书房的小卧室 · · · 143
38　带有书房、衣柜、卫浴的卧室 · 144
39　老人房宜靠近卫浴区 · · · · · 145

**儿童房**

40　活用空间挑高的儿童房 · · · · 146
41　培养手足情的别样双层床 · · · 148
42　游戏角是增进手足情的共享空间 150
43　可在此并肩学习的双人儿童房 · 152

**书房、主妇房**

44　与厨房同在的主妇休憩空间 · · 154
45　面向庭院的敞亮书房 · · · · · 155
46　沙发秒变床的独立书房 · · · · 156

**浴室、卫生间**

47　体验开放感十足的浴室 · · · · 158
48　迷你中庭是光和风的通道 · · · 160
49　营造露天温泉般的浴室 · · · · 162

**玄关**

50　玄关处藏露适当 · · · · · · · 164
51　观景窗是迎宾画 · · · · · · · 166
52　访客和主人均可看到美景的玄关 · 168
专栏　在旅行中增长见识 · · · · · 169
专栏　宫胁檀透视图——虫视图 · · 170

## 第 5 章　内部空间设计

1　需要很多门窗的理由 · · · · · · 172
2　小户型和高密度住宅区更需要飘窗 174
3　仅采用木制门窗 · · · · · · · · 176
4　纸拉门并非和室专属 · · · · · · 178

## 第 6 章　街道设计

1　住宅区内公共空间不可或缺 · · · 180
2　停车位是交流场所 · · · · · · · 182
3　停车位不停车时也有价值 · · · · 184
4　更便捷地停车 · · · · · · · · · 186
专栏　教育家宫胁檀遗留的财富 · · 188

## 宫胁檀住宅作品列表 · · · 189

## 后记 · · · · · · · · · · · · · 192

# 第1章

# 住宅设计的关键词

# 1 把生活完美收纳在简洁箱体中

## 箱体系列

以单纯的箱体形态为基础，建造造型丰富、形态各异的住宅

从悬崖上突起的箱体　早崎宅（蓝色箱体）

建筑师宫胁檀（以下称为宫胁先生）的设计理念是“设计和建筑都应该简单”，其具有代表性的作品是“箱体系列”（BOX）项目。

把多样复杂的人类生活收纳进方形箱体里并非易事。即便好不容易把人类生活放到了箱体里，还经常被人问：“你设计了哪里？”为了符合土地条件、法规限制，以及实现业主的生活方式和满足其要求，有时需要对箱体进行切割、削减，同时赋予其住宅的功能，这是设计阶段的关键要点。也就是说设计要做的不是装饰，而是简化不需要的东西。

箱体系列以箱体为基础的同时，拥有各式的形状。把切去的部分设计成开口是很普遍的，但是宫胁先生的作品是以涂有艳丽色彩的混凝土箱形结构和木结构作为外部装饰相结合的箱体。因为刷漆颜色不同，所以这些箱体分别被称为“蓝色箱体”“灰色箱体”等。

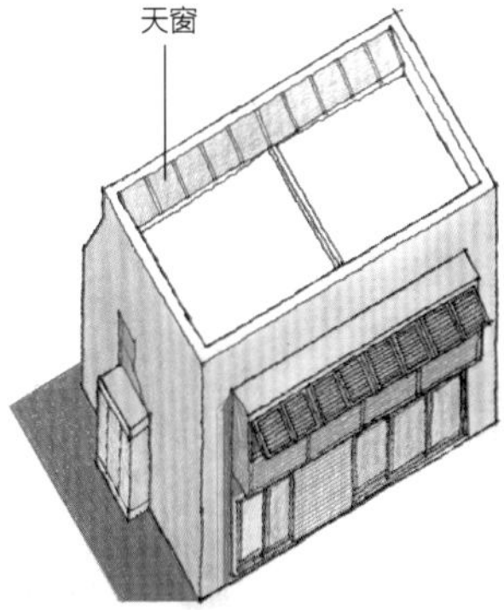


**菅野宅（菅野箱体）**

在北侧屋顶有一条细长的天窗，为北侧房间的内部带来光线

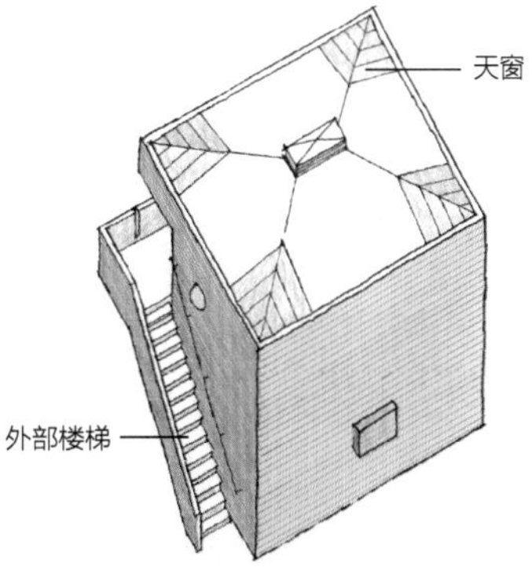


**奈良宅（灰色箱体 1 号）**

其特点在于通往二楼玄关的外部楼梯和屋顶 4 个角部的天窗

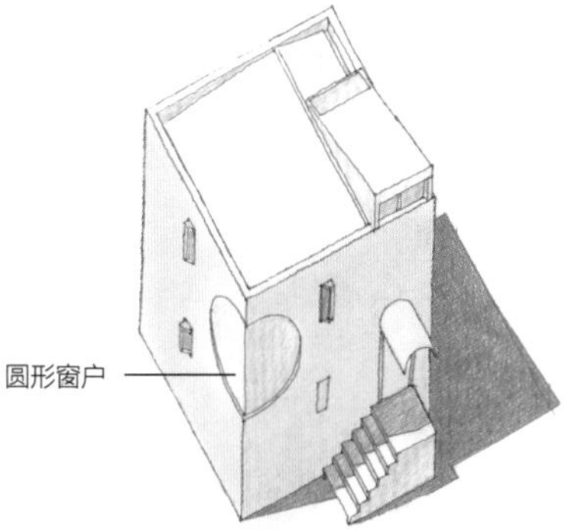


**安冈宅（绿色箱体 2 号）**

建筑为箱体形状，拐角处开的圆形窗户让人印象深刻

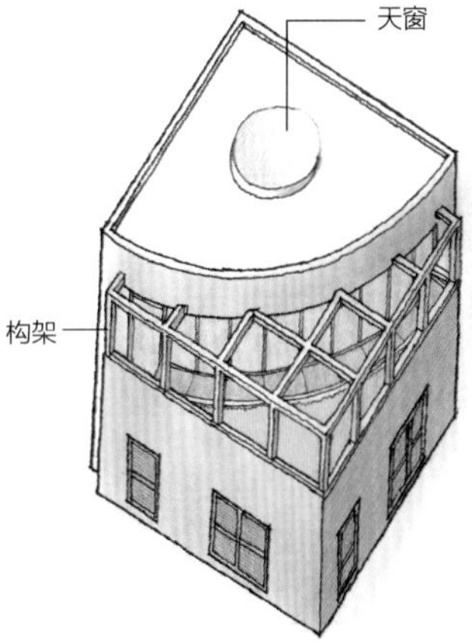


**佐川宅（1/4 圆箱体）**

二层部分设计的 1/4 圆顶及构架造型很特别

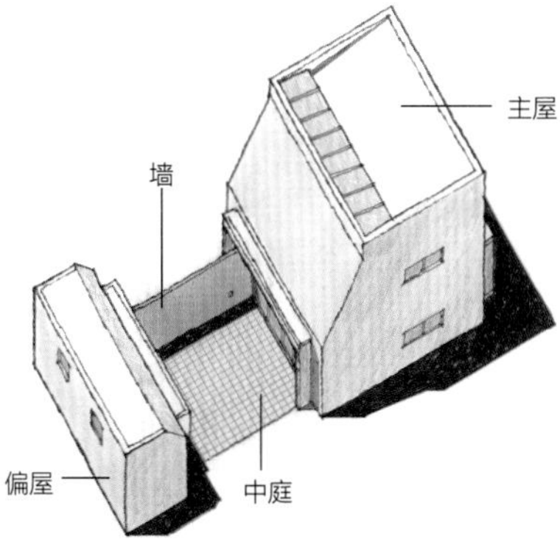


**松川宅（松川箱体）**

这个建筑是由相对而立、顶部切角的两个箱体组成的，从中庭开始露天范围在垂直方向逐渐增加

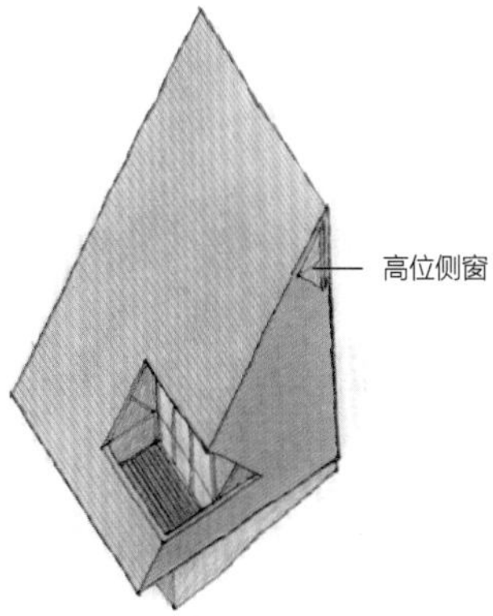


**柴永别墅（三角箱体）**

这个形状是从长方体箱体斜着切下的形状。这种三角形是建筑屋顶的基本形状之一

# 2 从箱体演变出各种形状

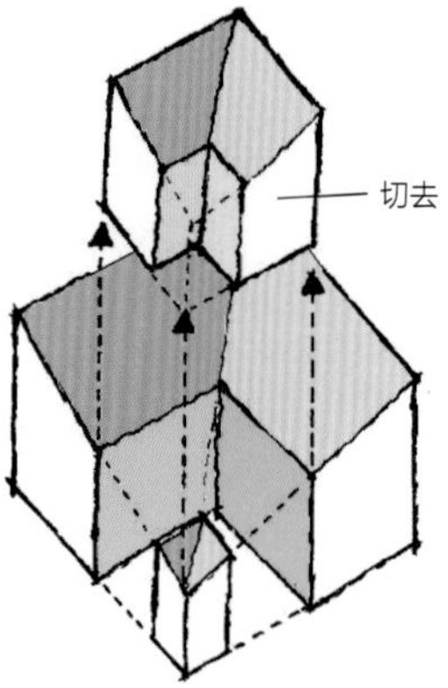


## 切去中央

**富士道宅**
把中间切去，形成 L 形作为偏屋，切去的部分作为中庭

## 切去拐角

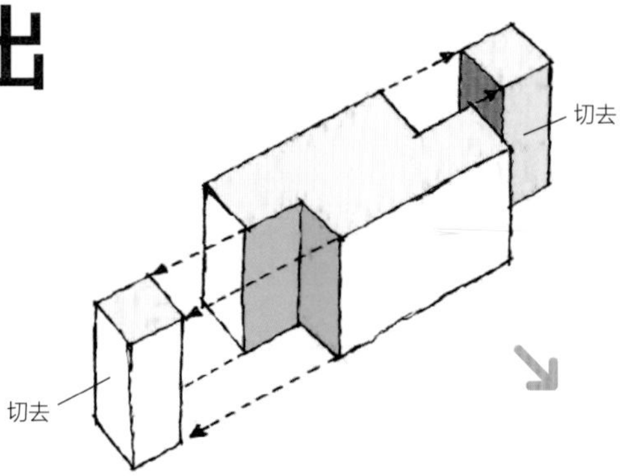


**高畠宅**
切去对角线上的两个角做成开口部。所切去部分的地面可以做成露台或者是后院

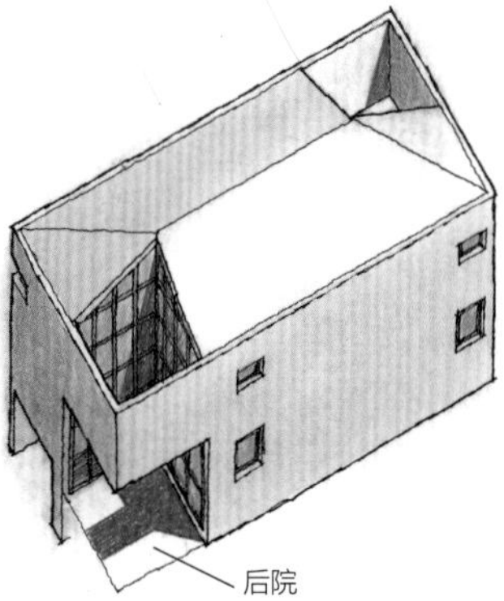


简单的箱体无法直接用作住宅。因为如果没有窗户和入口的话，别说是生活了，连屋子都进不去。设计的箱体要让出入成为可能，要有稳定的光线且可以通风，还要考虑遮挡夏天强烈的日光，并想尽办法做到遮风挡雨。当然，还需要下更多的功夫，以便从窗户向外看去，可以欣赏美景。宫胁先生在保留箱体形状的同时，也创造了制作开口部分的方法。在此介绍 3 种方法。

### 切去中央

在富士道宅中，将箱体切去的空间做成庭院，剩下的 L 形部分则是偏屋。通过这个方法，从空间外形和实用性来看生活都是多种多样的。

### 切去拐角

观察高畠宅则可发现，将切去的东南和相对的西北部分做成露台，如此一来，光线充足，通风良好。

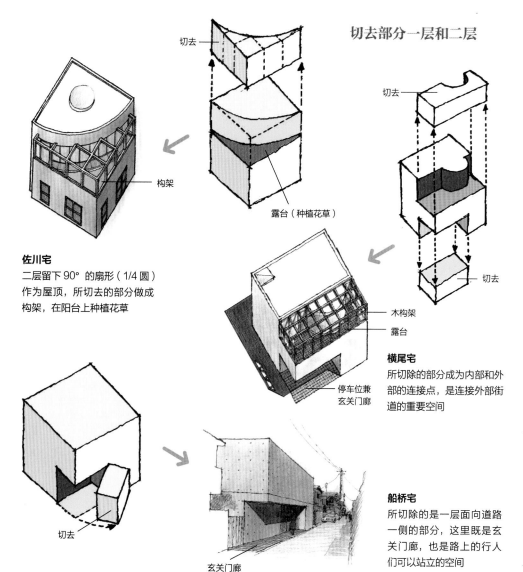

# 切去部分一层和二层

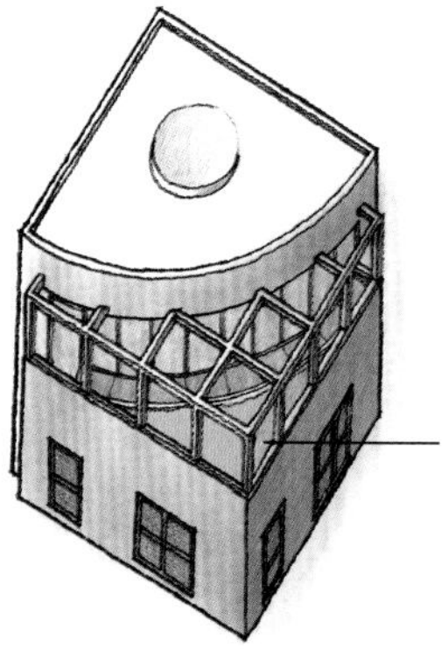
构架

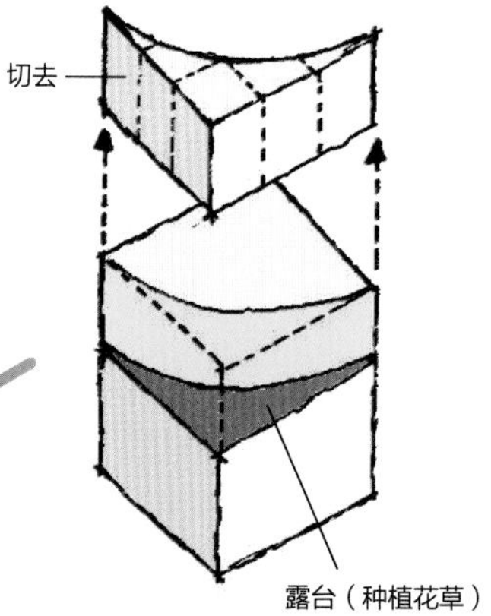
切去
露台（种植花草）

**佐川宅**

二层留下 90° 的扇形（1/4 圆）作为屋顶，所切去的部分做成构架，在阳台上种植花草

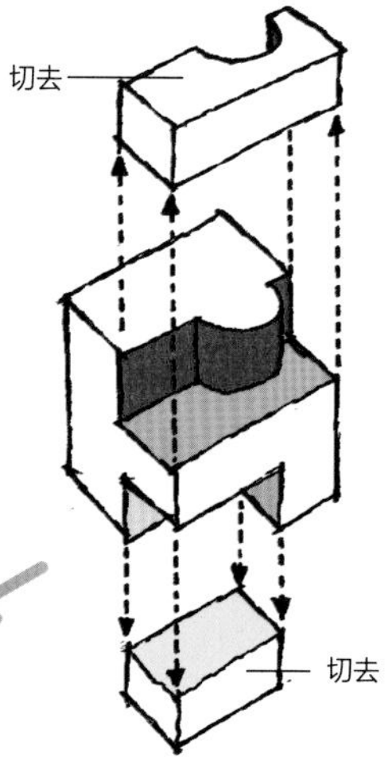
切去
切去

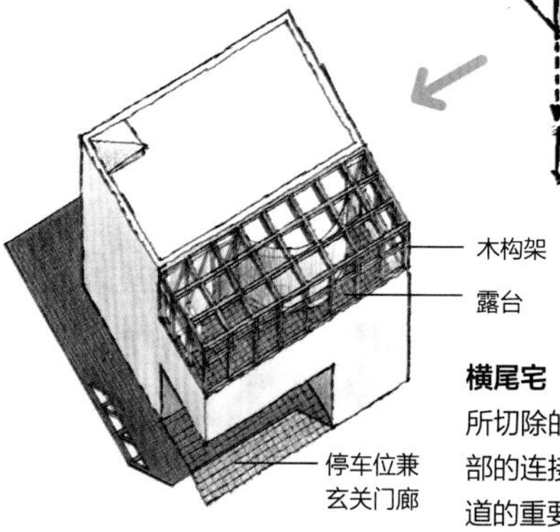
木构架
露台
停车位兼
玄关门廊

**横尾宅**

所切除的部分成为内部和外部的连接点，是连接外部街道的重要空间

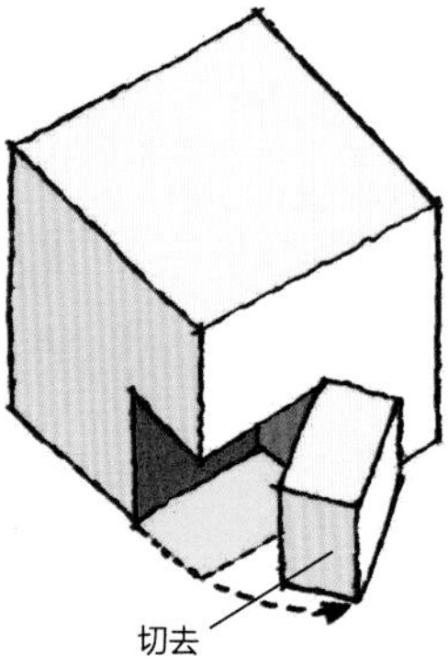
切去

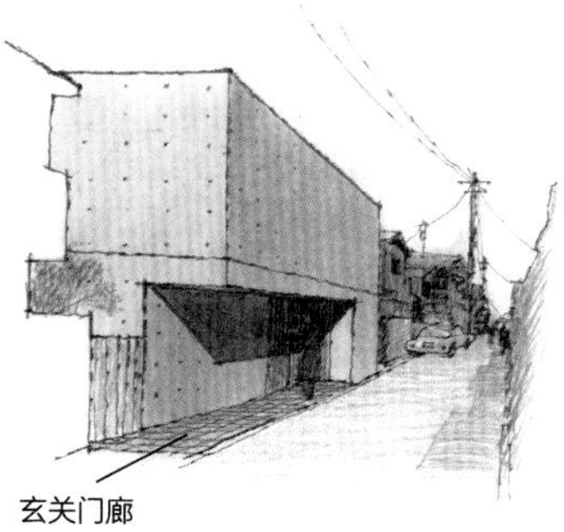
玄关门廊

**船桥宅**

所切除的是一层面向道路一侧的部分，这里既是玄关门廊，也是路上的行人们可以站立的空间

## 切去部分一层和二层

佐川宅、横尾宅的占地平面都是正方形。两所住宅二层都缺了一部分，并在那里搭上木架做成了露台。架子虽然有木结构和钢筋混凝土结构的区别，但都保留了立方体的建筑形式。再在木架上挂上帘子，可以阻挡强烈的阳光，遮挡外界视线，保护隐私。

船桥宅将一层临街的部分设计成了玄关门廊。船桥宅地处住宅密集地，玄关门廊不能随意开敞，否则容易造成外观封闭的结果。一层的门廊部分相对于街道可以给人留下温柔的印象。

**灰色箱体 1 号（奈良宅）外观**

# 3 有缺失的剖面

## 屋顶形状和天窗的多个种类

通过在天窗的位置、形状，以及窗户的位置上下功夫，让室内光线相对均匀

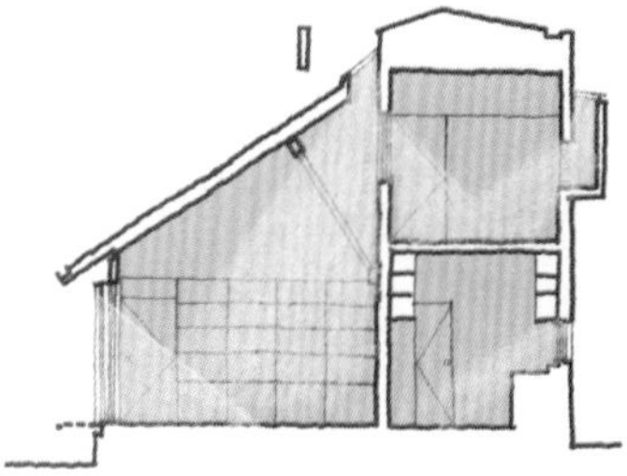

较小的房间也会有光线　河崎宅

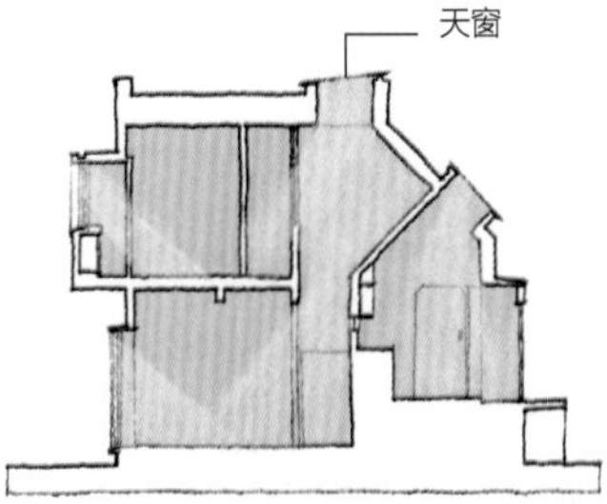


光线经墙壁反射至屋内　菅野宅

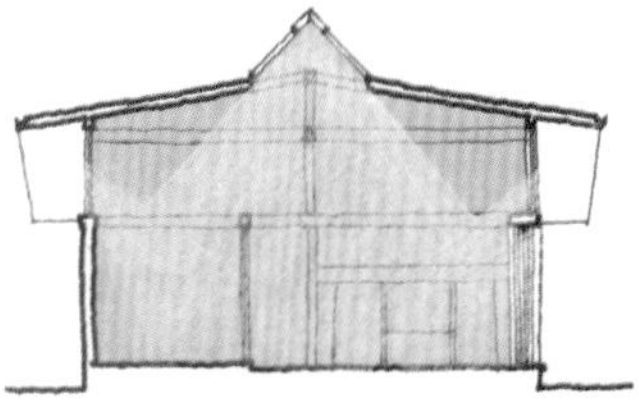

利用天窗使房间变得明亮　立松宅

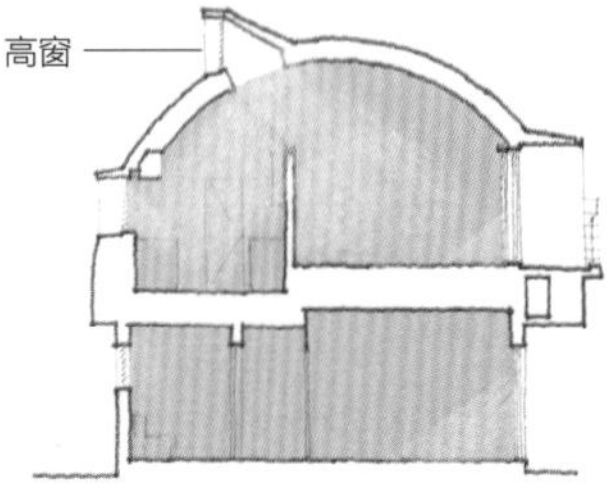


通过使用高窗得到明亮且通风的房子　前田宅

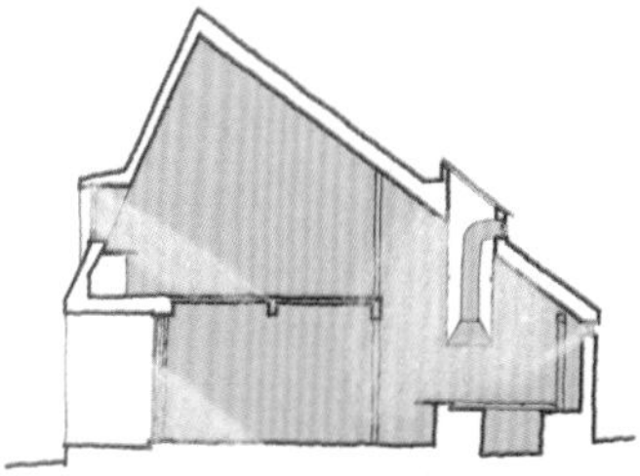

兼有抽油烟机功能的照明结构　佐藤宅

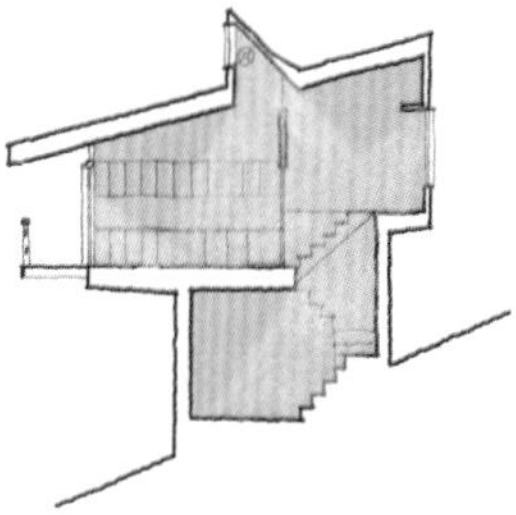

制造通风的开口部　增田别墅

## 各种各样的剖面形状

住宅的功能性和舒适性不能仅靠平面因素来衡量。空间不仅仅是平面上的大小，通风空间等立体要素决定了住宅的丰富性、舒适性和功能性。

剖面形状决定了与住宅寿命相关的屋顶形态，同时也是影响室内空气流动的重要因素。

## 各式窗户

在决定上部采光窗口的位置、形状、大小时，必须充分研究剖面的形状。光线不仅可以从南面引入，从北面也能引入柔和稳定的光。在住宅密集地和狭窄的地方，阳光只能从住宅顶部进入房间，因而天窗如何布置决定了居住的舒适性。

天窗的位置和形态有各种各样的种类。在宫胁先生的作品中可称为豪宅级别的友贺宅（右页上图）有复杂的剖面形状。通过开放的空间，光线照进玄关大厅，客厅也有光线进入，这样将光

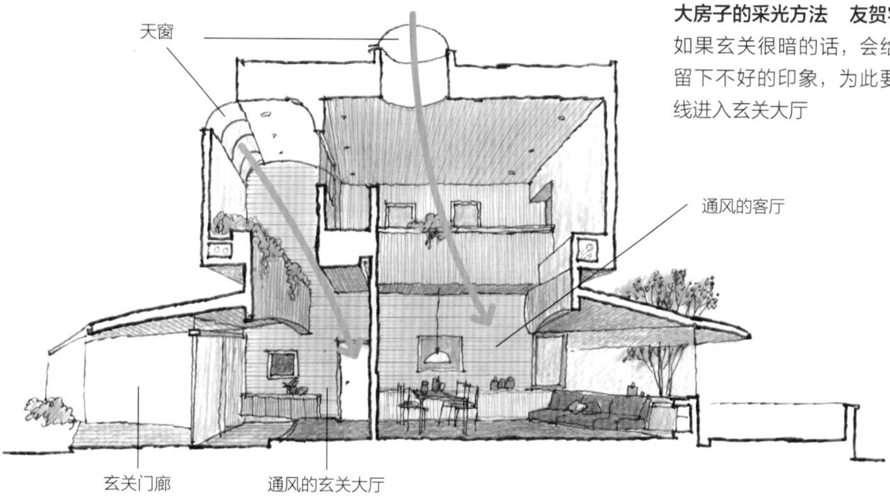
天窗
通风的客厅
玄关门廊
通风的玄关大厅

**大房子的采光方法　友贺宅**

如果玄关很暗的话，会给客人留下不好的印象，为此要让光线进入玄关大厅

**内观　松川宅**

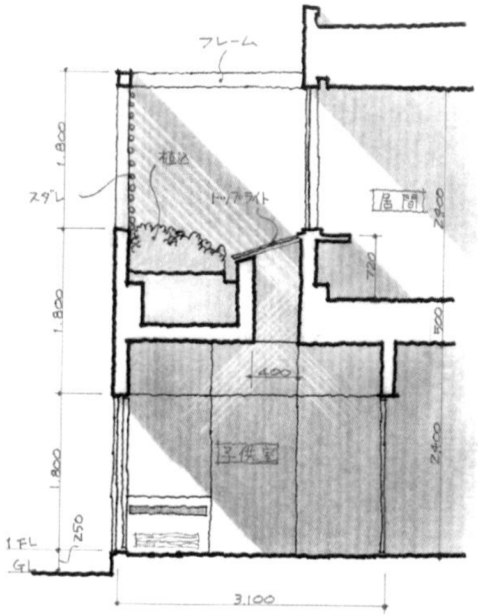
フレーム
スダレ
植込
トップライト
居間
子供室
3.100

**一楼也很明亮　佐川宅**

二楼窗户下面凸出的天窗，可以把光引导到一楼的卧室和儿童房

线经过二层引入内部的空间，光就会发生漫反射，变成非常柔和的光线。

右图的佐川宅中，中央的螺旋阶梯上方设置了圆形天窗，此外圆弧状的窗户也能采光。二楼部分的光线十分充足，但是为了同时照亮下面一层，在二楼露台的栽植部分安装了圆形的带状灯，作为补充光源。

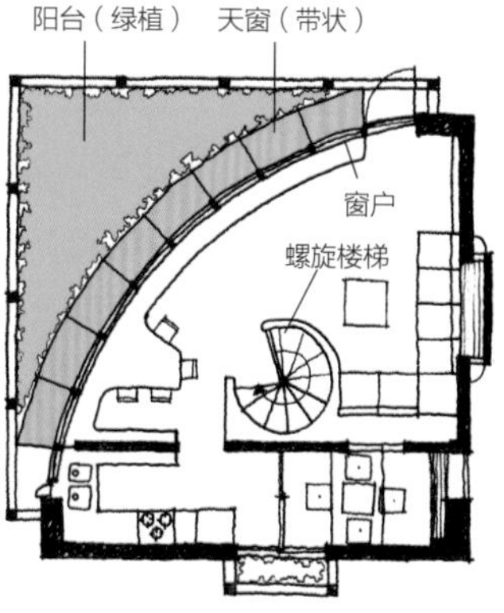
阳台（绿植）
天窗（带状）
窗户
螺旋楼梯

**佐川宅二层平面图**

在绿植和弧形的连续窗户之间有天窗

# 4 混合两种结构

## 混合结构的概念

耐用性好的混凝土箱体和给人温和感的木结构相组合

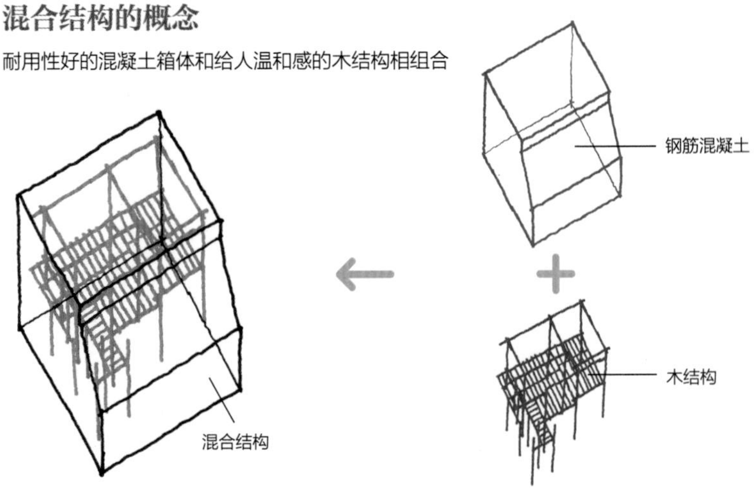


## 混合结构的类型

混合结构中，有混凝土的箱体里放木结构的，也有由不同木结构的屋顶结合各种手法而成的复合形态等

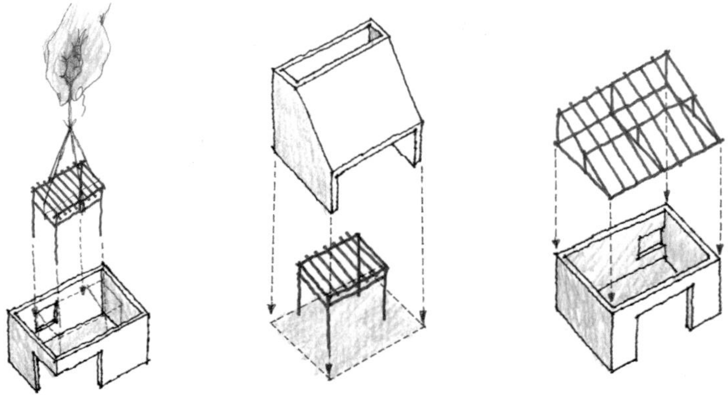

①放　②盖　③摆

用来混合的两种构造是钢筋混凝土结构和木结构。

钢筋混凝土结构的优点是构造上的耐久性。但是，另一方面冷漠感和缺少柔和感是它的缺点。木结构与钢筋混凝土结构相比虽然耐久性较差，但可以给人温和感，触感也很好，再加上木材特有的香味，随着岁月的变化，色调和手感也会发生变化，令人期待。通过两者混合，可以发挥两种结构的优点，弥补双方各自的缺点。

结构混合的方法可以分为以下 3 种：

① 将木结构放入钢筋混凝土的箱体中；

② 将钢筋混凝土的箱体盖在木结构上；

③ 将木结构摆在钢筋混凝土的箱体上。

除了这 3 种基本方法之外，也有将①～③复合而成的类型，以及将倾斜的木结构屋顶立在钢筋混凝土的箱体上的例子。

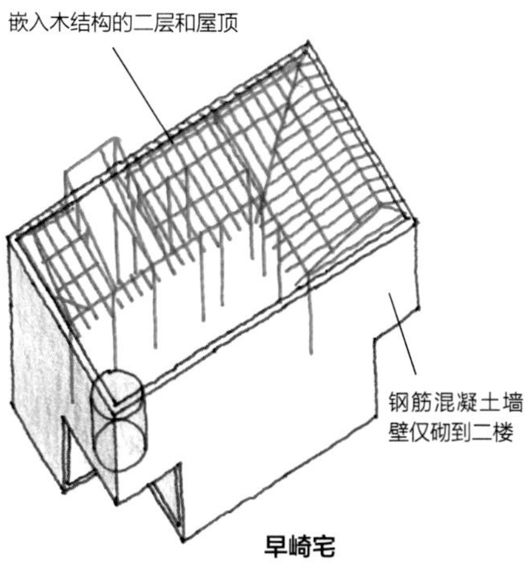
嵌入木结构的二层和屋顶
钢筋混凝土墙
壁仅砌到二楼

早崎宅

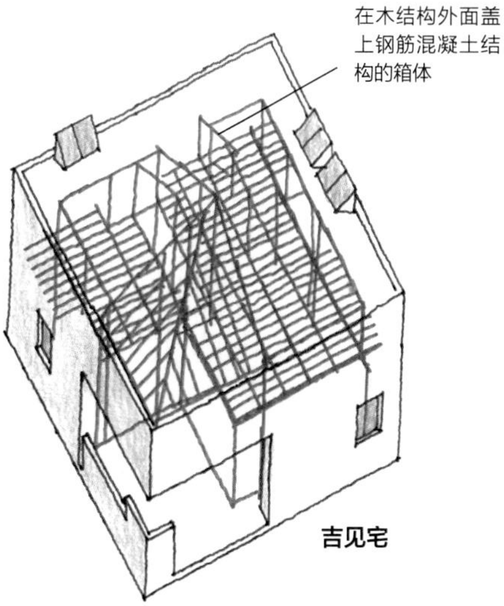
在木结构外面盖
上钢筋混凝土结
构的箱体

吉见宅

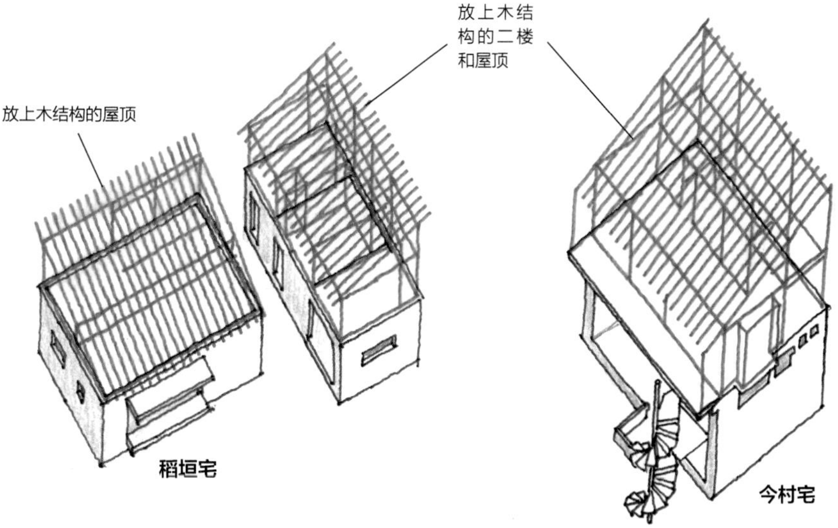
放上木结构的屋顶
放上木结构的二楼
和屋顶

稻垣宅

今村宅

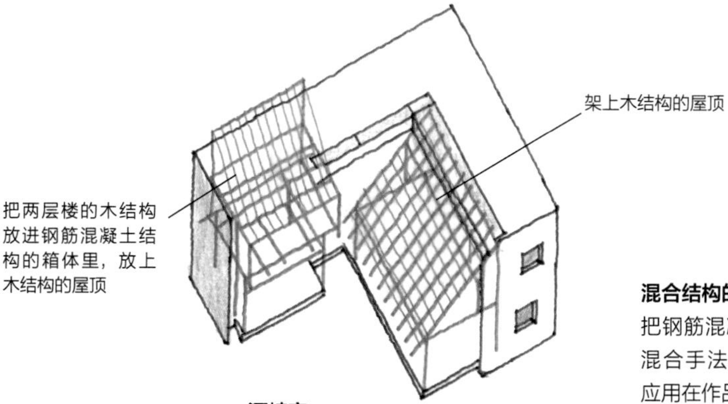
把两层楼的木结构
放进钢筋混凝土结
构的箱体里，放上
木结构的屋顶
架上木结构的屋顶

河崎宅

**混合结构的实例**

把钢筋混凝土结构和木结构的混合手法“放”“盖”“摆”应用在作品中

# 5 房间的连接与拆分

## 分栋式方案

将各房间分割配置为不同的建筑，组合起来构成一个住宅的方案。建筑间的中庭等空间很有意义

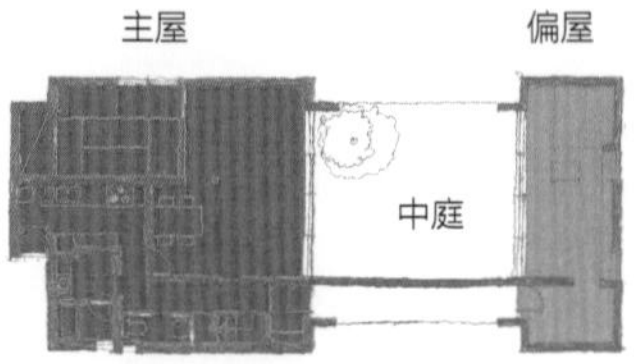


通过中庭连接　松川宅

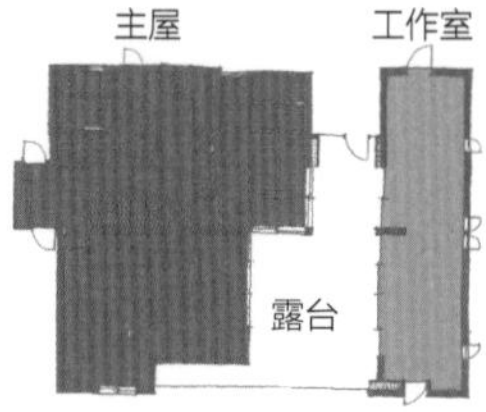


通过露台连接　天野宅

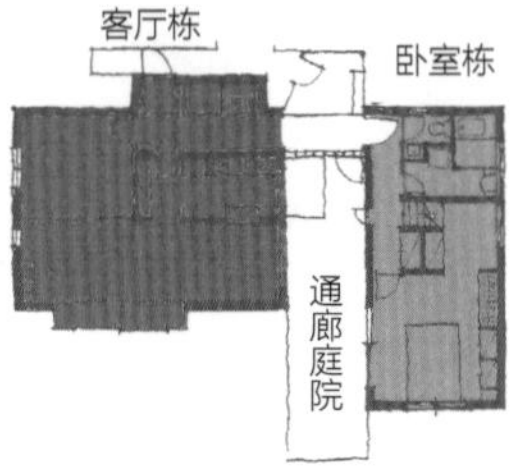


通过通廊庭院连接　稻垣宅

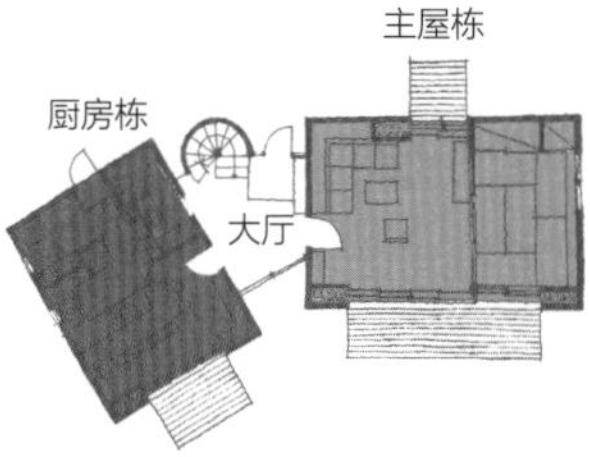


通过大厅连接　长岛栋

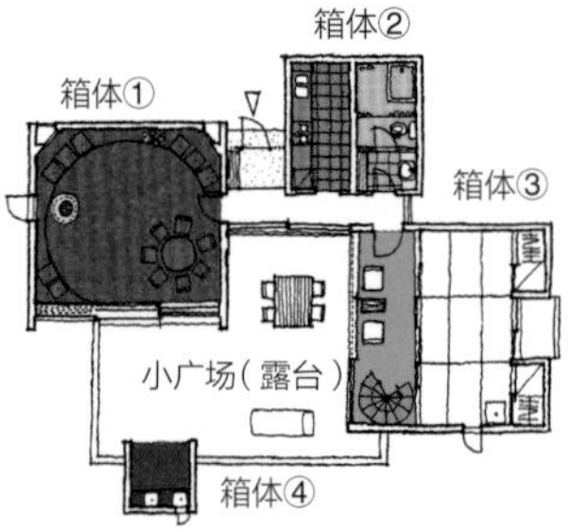


通过露台连接　广场屋

考虑方案（房间布局）是设计住宅的基础。根据场地条件、家庭结构、生活方式等条件，决定必要的房间种类和大小。

这里重要的不是按用途建造狭小的房间，而是让房间发挥多个用途，从时间轴（家庭成员的成长变化）来看没有浪费的空间。比起房间的种类和面积，房间之间的联系（具有功能性的关系）更有助于创造丰富的居住环境，也让房间比实际面积大。

在这里，我们将宫胁先生的作品大致分为 3 种方案：

1. 分栋式方案是将多栋建筑放在场地内，可以在遮住外部视线的同时，打造中庭等富有魅力的空间。

2. 环路式方案在明确了居住者活动路线的同时，也有利于采光和通风。

3. 二楼客厅方案适合城市密集住宅区，通过在条件较好的楼上设置主要生活空间，如客厅等，以保持良好的居住环境。

## 环路式方案

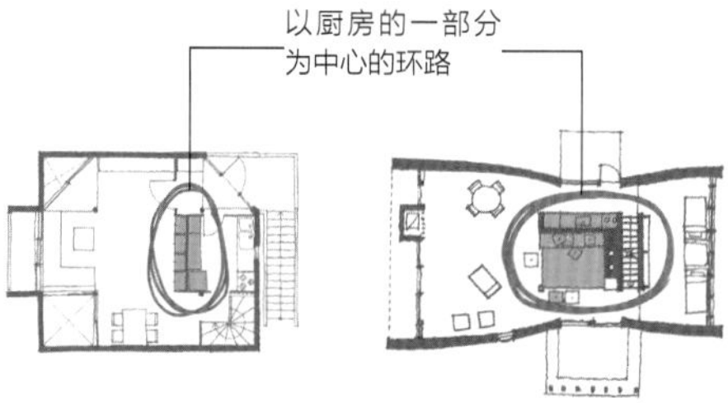
以厨房的一部分
为中心的环路

奈良宅二层　　石津别墅一层

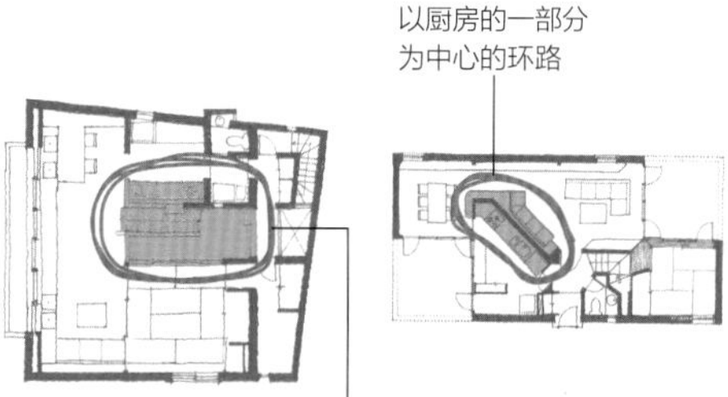
以厨房的一部分
为中心的环路

船桥宅二层　　高畠宅一层

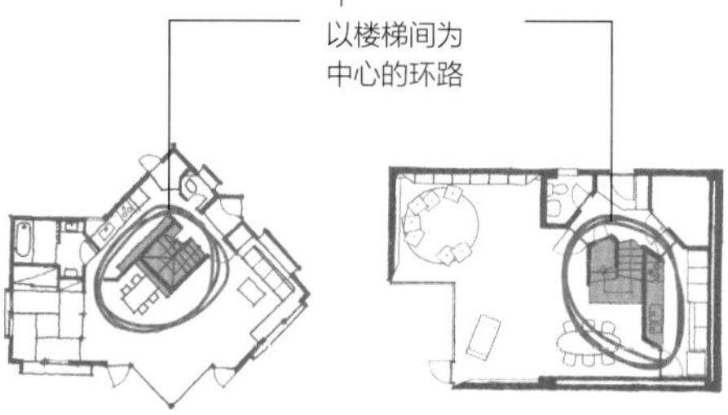
以楼梯间为
中心的环路

山住宅一层　　大场宅一层

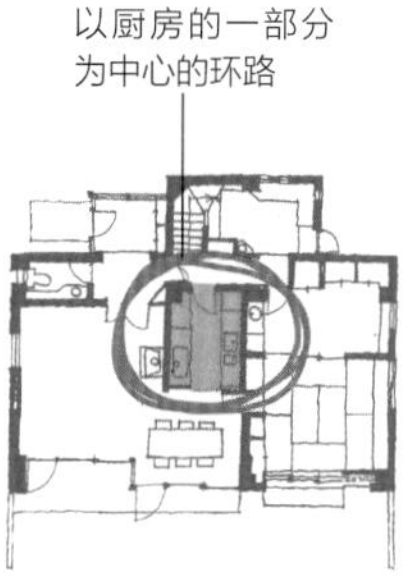
以厨房的一部分
为中心的环路

早崎宅 一层

虽然以厨房为中心的环路方案有很多，但也有像船桥宅那种以通风楼梯室为中心的环路情况

## 二楼客厅方案

客厅（包括餐厅、厨房）是粉红色的部分。另外，厨房是淡蓝色，卧室是绿色，玄关是黄色的部分

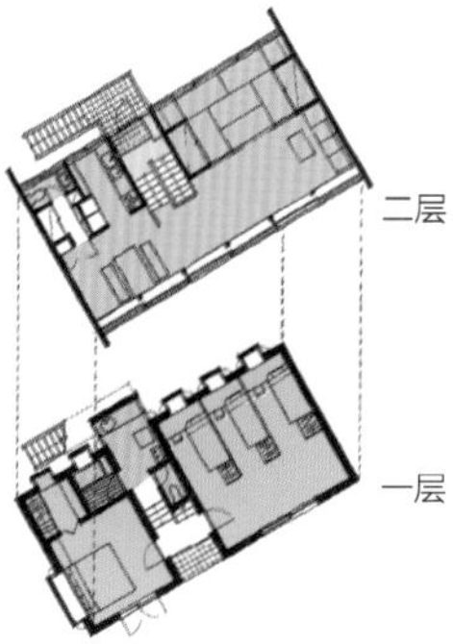
二层
一层

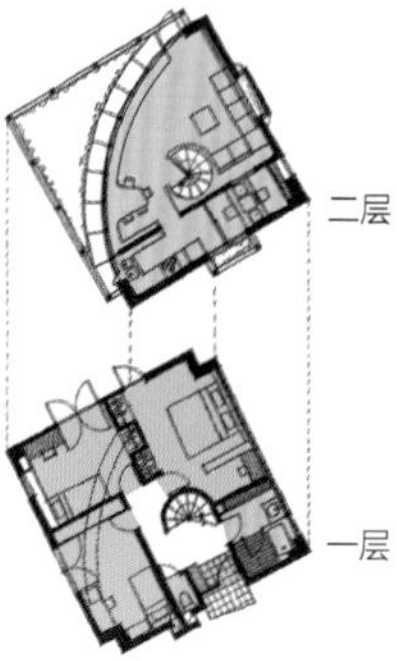
二层
一层

二层
一层

内山宅

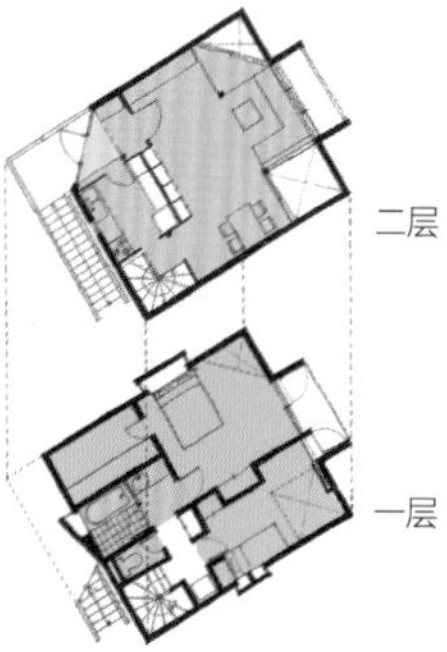
二层
一层

奈良宅

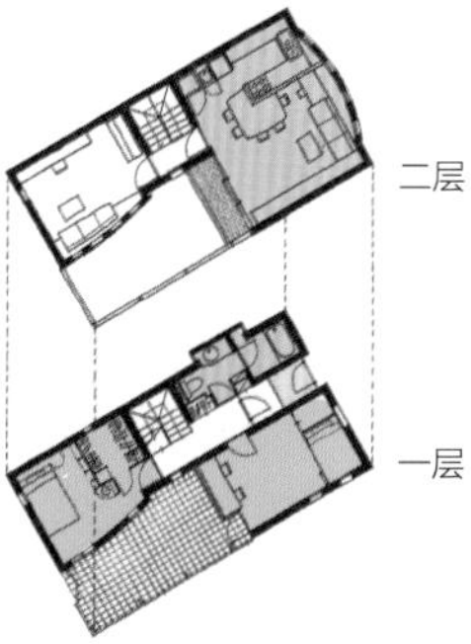
二层
一层

崔宅

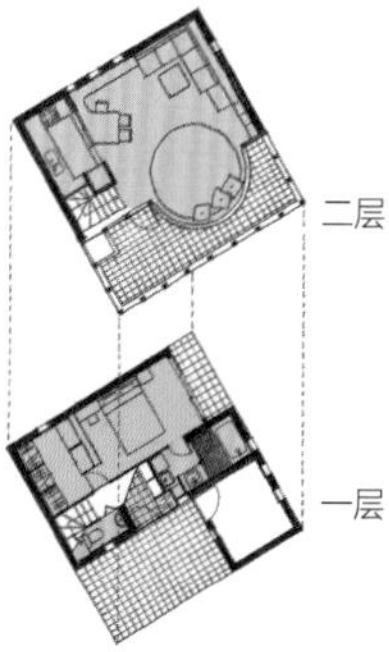
二层
一层

横尾宅

# 6 将客厅位置上移

## 明亮且通风良好的二楼客厅方案

把生活中最重要的客厅和厨房等空间放到采光、通风良好的楼上

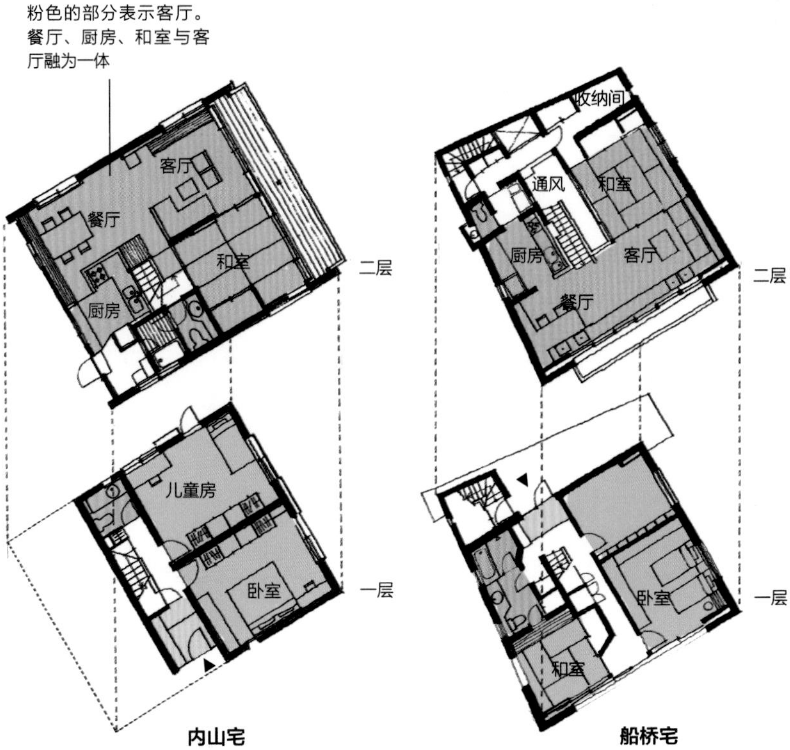
粉色的部分表示客厅。
餐厅、厨房、和室与客厅融为一体
客厅
餐厅
和室
厨房
二层
儿童房
卧室
一层
收纳间
通风
和室
厨房
客厅
餐厅
二层
卧室
和室
一层

内山宅　　船桥宅

在普通住宅的空间构成中，一般将玄关等公共空间置于前方，将浴室、卧室等隐私性房间置于后方，依次布局。客厅作为公共空间的特征明显，且和庭院联系紧密，因此被配置于一楼。

但是，在城市住宅密集地和狭窄的场地上，由于庭院无法建得很宽敞，且周围是建筑紧逼的环境，如果将作为生活主要活动空间的客厅置于一楼的话，从采光、通风及隐私、防盗等因素考虑都并非良策。因此把客厅安排在环境较好的楼上即二楼客厅方案，在住宅设计中最关注的是日照、通风、景观等，通过这一设计，可以轻松实现从天窗或高位侧窗采光和通风的目的。

此外，更为隐私的浴室、卫生间等会像崔宅（右页图）那样在一楼设置凸窗，既有助于采光和通风，也有助于保护个人隐私，让房间更安静舒适。

**住宅密集地最好采用两层 LDK 方案，**
**崔宅的一楼、二楼、屋顶的构成图**

一楼是私人空间，二楼是 LDK（L 代表客厅，D 代表餐厅，K 代表厨房）等公共空间的典型二楼客厅方案

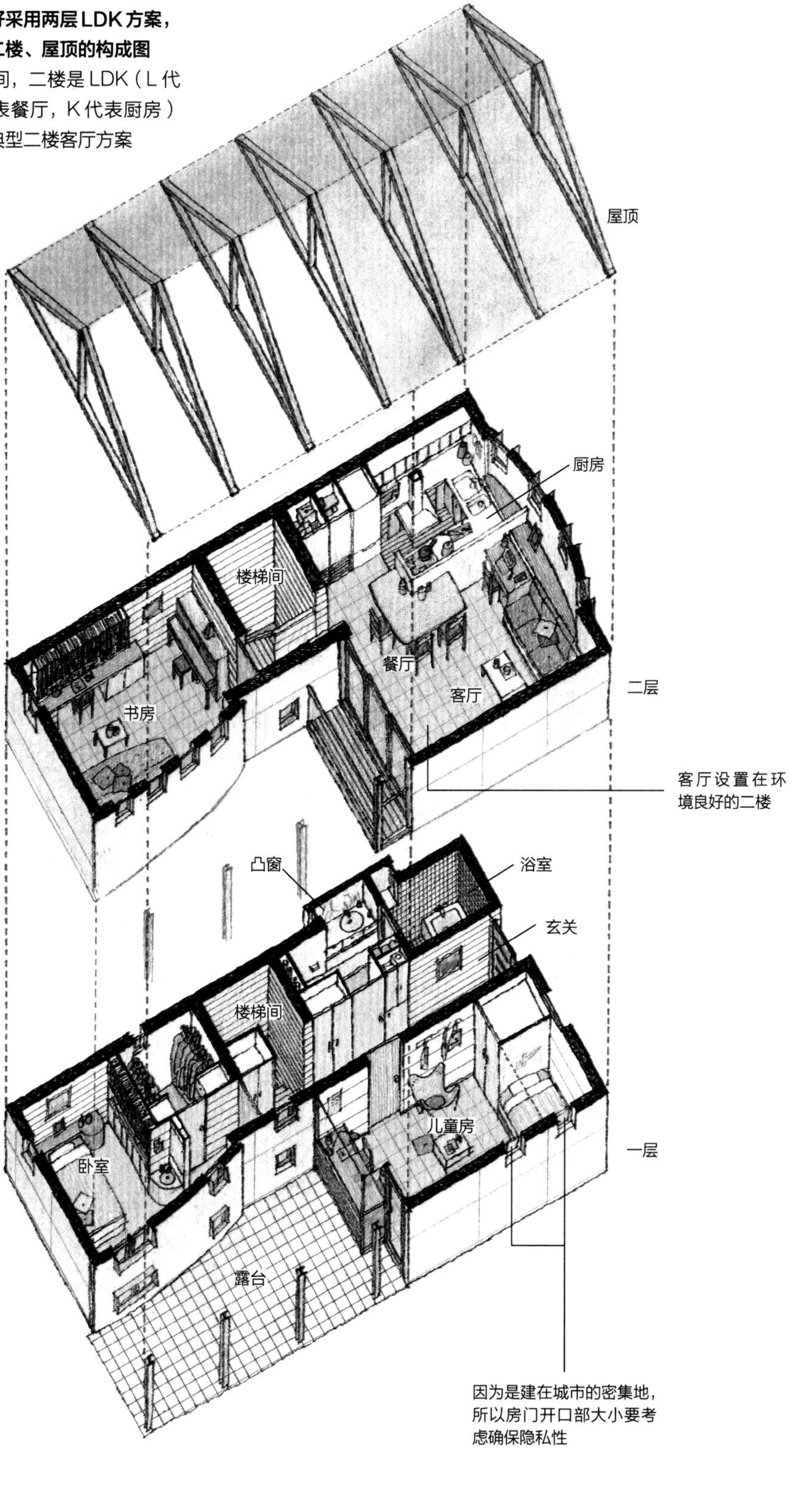
屋顶
厨房
楼梯间
餐厅
书房
客厅
二层
客厅设置在环境良好的二楼
凸窗
浴室
玄关
楼梯间
儿童房
卧室
一层
露台
因为是建在城市的密集地，所以房门开口部大小要考虑确保隐私性

# 7 畅通的环形动线保证舒适性

## 好房子采用环形动线

拥有流畅的动线方案，不仅方便人自由行走，也便于采光和空气流通

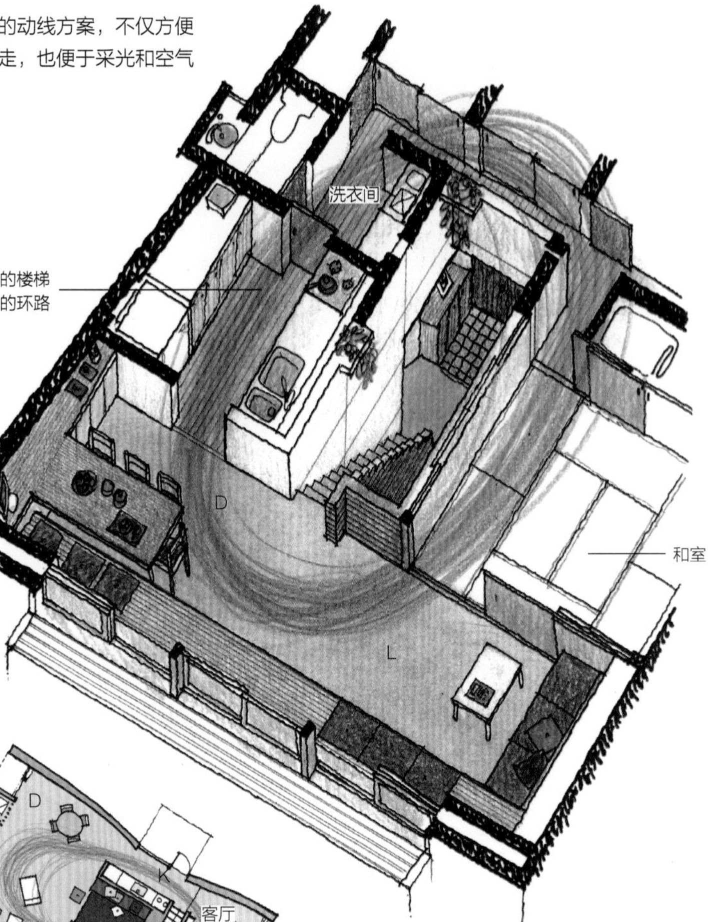


船桥宅 二层平面图

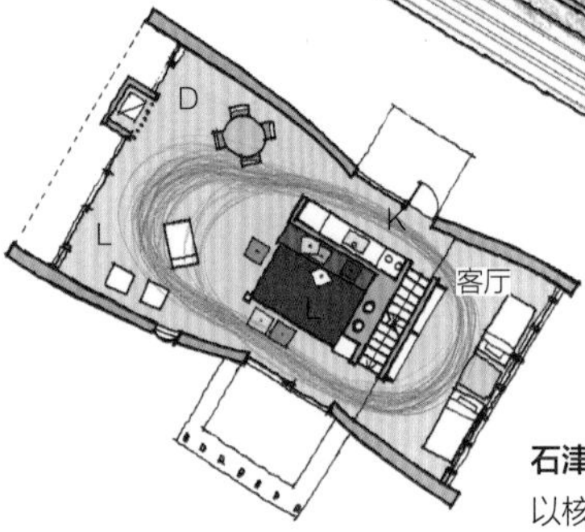


石津别墅平面图

以核心区域为中心，畅通无阻

判断是否宜居的依据之一是家中动线是否顺畅。顺畅的动线，不仅会减小生活的压力，也更容易让人热爱生活。各房间的连接方法有多种，有的动线有许多可取之处，例如空间构造更易于通风，通过环路可以更好地将光线引入房间等。

上图左下角石津别墅的环路方案简洁明快。该建筑因为是山庄，所以不需要特别复杂的功能性，整个方案以汇集厨房、楼梯、客厅的核心部分为中心，整个空间畅通无阻。

另外，上图中的船桥宅，以带天窗的通风楼梯室为中心，便于人在客厅、和室、厨房和多个房间里来回走动。在通风空间里自由走动，在不同的场所体验到不同的窗外风景也是一种乐趣。这个方案中，天窗和畅通的动线很好地发挥了作用。

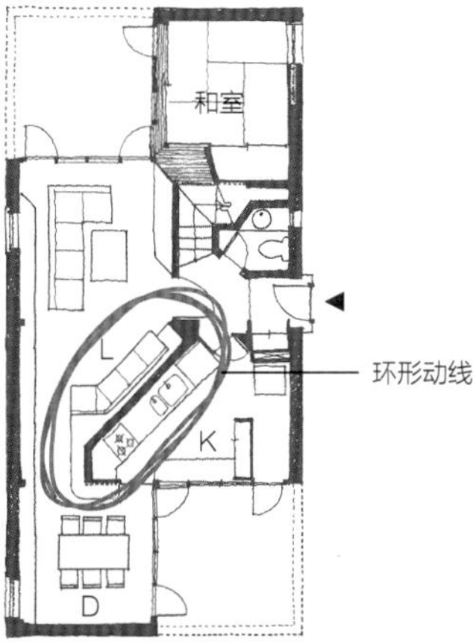


**高畠宅一层**

以厨房为中心的环形动线

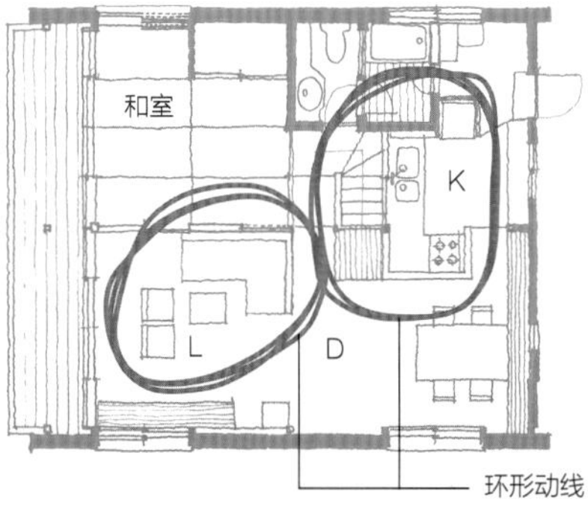


**内山宅二层**

该方案中环形动线有 2 个

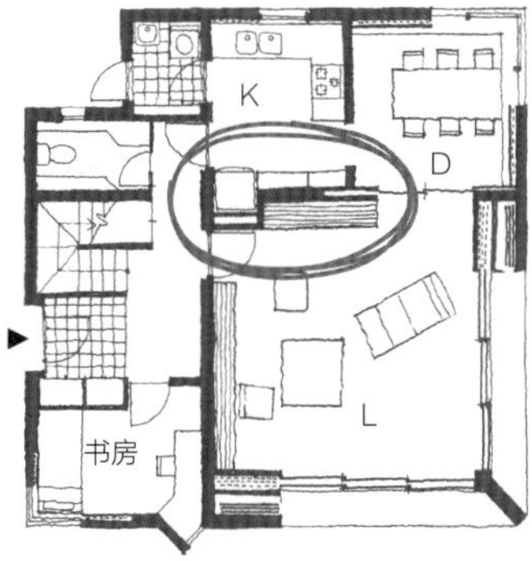


**木村宅一层**

连接各房间的环形动线

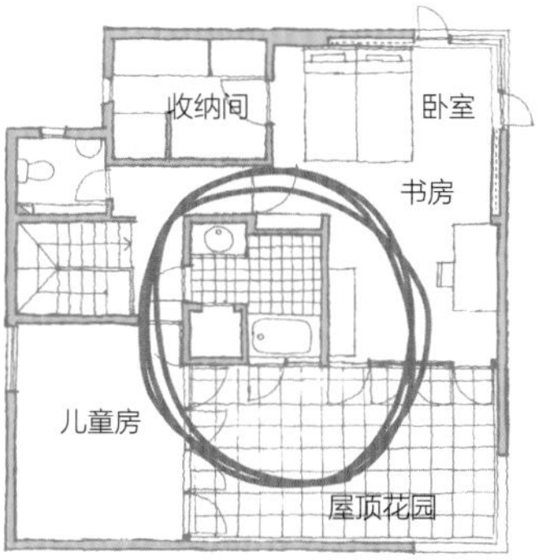


**木村宅二层**

外部也考虑到环形动线之中

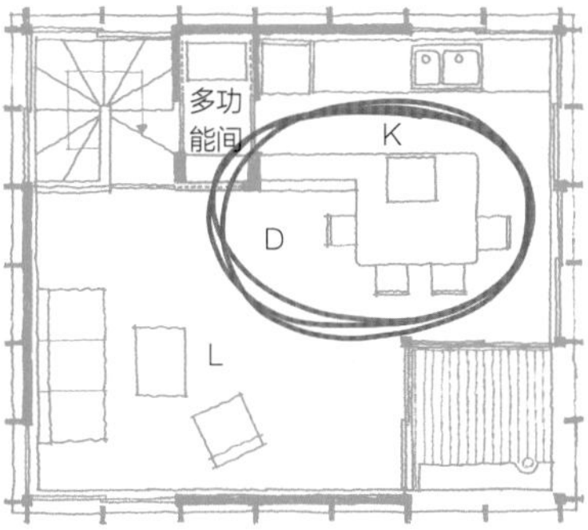


**森宅二层**

以餐桌为中心的环形动线

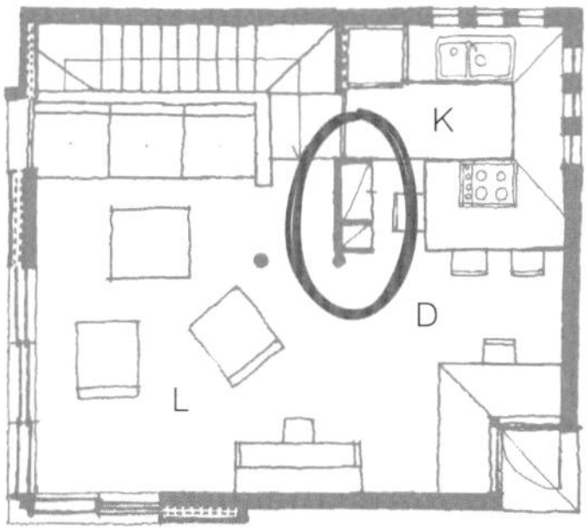


**渡边宅二层**

小型环形动线

专栏

# 解读宫胁檀住宅的3个关键词

虽然大家对宫胁先生的评价有各种不同的说法，有好也有坏，但他非常有人情味，让人讨厌不起来。这样的人品和性格在其作品中也有所体现，这也是他作品的特征。关于宫胁先生的评价，大概可以用以下 3 个词组来表达。

## 现代主义

宫胁先生是公认的现代建筑师。他不仅外表优秀，品位也很高。把其“设计时髦住宅的时髦建筑师”的评价简化，我称之为“现代主义”。

宫胁先生不喜欢那些虽然好用、外形却不美观的设计。他喜欢即使不好用也很美丽的东西。宫胁先生的口头禅“颜值即正义”代表着他贯彻的美学意识

1 现代主义

建筑师的生活方式和外表都须美丽

宫胁先生喜欢的标志Ⅱ

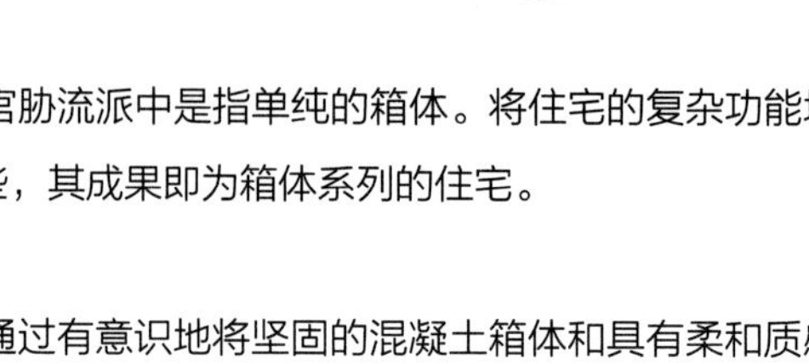

## 初始形态

“初始形态”是原初的形态，在宫胁流派中是指单纯的箱体。将住宅的复杂功能填入箱体里是不容易的，但是他巧妙地完成了这些，其成果即为箱体系列的住宅。

## 混合构造

住宅必须具备耐久性和舒适性。通过有意识地将坚固的混凝土箱体和具有柔和质感的木结构组合起来，实现了混合构造。

## 2 初始形态

从简单的箱体里可以产生
各种各样的空间

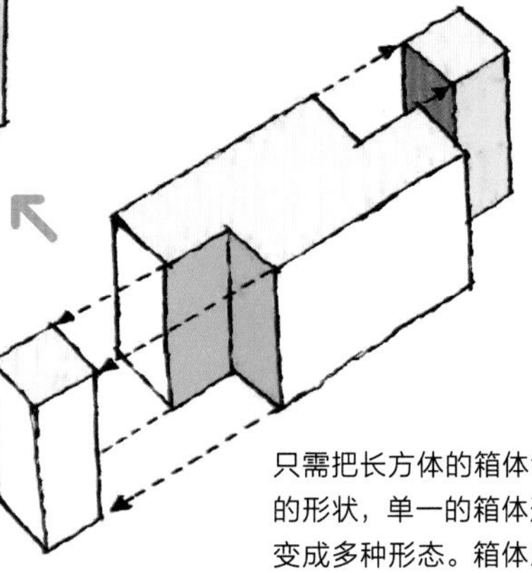

只需把长方体的箱体切去不同的形状，单一的箱体形态就会变成多种形态。箱体系列就是这样设计出来的

## 3 混合结构

通过把两种结构混合在一起，
打造既强大又温柔的建筑

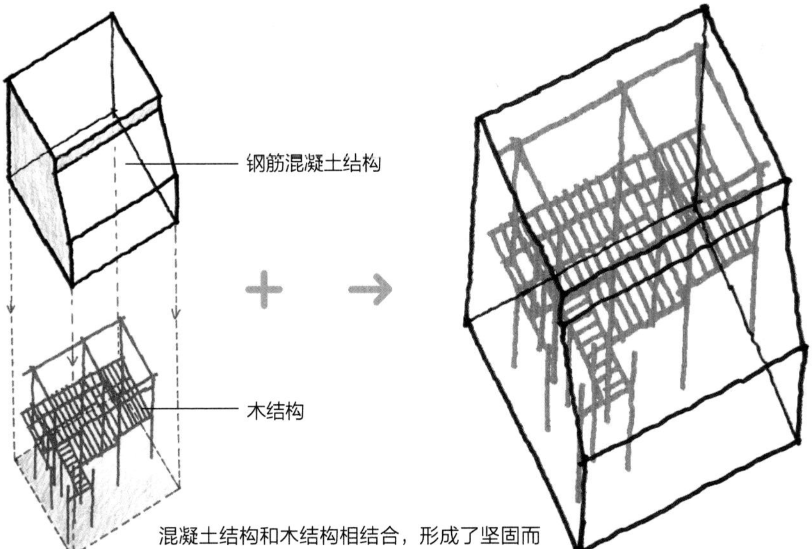


混凝土结构和木结构相结合，形成了坚固而温和的建筑。“混凝土结构 + 木结构 = 混合结构”，是宫胁流派典型的住宅建造方法

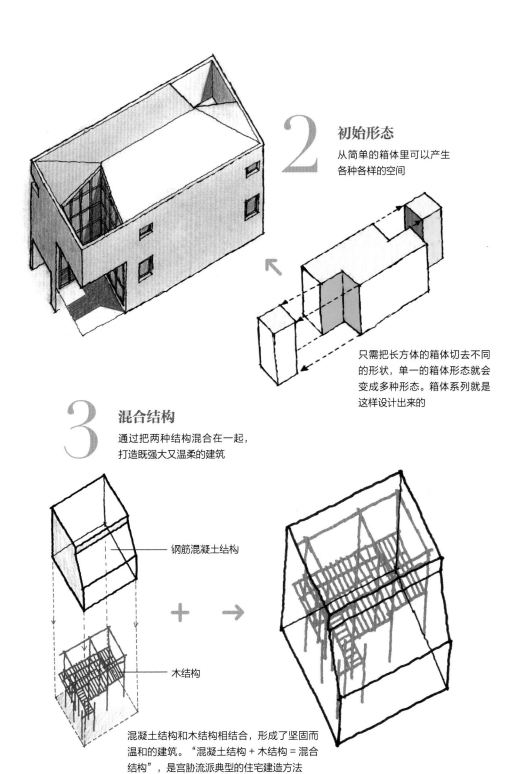

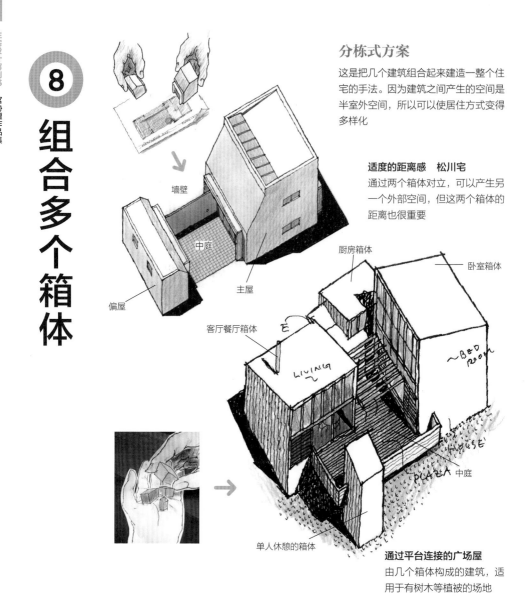

# 8 组合多个箱体

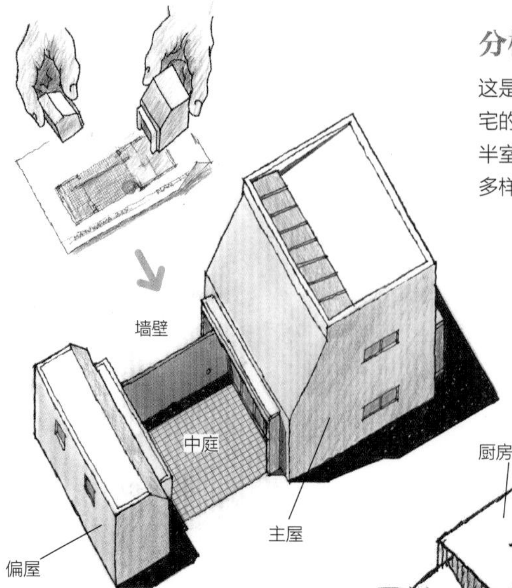
墙壁
中庭
主屋
偏屋

## 分栋式方案

这是把几个建筑组合起来建造一整个住宅的手法。因为建筑之间产生的空间是半室外空间，所以可以使居住方式变得多样化

**适度的距离感　松川宅**

通过两个箱体对立，可以产生另一个外部空间，但这两个箱体的距离也很重要

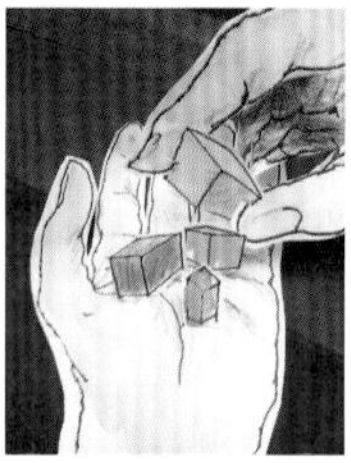

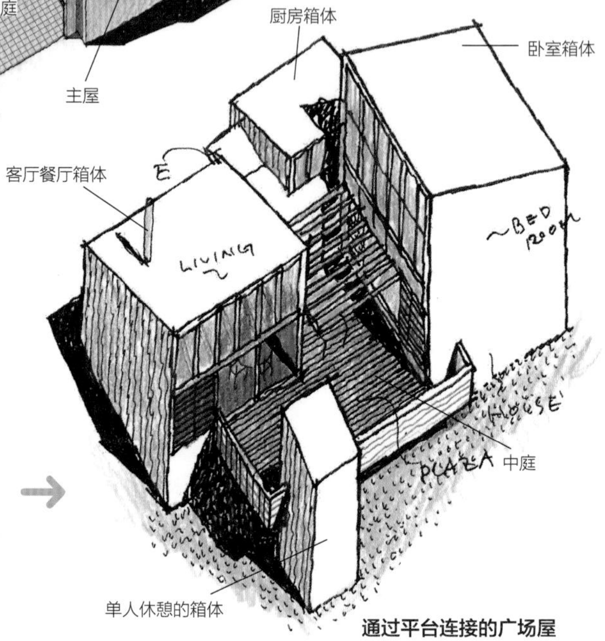
厨房箱体
卧室箱体
客厅餐厅箱体
LIVING
BED ROOM
PLAZA
中庭
单人休憩的箱体

**通过平台连接的广场屋**

由几个箱体构成的建筑，适用于有树木等植被的场地

通过组合多个箱体，使空间和生活方式变得更加丰富。

松川宅是大小不同的“主屋”和“偏屋”两个箱体相对放置，在中央营造出中庭空间。因为中庭被认为是室内的延伸空间，所以感觉室内空间更加宽阔。

广场屋山庄是由 4 个箱体组合而成的一个建筑。对于山庄大家会期待一种非日常生活的团聚，人们在此可以聚集。这里有供欢乐团圆的箱体，能够在此安眠的卧室箱体，厨房浴室等用水区的箱体，甚至还有可供一个人悠闲地休息的小箱体，这是基于意大利广场而设计的广场屋。由于 4 个箱体的朝向和布置分别错开，铺满的广场变成了看不透的复杂空间。在这种情况下，重要的是将多个箱体一体化的“连接件”。松川宅是用涂成红色的一堵围墙，广场屋是由铺设的平台发挥了这个连接功能。

# 第2章

# 活用场地

# 1 把握场地的特征

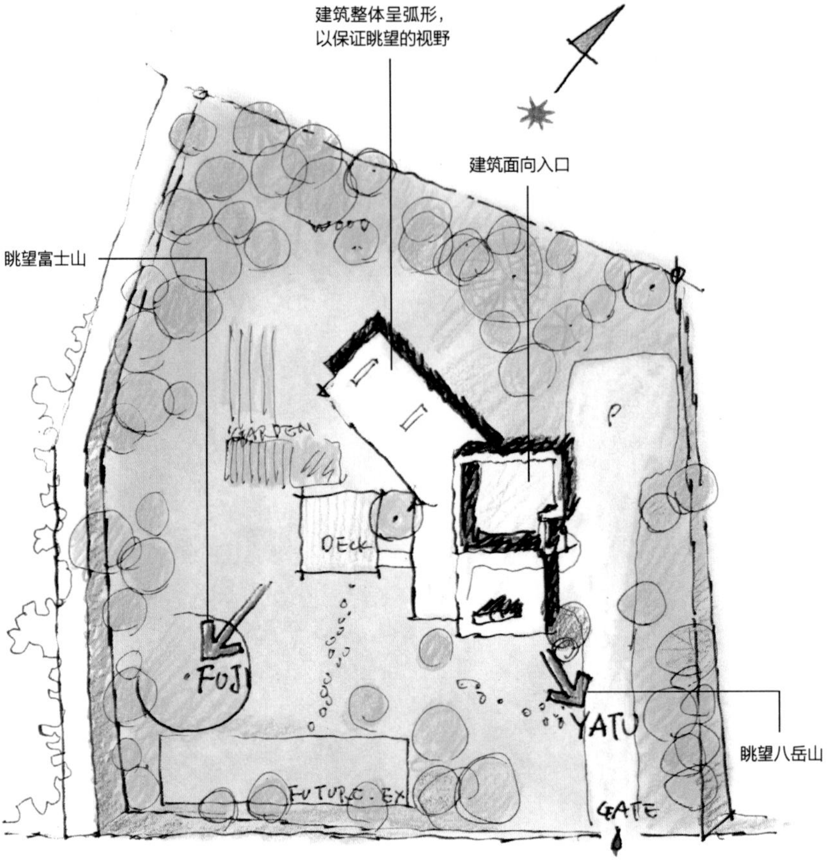
建筑整体呈弧形，
以保证眺望的视野
建筑面向入口
眺望富士山
眺望八岳山
WOOD
GARDEN
DECK
P
FUJI
YATU
FUTURE EX
GATE

**可以眺望风景的大町别墅平面图**
入口的部分和可眺望到富士山的部分组合，构成了弧形

住宅因地而异。即使是功能丰富的住宅，如果周围的场地不适合的话，也不能算作良好的居住环境。如果要将住宅建在城市狭窄的地方，那么要尽可能地进行绿化。如果是建在绿意盎然的地区，那么最好可以结合当地植被的自然生长。当然，应该避免由于该建筑的建造而破坏周围景观的设计。

上图是被称为白萩庄的大町别墅，建造在日本长野县的某个偏远的村庄。建筑弯曲成弧形，设计者有意识地进行了视野风景布局，最大限度地活用了可以眺望南阿尔卑斯山、富士山和八岳山的场地。

右页图中是由有贺宅改建而来的住宅。要尽可能地利用原来的树木和植被，重视在时间的流逝中创造出来的环境，如此一来才能建成对环境友好且居住舒适的住宅。这是一所经过详细调研房屋和土地的历史背景并将其反映在设计上的住宅。

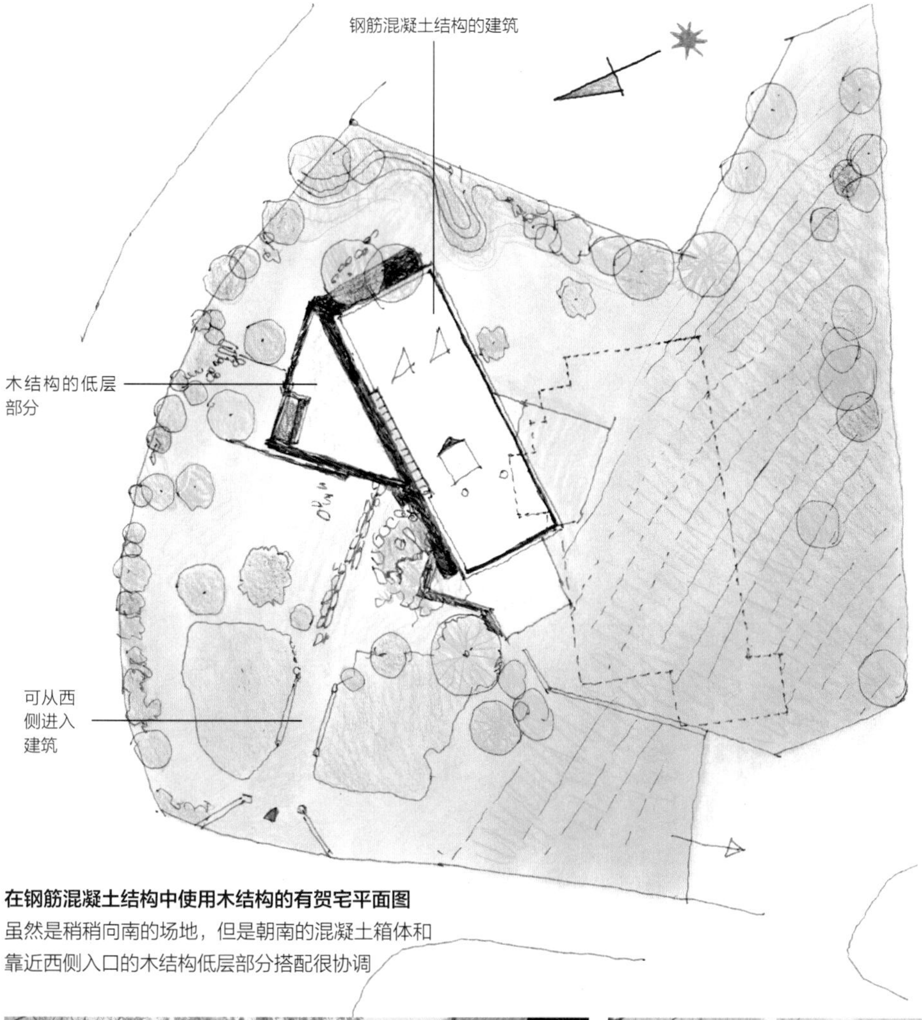


**在钢筋混凝土结构中使用木结构的有贺宅平面图**

虽然是稍稍向南的场地，但是朝南的混凝土箱体和靠近西侧入口的木结构低层部分搭配很协调

从背面看原本就有的环屋树林被尽可能地保留了下来

新建建筑的周围，将来新栽绿植会和现有的树林和谐共生

# 2 传统和现代的融合

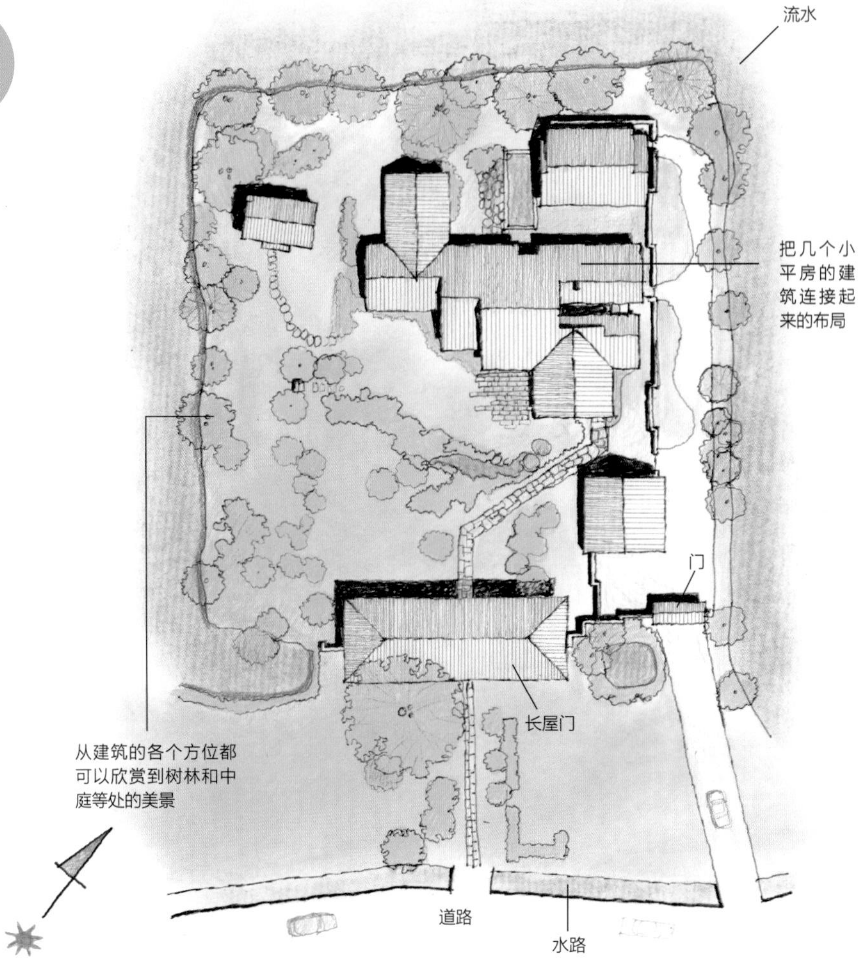
流水
把几个小平房的建筑连接起来的布局
门
长屋门
从建筑的各个方位都可以欣赏到树林和中庭等处的美景
道路
水路

**平面图**

在有护城河和树林的名门望族的场地上，尽可能地利用好原来的环境

中山宅是城市近郊的世家。

从上图所示的场地周围环绕着护城河的环境和长屋门的构造，可以清楚地看出这曾经是当地统治阶级的宅邸。但是，这种古老的住宅格局已不再适应现代生活了。例如以前的护城河不仅仅是为了防御，有时也可用于灌溉，但现在这两种功能都不需要了。环屋树林原本用于抵御北风，落叶和小树枝可用作肥料和燃料，只是落叶季节地面的清扫很麻烦。然而，如果不抛弃这些“古旧”，而是在此基础上进行设计并对其加以利用的话，建筑应该会更加出彩。

在中山宅的场地设计方案中，尽可能地保留旧环境。建筑方面也是将每栋分成小块，然后再连接起来。由此，形成了几个采光和通风都很好的中庭。以前的正屋为一个整体，且面积很大，导致许多房间采光和通风都不好。而现在，由于全部房间都被设计为平房，因此背阴的部分变少了，同时也变成了水平方向非常开阔的宽敞住宅。

## 保留古朴样貌的新中山宅

此方案充分利用了护城河中的环屋树林和旧庭院。根据住宅连续相接的形态，从各个房间的不同方向可看到丰富多样的景色（上图）

在灵活使用已有的环屋树林的同时，也考虑到空间与自然的融合（下图）

专栏

# 从设计调查中有所收获

## 马笼峠宿实测图

为了分析村落变迁的主要原因，调查了 1968 年和 2003 年屋顶结构图和立面图

**马笼峠宿立面图（1968 年）**

**马笼峠宿立面图（2003 年）**

石板屋顶变成了铺瓦屋顶，很多木制门窗变成了铝制窗框

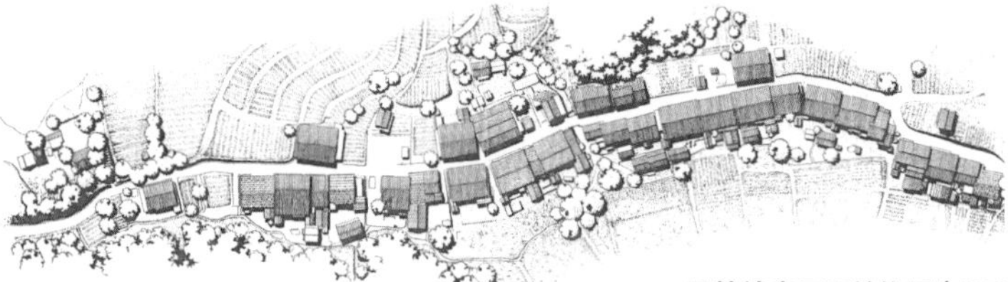

**马笼峠宿屋顶结构图（1968 年）**

**马笼峠宿屋顶结构图（2003 年）**

将曾经穿过驿站中央的街道保留下来，建造了旁路，因此古老村落的形态被留存下来

20 世纪 60 年代，日本引进了一项调查研究，名为“设计调查”。

这是美国俄勒冈州大学的社会学和建筑学的两位副教授在日本金泽进行的调查。他们对整个村落的道路和建筑进行实地测量，并绘成图纸，然后用建筑学和社会学的方法进行分析，从而推导出地域共同体的特点。

诸多大学的建筑专业学生都参加了此项研究。宫胁先生为了大学毕业论文，也进行了这项“设计调查”，对日本传统美丽村落进行了实地调查。宫胁先生在实践中认识到，驿站和渔村、农村等村落的美丽风景是为适应传统技术和地形而被统一起来的。

当时宫胁设计的建筑并不适合传统街道，他的设计与这些传统建筑完全不同。在日本经济高速增长期，人们研发出各种工法和材料，大街上到处都是抛弃传统形态一味追求自由设计的建筑。

## 秋田相互银行盛冈支行

盛冈支行设计独特，不受周围景观影响

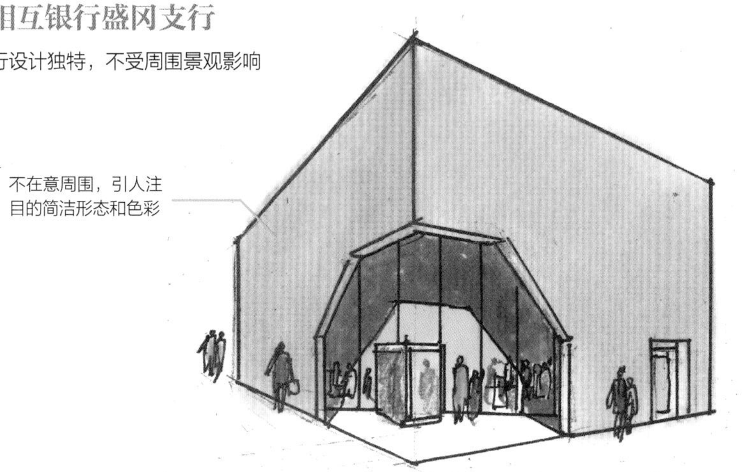


## 秋田相互银行角馆支行

角馆支店与留有历史景观的街道相融合。
可以看出设计调查的影响

· 建筑高度一致
· 仓库部分以头巾为灵感
· 使用街道上的木构架设计

如果是这样的话，研究和建造可称为“模范”的美丽建筑，也许是自然的潮流。其中典型的建筑就是“秋田相互银行盛冈支行”。银行通常给人一种刻板的印象，但宫胁先生颠覆了这种印象，他设计了一座黄灿灿的建筑，不过没想到银行还真会接纳这一方案。

之后他又设计了几个分行，无不是绿色、橙色或者其他色彩鲜明的建筑。

然而，到了设计“秋田相互银行角馆支行”时，宫胁先生注意到了角馆的传统街道，将建筑的高度与街道布局统一，将木构架等传统设计以他自己的方式呈现出来并融入建筑的设计上。

我认为我从设计调查学到的不是要设计引人注目的建筑，而是应从设计师的角度学习尊重传统。

# 3 充分利用场地的各个角落

**以绿植为遮挡**

从客厅看庭院。树林是刚种植的，因而院子看起来像还处于未完成的状态

从许多住宅用地来看，在日本《建筑基准法》允许的面积中建满建筑被认为是土地的有效利用。总之，内部是可以使用的空间，外部是不可使用的空间。但是通过设计，可将外部空间设计成让内部更舒适的辅助空间。外部设计方案的重点是把场地的各个角落都利用起来。

从右页的平面图中可以详细看出，如何使用建筑和场地边界的狭窄空间。另外，根据空间的不同用途，地面的材质和绿植会因场所的不同而不同。

玄关入口和服务空间铺设瓷砖。另外，从隐蔽性和观赏性两方面来考虑具体种植树木和盆栽的位置和树种。前院铺满了草坪，在营造客厅延伸风景的同时，也使强烈的阳光变得柔和。

## 通过巧妙布局，有效利用场地　木村宅

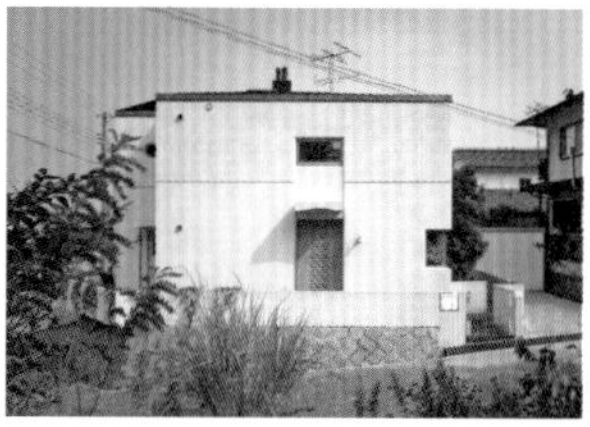

正面的门是玄关，右边是停车位

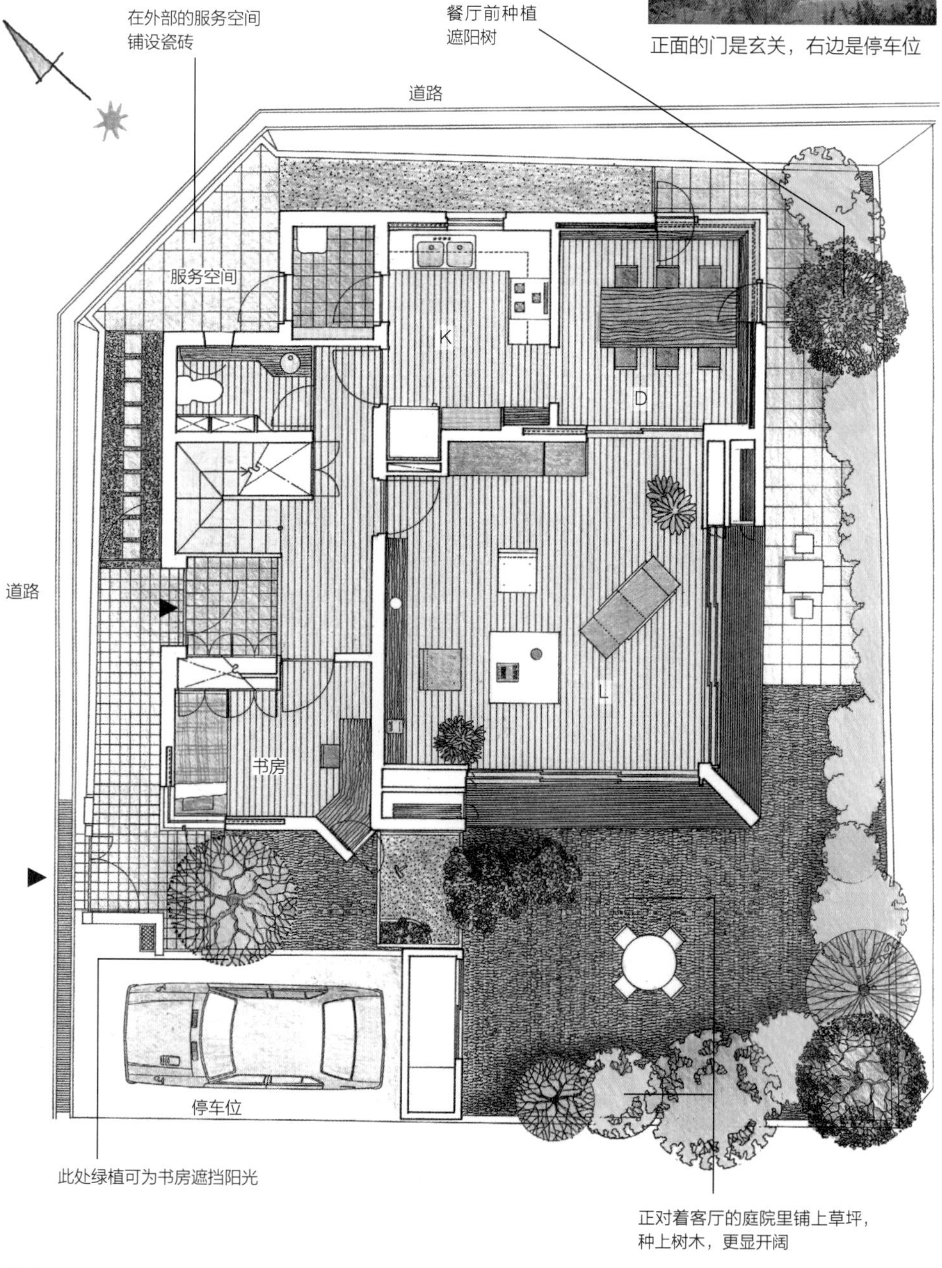

在外部的服务空间
铺设瓷砖
餐厅前种植
遮阳树
道路
服务空间
K
D
道路
L
书房
停车位
此处绿植可为书房遮挡阳光
正对着客厅的庭院里铺上草坪，
种上树木，更显开阔


**平面图**

外部设计不仅要考虑到外部空间，还需考虑到与内部空间的相对关系，须谨慎认真地设计。木村宅在玄关附近和服务空间等处铺设瓷砖材料，书房和餐厅前种植用来遮阳的树木，客厅前铺上了草坪等，不同区域选择种植不同的绿植

# 4 庭院的绿植决定居住品质

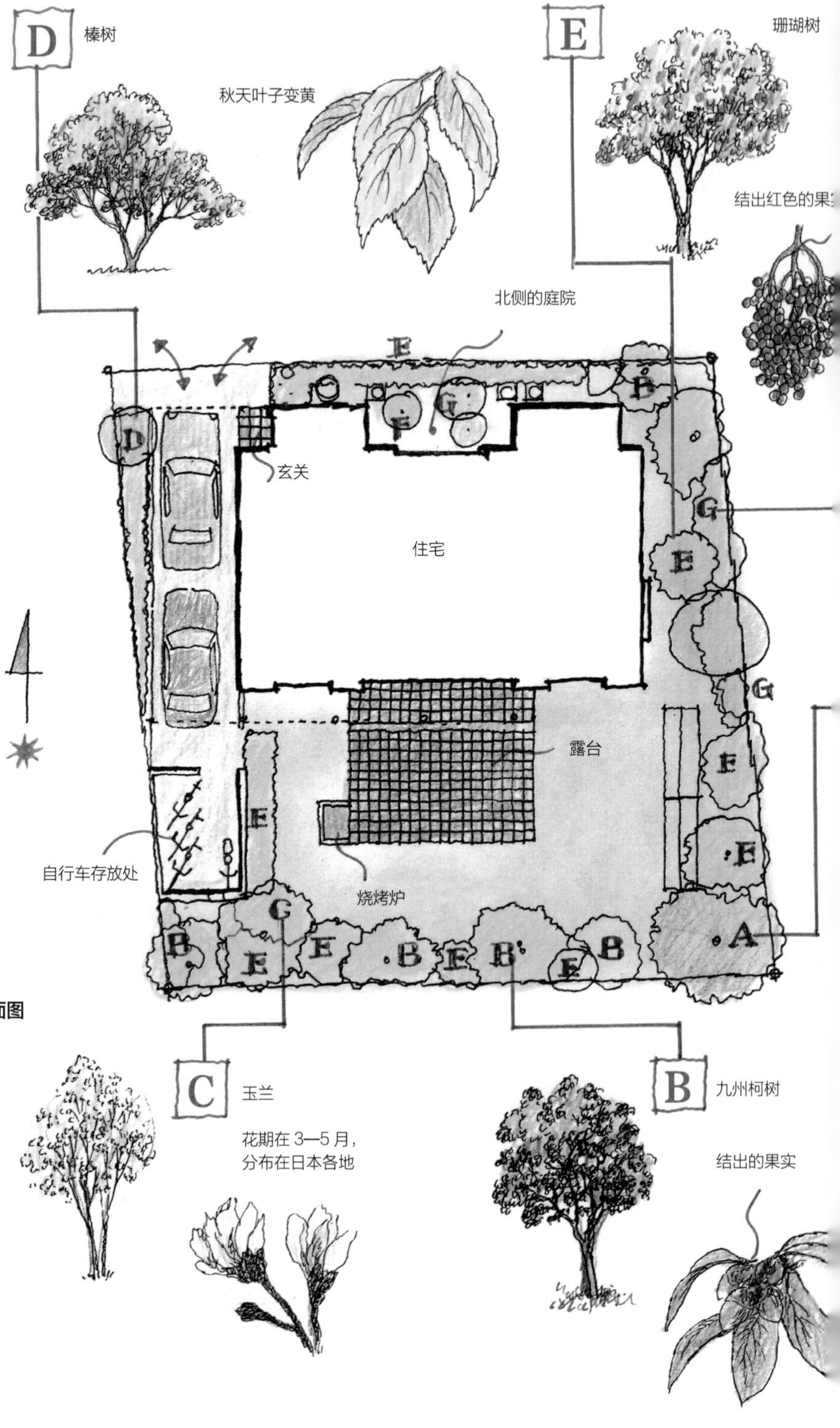
D
榛树
秋天叶子变黄
E
珊瑚树
结出红色的果实
北侧的庭院
玄关
住宅
露台
自行车存放处
烧烤炉
平面图
C
玉兰
花期在 3—5 月，
分布在日本各地
B
九州柯树
结出的果实

## 在庭院里轻松体会每个季节植村宅

G 六道木

常绿

春季至秋季开白花

| 序号 | 名称 | 树种 | 分类 | 备注 |
| --- | --- | --- | --- | --- |
| A | 樟树 | 高树 | 常绿 | 在本州西部地区附近种植 |
| B | 九州柯树 | 高树 | 常绿 | 日本品种，分布在温暖的地带 |
| C | 玉兰 | 高树 | 常绿 | 分布在日本，春天开白色花朵 |
| D | 榛树 | 高树 | 落叶 | 花期在 4—5 月，秋天叶子变黄 |
| E | 珊瑚树 | 高树 | 常绿 | 分布在千叶县以西地域，可作为防火树种植 |
| F | 锦木 | 矮树 | 落叶 | 红叶很美，喜光 |
| G | 六道木 | 矮树 | 常绿 | 花期为春季至秋季，适合做篱笆 |

A 樟树

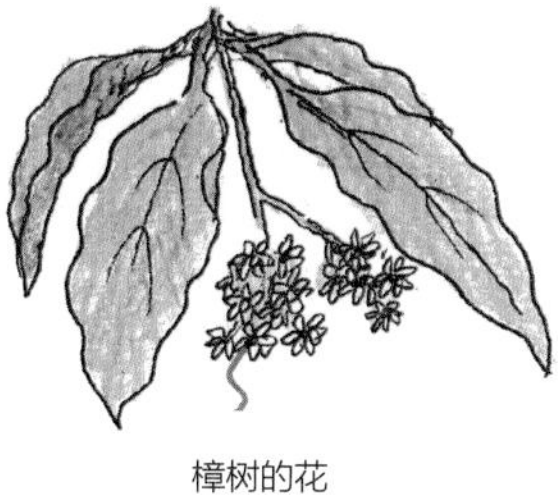

樟树的花

**绿植**

所种植的绿植并不是根据个人喜好来决定树种的，而须从种植目的和植被习性来确定树种

庭园的绿化方案，即外部空间方案，需和住宅设计一起综合考量。因为这与每个房间的用途、使用习惯和外部空间密切相关，不可忽视。

客厅外的庭院前面适合选种树形美观、开花的树木，对隐私性要求较高的卧室前面应多种植常绿树木。此外，选择一年四季都能美化庭院的树种，比如较高灌木、落叶常绿树木等。树种的形状和习性也非常重要。进一步来说，如果选种了不适合当地的植物，致使生长状况不佳，从而对庭院起不到美化作用。作为住宅的个性象征，种植具有象征意义的树是个很不错的选择。

更重要的是，绿化不仅仅影响各家的外部环境，还是构成周边住宅环境的重要一环，植物的存在也会对地球的环境产生影响。另外，不要忘记，这些可以开花结果的植物能够陶冶人们的情操，因而是不可或缺的。

# 5 露台、外廊作为客厅的延展空间

**做室外客厅**

上图左边是外廊。露台从右边的客厅延伸至户外，让人感觉外部的庭院也是室内的一部分

说起庭院，人们往往会联想到草坪，而露台的设计更方便日常的生活。露台在视觉上是客厅的延伸，给人一种空间很宽敞的印象。当然，天气晴朗时，可直接将其作为户外客厅使用。这时最重要的是尽量保证室内地面和外部平台地面高度一致。

在上图的伊藤明宅中，露台的前面种上了树木，点缀了庭院的风景。此外，还在前面设置了外廊，如此一来外部空间变成了半室外空间，用途更加多元。

外廊被木质围墙围起来，因此从客厅看不到隔壁的房屋，营造出内部庭院和隐私性高的外部空间。另外，由于这部分空间和客厅相对，从外廊可以直接看到自己家中，目之所及视野也会发生变化。正是由于事先考虑了外廊的因素，所以可以自由地利用内部和外部的空间。

## 可阻挡视线且开放的露台　伊藤明宅

客厅

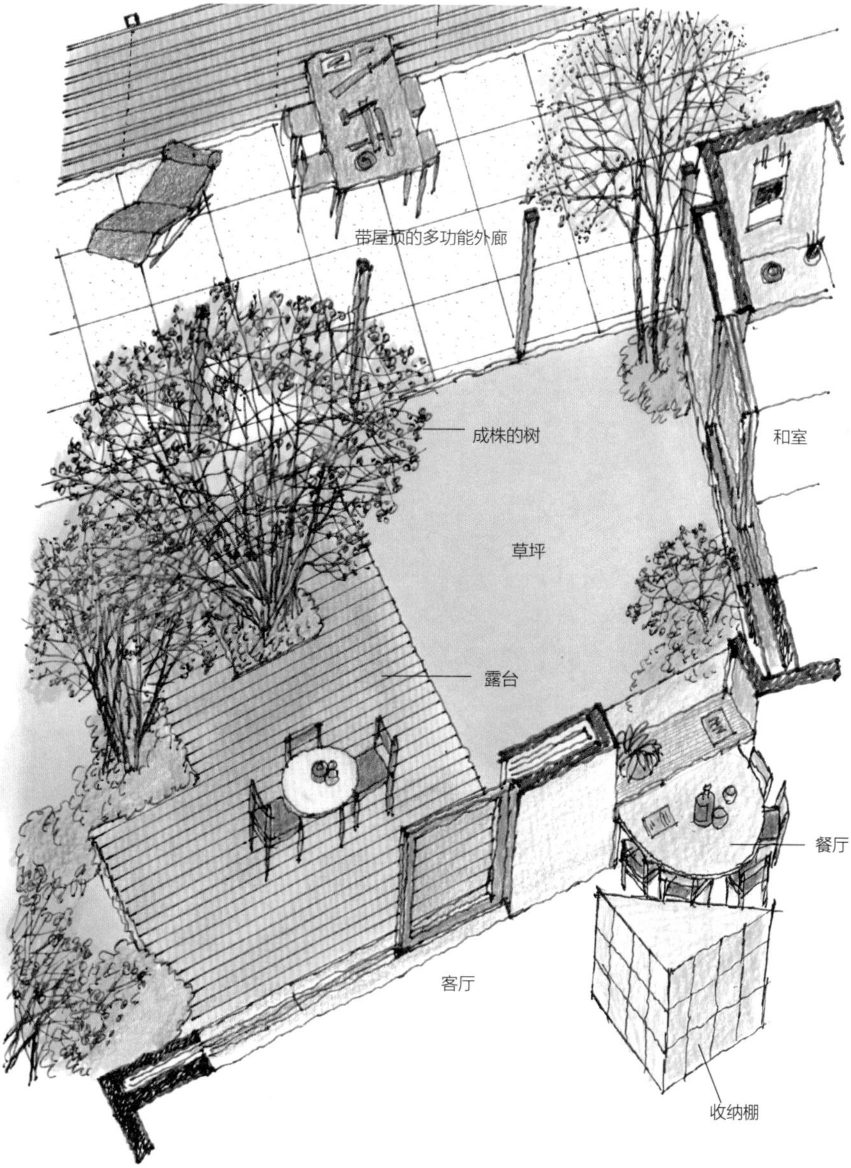
带屋顶的多功能外廊
成株的树
和室
草坪
露台
餐厅
客厅
收纳棚

**庭院**

庭院不仅仅是一个进出的过渡空间，
从不同的方向均可使用的设计特点
增加了庭院存在的价值

# 6 住宅须应对变化

## 成长型住宅　松川宅

第 1 期是主屋和偏屋 2 栋，第 2 期是新建 2 户集中住宅（出租房屋），第 3 期是拆掉偏屋，扩建出租房屋，如此根据家庭情况的变化而改变住宅方案

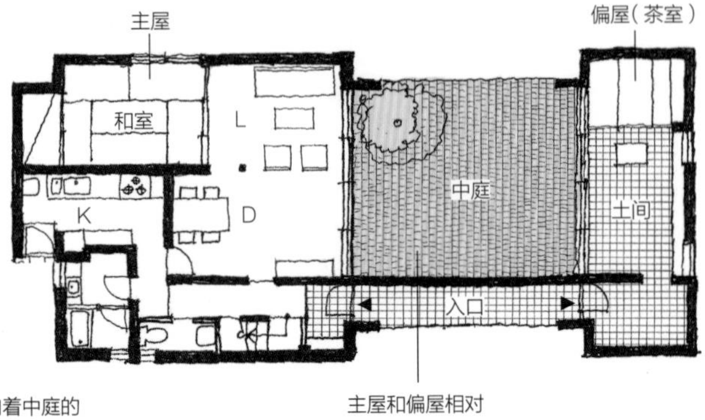
主屋
偏屋（茶室）
和室
L
K
D
中庭
土间
入口
主屋和偏屋相对

1 期平面图

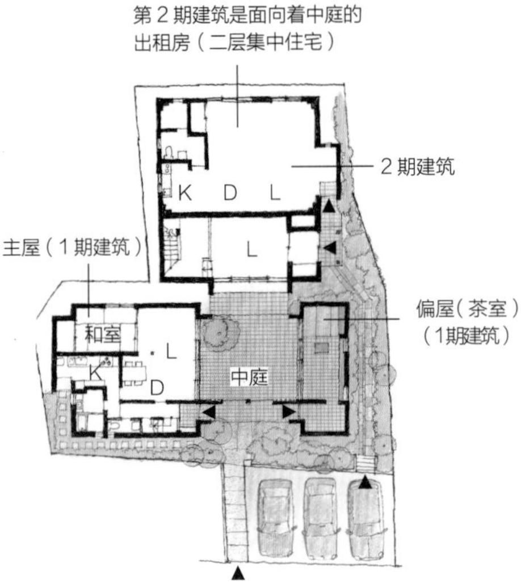
第 2 期建筑是面向着中庭的出租房（二层集中住宅）
2 期建筑
K D L
L
主屋（1 期建筑）
和室
L
K
D
中庭
偏屋（茶室）（1期建筑）

2 期平面图

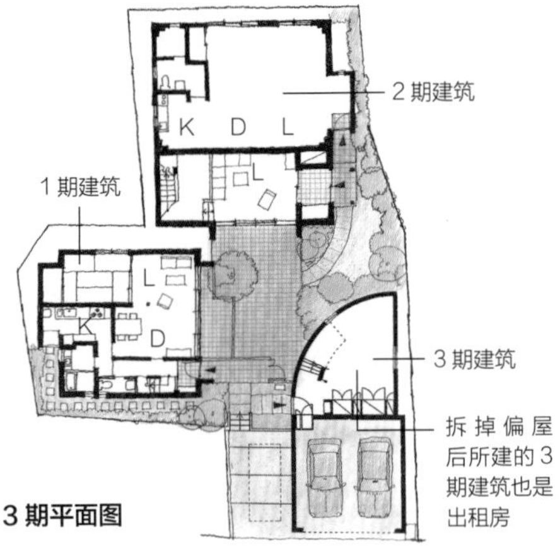
2 期建筑
K D L
L
1 期建筑
L
K
D
3 期建筑
拆掉偏屋后所建的 3 期建筑也是出租房

3 期平面图

### 主屋和偏屋是母子关系

住宅是家人生活的场所，如果家庭结构和生活方式发生变化，那么住宅的使用方法也会发生变化，有时我们也不得不改变住宅的形式。

松川宅竣工时，有主屋有偏屋，二者相对，中间隔着庭院。其特点是可以很好地表现出主屋（父母）和偏屋（孩子）面对面的布局。主屋是普通的住宅，与此相对，偏屋是茶室。在此接待客人，一同喝茶，会让人感到非常幸福。在客厅、中庭、茶室等空间里举办家庭派对是招待客人最好的方式。主屋与偏屋相对，中间夹着被切割成小块枕木铺装的中庭。枕木含有适度的水分，可防止夏季强烈的阳光照射。两栋房子之间视线相通，虽然只有一处住宅，但是可以从主屋和偏屋的不同地方感受不同的景色。

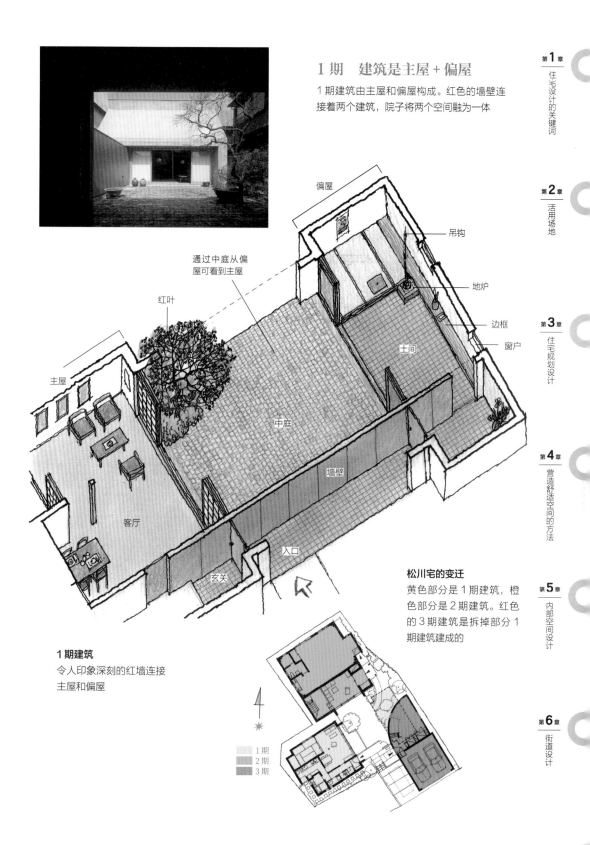

## 1 期　建筑是主屋 + 偏屋

1 期建筑由主屋和偏屋构成。红色的墙壁连接着两个建筑，院子将两个空间融为一体

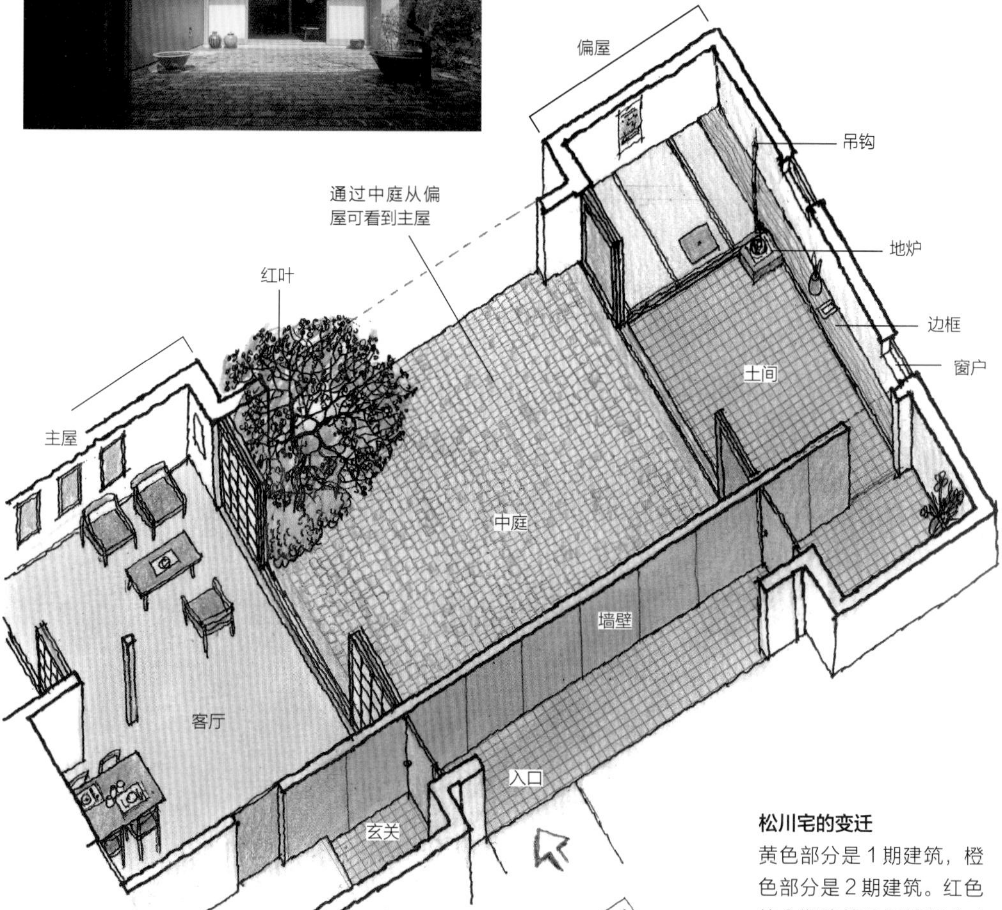

偏屋
吊钩
通过中庭从偏屋可看到主屋
地炉
红叶
边框
窗户
土间
主屋
中庭
墙壁
客厅
入口
玄关


**1 期建筑**

令人印象深刻的红墙连接主屋和偏屋

**松川宅的变迁**

黄色部分是 1 期建筑，橙色部分是 2 期建筑。红色的 3 期建筑是拆掉部分 1 期建筑建成的

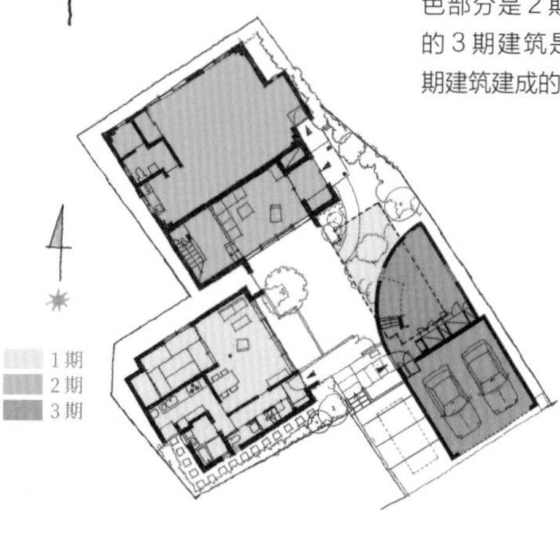

1 期
2 期
3 期

## 2 期和 1 期建筑由中庭相连

面向中庭扩建出租房屋。中庭与主屋和两层住宅的距离恰到好处

从 2 期的扩建楼看中庭，正面的两个拉门关上时的景致

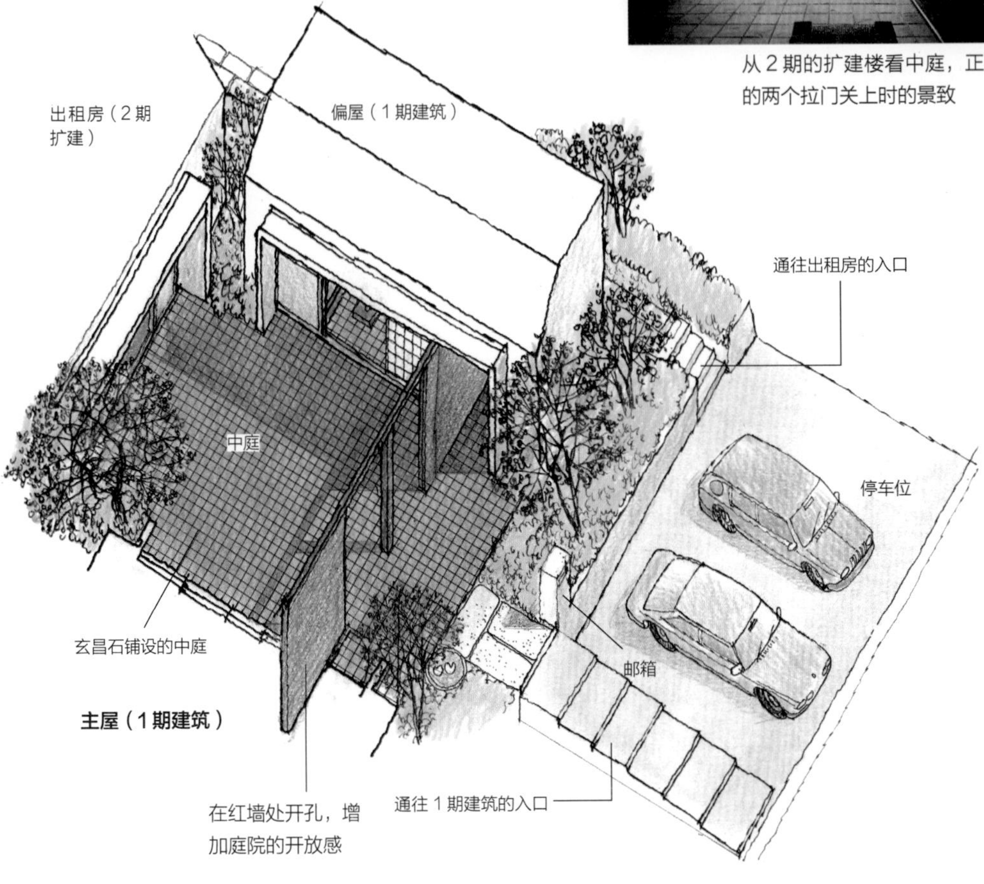
出租房（2 期扩建）
偏屋（1 期建筑）
通往出租房的入口
中庭
停车位
邮箱
玄昌石铺设的中庭
主屋（1 期建筑）
在红墙处开孔，增加庭院的开放感
通往 1 期建筑的入口

## 在独立住宅中增建两户住宅

之后，在松川宅的基地内定下要建造两户住宅出租楼（2 期扩建工程）。在一个基地上新建房屋的话，房屋单体很容易被孤立。但是宫胁先生以中庭作为建筑的连接空间，成功地连接并缓和了各建筑之间的关系。

若要到达扩建的出租楼，需要从道路一侧通过偏屋的后面到玄关和入口，这样就无法和住在主屋的人（房东）产生关联。可如果将租户的客厅面向中庭的话，中庭就会成为媒介，既可以让租户和房东保持恰到好处的关系，同时又不会过分影响到各家的生活，以此构筑起理想的关系。

扩建时，中庭的地面铺设从枕木换成了玄昌石，在与主屋相连的围墙上设置了较大的开口。如此一来私密的中庭，变成了公共开敞的空间。

## 3 期　建筑面向入口

拆掉旧的偏屋和停车位，扩建出租房屋。在这种情况下，通过改变中庭，既保护了隐私，又确保了各自的空间舒适不被孤立

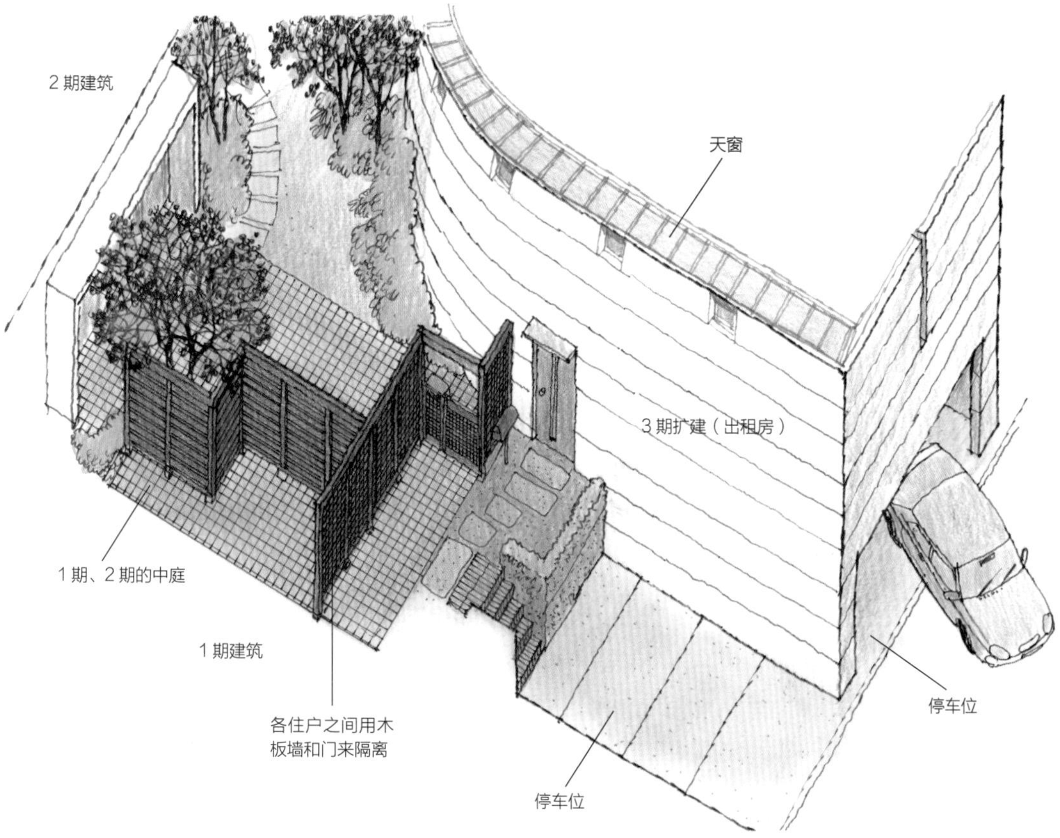

2 期建筑
天窗
3 期扩建（出租房）
1 期、2 期的中庭
1 期建筑
各住户之间用木板墙和门来隔离
停车位
停车位


## 住户间的独立

十几年后，因为继承问题，拆掉了最初建造的偏屋（1 期）和停车位（2 期），在那里新盖了出租房。另外，以此为契机，并基于长远考虑也将 1 期、2 期的两栋住宅改成了各自独立的住宅。也就是说，新旧 3 座建筑变成了可供不同家庭居住的独立住宅。所以之前负责维系家族关系的中庭，被木板墙和门隔开，变成了现在这种可以确保各自独立的住宅。入口的空间是邂逅的场所，木板墙既不会阻挡彼此的关心，又能很好地保护隐私，柔和的屏障功能被发挥得恰到好处。独立并不意味着孤立。

松川宅是一座既保留了当初的设计理念，且在时间的流逝中不断变化的住宅。它目前的形态，无疑是面对业主世代交替等难题时的一种解决方案。

# 7 观察周围的环境

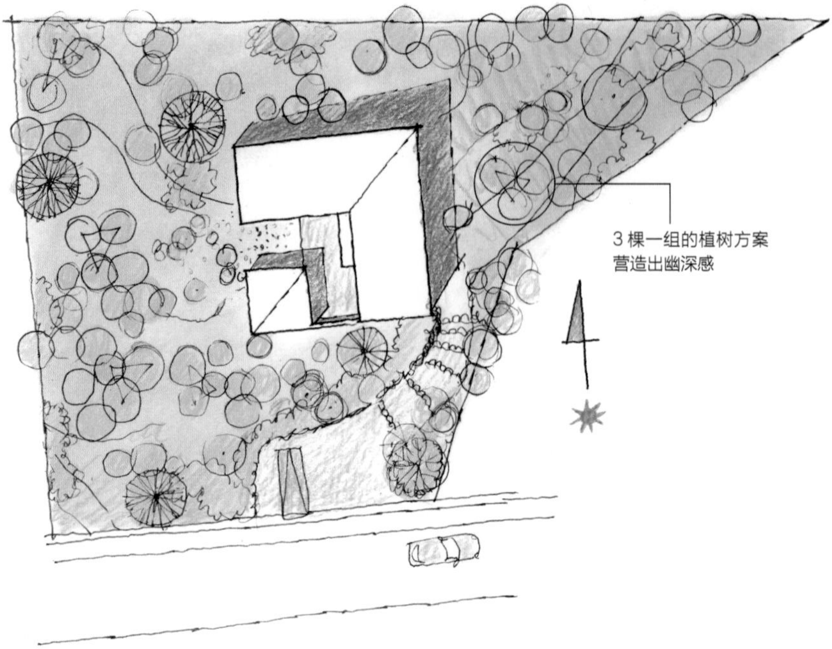


**考虑到 10 年后的绿植**
**富士道宅平面图**
3 棵一组的植树方案，从概念性设计图中可以看出来

使用全景照片让感官更加立体丰富

在做建筑规划、设计时，要仔细观察周围的环境，并思考未来环境会如何变化，这是决定该建筑使用年限的重要工作之一。

宫胁先生最初在场地周围实测、拍摄照片后，将其整合在一起放在制图板前，构思将要设计的建筑形象。若是住宅建筑，半年到一年即可完成，遇到庭院等树木和地被植物，要想形成理想的美景需要花上几十年的时间。宫胁先生是一边看着 360° 的全景照片，一边想象着几十年后的样貌而设计的。

所有建筑的外部方案都需要具备随着时间流逝而不断形成良好居住环境的预见性。外部建筑和庭院同建筑一样，有必要制订符合时间轴变化的方案。竣工时刚种植的景观树，虽然暂时还看不到景色，但不久的将来会和建筑形成美丽的风景。应该谨记周围的植物会不断变化成长。

# 第3章

# 住宅规划设计

**均等的南立面**　1 ： 1、1 ： 2、1 ：$\sqrt{2}$ 比例打造的美丽外观

横尾宅的外部尺寸是 7.2 m × 7.2 m，它是典型的箱体住宅系列。家庭成员是一对夫妇和一只猫。建筑面积约 52 $m^2$，上下两层，占地面积约为 71 $m^2$，从规模上看属于狭小住宅一类。

该住宅从形态特征来说虽然属于宫胁流派的长方体箱体，但也可以说是用切去其中一部分的手法来打造住宅整体的外观。

这里重要的是立面的应用。看完南侧的立面图，就知道有 3 条平行线。停车场的天花板线，二楼阳台的扶手线，以及最上部的木架的水平线。每条线的间隔是 1800 mm，这是混凝土模具的高度，这种设计框架的样式不会浪费使用面积。

木架和停车位都是由 900 mm × 1800 mm 单元构成的，这给外观增加了规律性和秩序性，使其既美观，又减少了浪费。

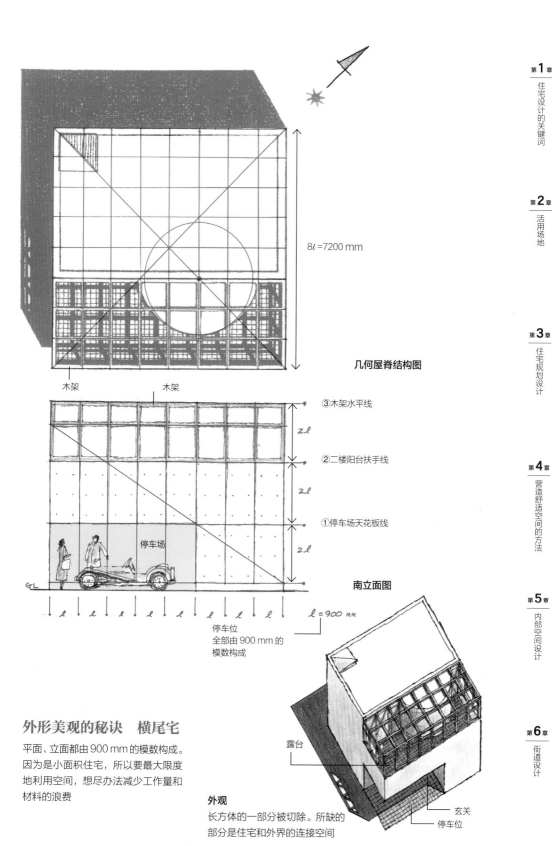

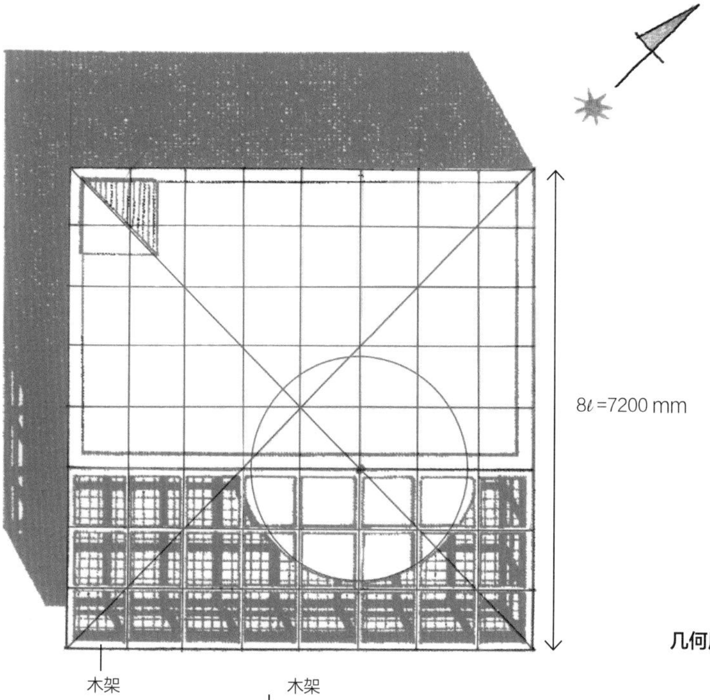
8ℓ=7200 mm
木架

**几何屋脊结构图**

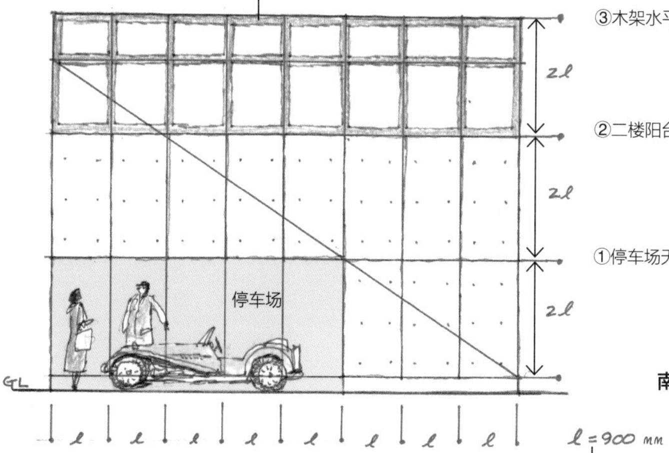
木架
③木架水平线
2ℓ
②二楼阳台扶手线
2ℓ
①停车场天花板线
2ℓ
停车场
GL
ℓ ℓ ℓ ℓ ℓ ℓ ℓ ℓ
ℓ=900 mm

**南立面图**

停车位
全部由 900 mm 的
模数构成

## 外形美观的秘诀　横尾宅

平面、立面都由 900 mm 的模数构成。因为是小面积住宅，所以要最大限度地利用空间，想尽办法减少工作量和材料的浪费

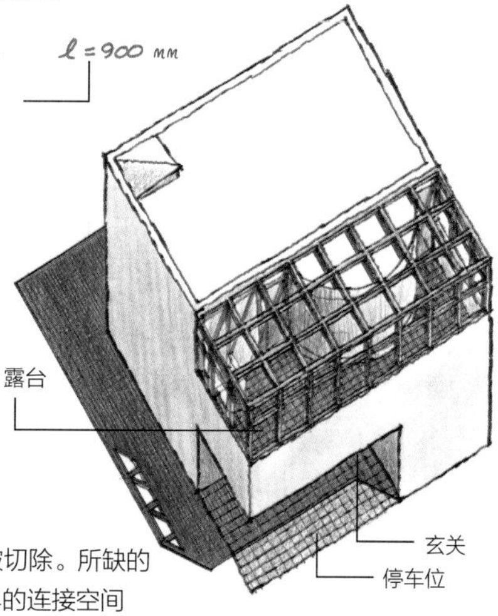
露台
玄关
停车位

**外观**

长方体的一部分被切除。所缺的部分是住宅和外界的连接空间

# 2 小户型住宅的秘密

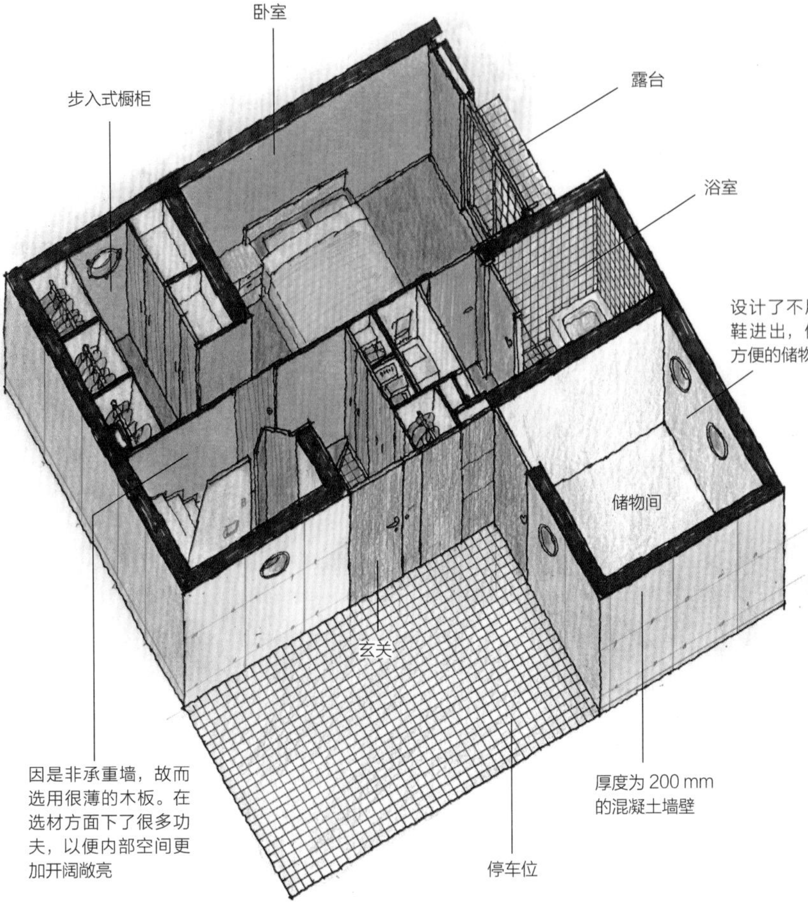
设计了不用脱鞋进出，使用方便的储物间


**一楼剖轴测图**

让我们来看看横尾宅内部的规划吧。注意涂黑的墙壁厚度因房间不同而不同。

厚墙是混凝土结构。横尾宅的墙壁构造中没有柱子，采用了计算好的 200 mm 厚的墙壁承受全部的负荷和外力。薄墙选用厚度约 30 mm 的木制面板，隔墙不承重。选用薄木板，以便尽可能地扩大内部空间。

方案中的下层是卧室和浴室等私人空间。楼上有餐厅和客厅。在人口密集的狭小住宅中，经常使用宫胁流派“上层客厅”的空间构成方式。

二楼的厨房采用半独立型门，方便开合，餐厅紧邻客厅，餐厅的桌子、定制造型沙发和卡座被巧妙地排列在一起。由木构架围合的阳台也很舒服惬意，且在角落处为宠物猫准备了空间，这也是宫胁先生设计时对爱猫一族的温柔体贴之处。

# 横尾宅的小户型方案

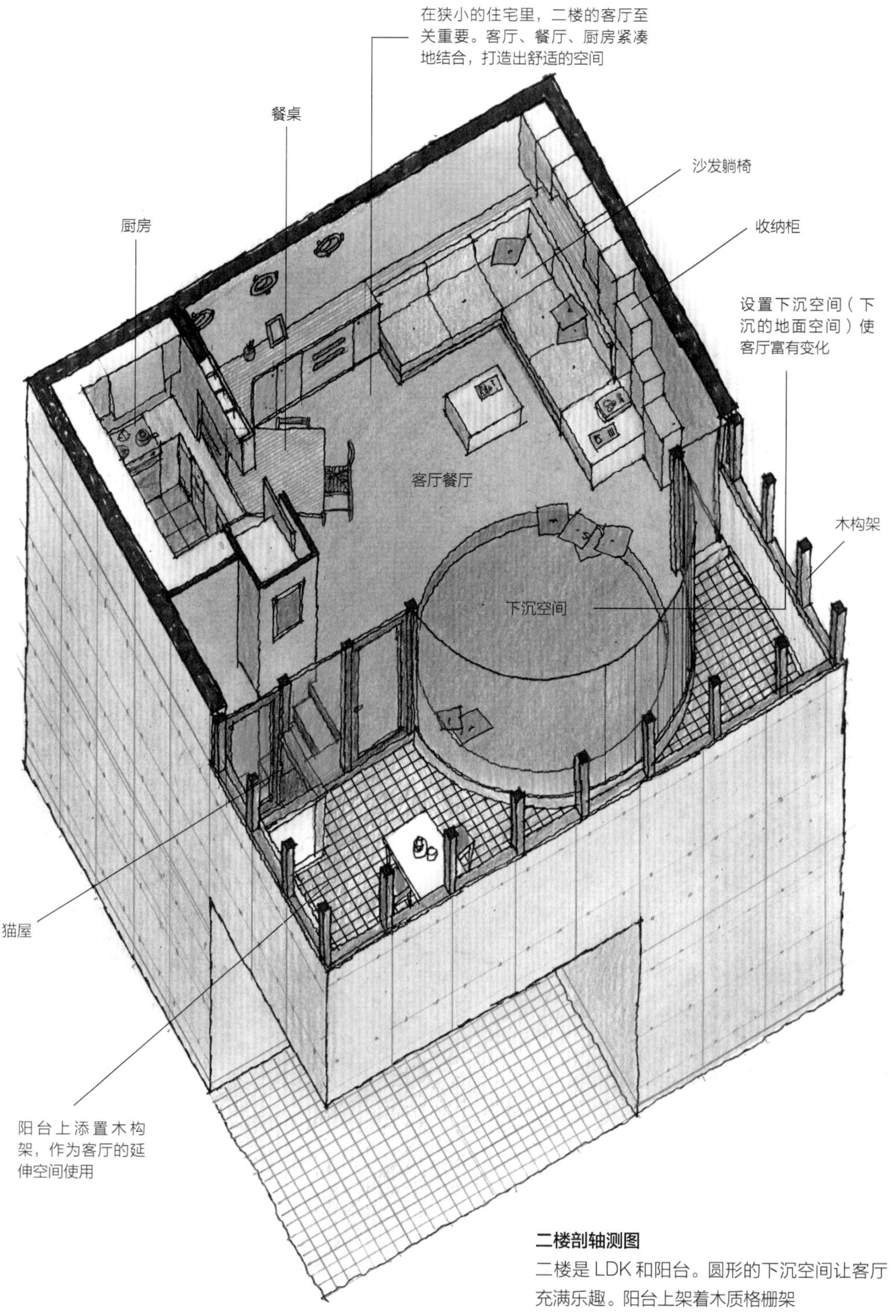
在狭小的住宅里，二楼的客厅至关重要。客厅、餐厅、厨房紧凑地结合，打造出舒适的空间
餐桌
沙发躺椅
厨房
收纳柜
设置下沉空间（下沉的地面空间）使客厅富有变化
客厅餐厅
木构架
下沉空间
猫屋
阳台上添置木构架，作为客厅的延伸空间使用

**二楼剖轴测图**

二楼是 LDK 和阳台。圆形的下沉空间让客厅充满乐趣。阳台上架着木质格栅架

# 3 小户型的收纳需要细心设计

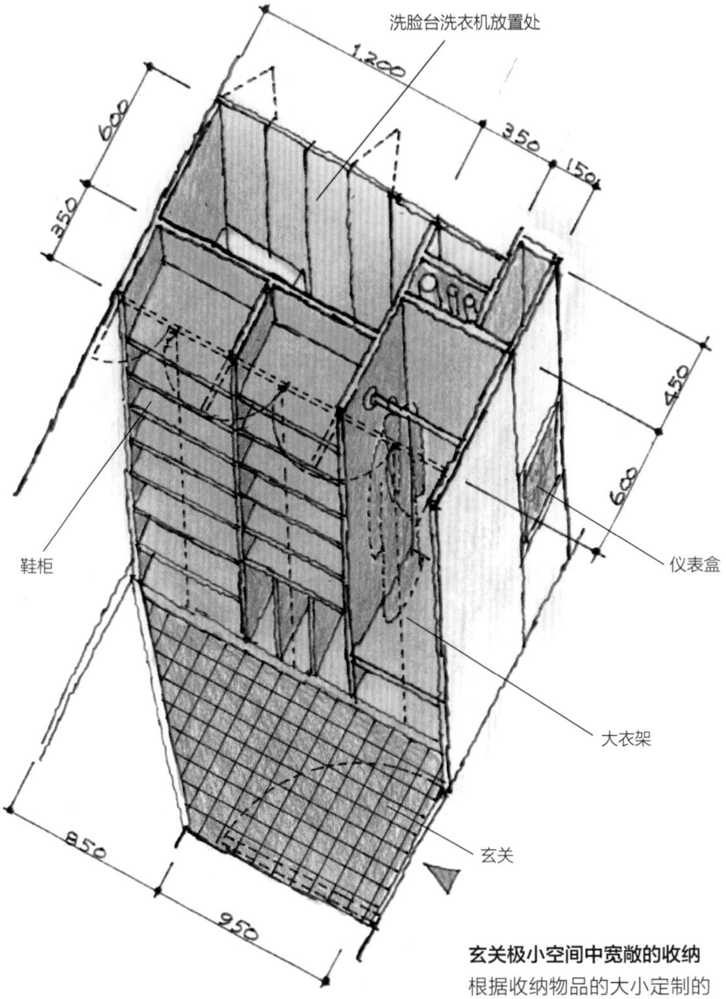
洗脸台洗衣机放置处
1,200
350
150
600
350
450
600
鞋柜
仪表盒
大衣架
玄关
850
950

**玄关极小空间中宽敞的收纳**
根据收纳物品的大小定制的收纳架，空间上没有浪费

在横尾宅，选用薄板做隔墙，以放大内部空间。为了更好地收纳物品，须列出所拥有的、现在需要的、将来需要的物品，制订详细的计划。

而横尾宅的收纳，先确定物品放置位置，再设计收纳架的高度和宽度。关于玄关的鞋柜，夫妻二人的鞋子尺寸固定，确定好鞋子的种类和数量，就可以计算储物架的高度和宽度了。另外，卧室旁边的步入式壁橱的收纳架也会根据所放衣服的种类，确定尺寸，并仔细地对收纳架进行分区。

有效利用小空间的诀窍在于细致的调查和细致入微的设计。如果设计的家具像成品收纳柜那样有一些无用的空间，业主也不会满意。

注：本书中图纸尺寸除注明外，均以毫米（mm）为单位。

## 横尾宅中使用方便的收纳家具

一层平面图

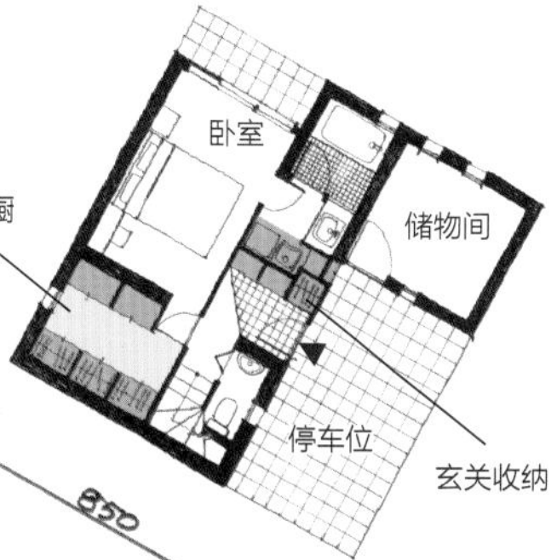

卧室
步入式壁橱
储物间
停车位
玄关收纳


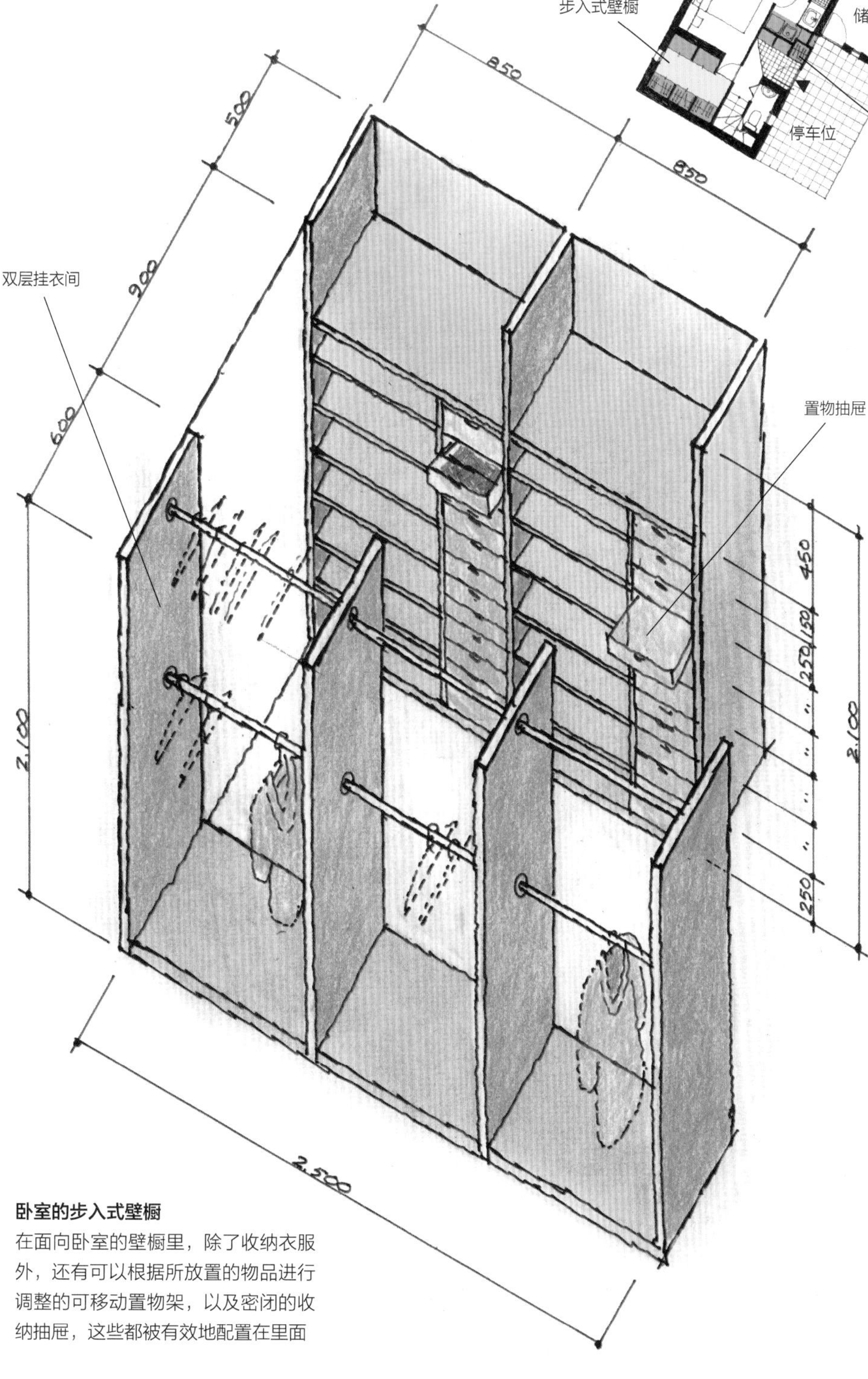

850
850
500
900
600
2,100
双层挂衣间
置物抽屉
450
150
250
2,100
250
2,500


**卧室的步入式壁橱**

在面向卧室的壁橱里，除了收纳衣服外，还有可以根据所放置的物品进行调整的可移动置物架，以及密闭的收纳抽屉，这些都被有效地配置在里面

# 4 住宅密集区的生活中心宜放在二楼

一层平面图

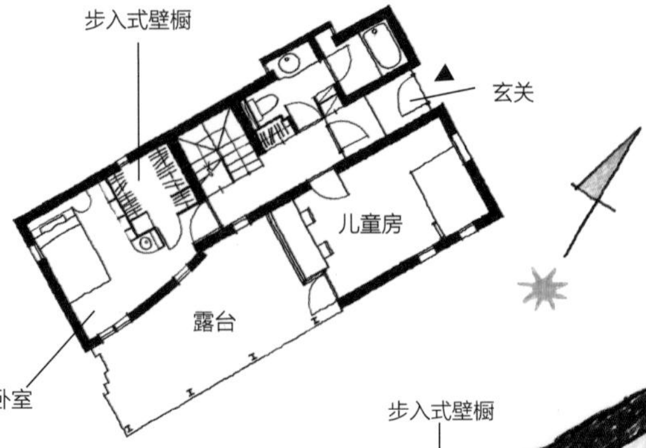
步入式壁橱
玄关
儿童房
露台
卧室

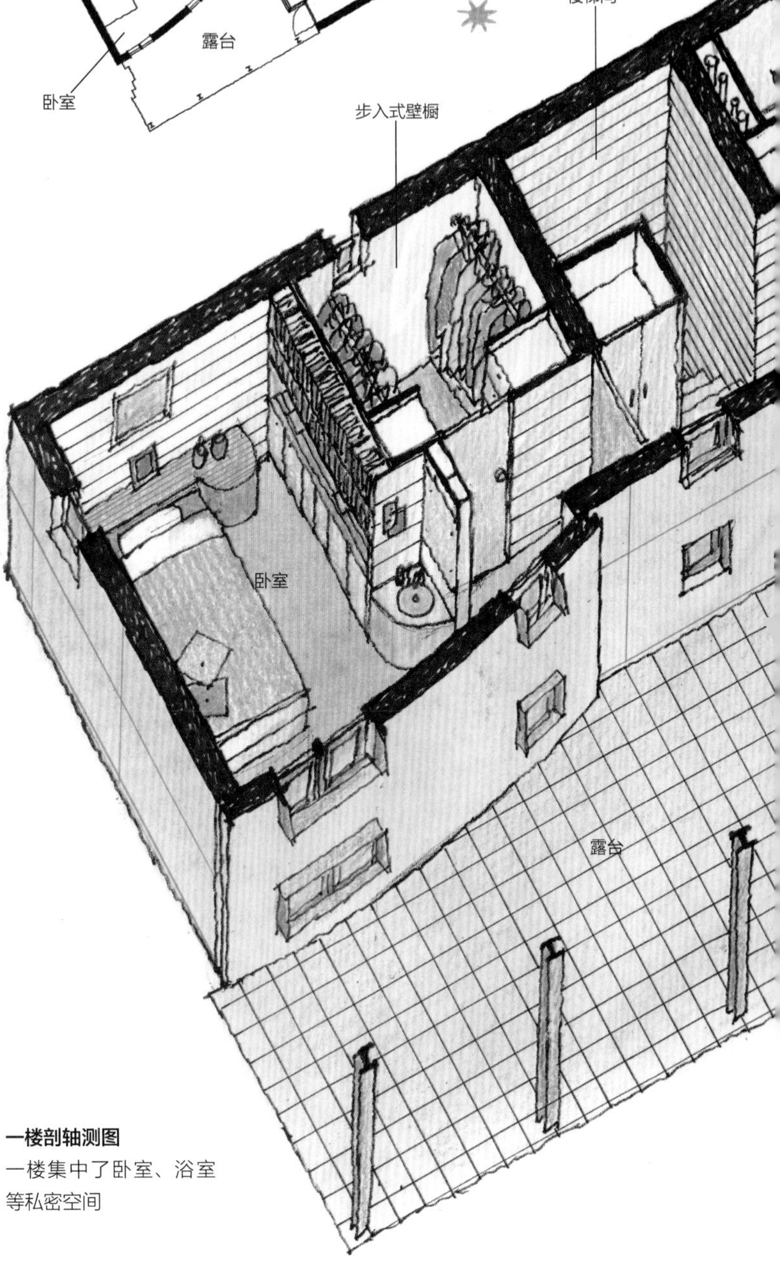
楼梯间
步入式壁橱
卧室
露台

**一楼剖轴测图**

一楼集中了卧室、浴室等私密空间

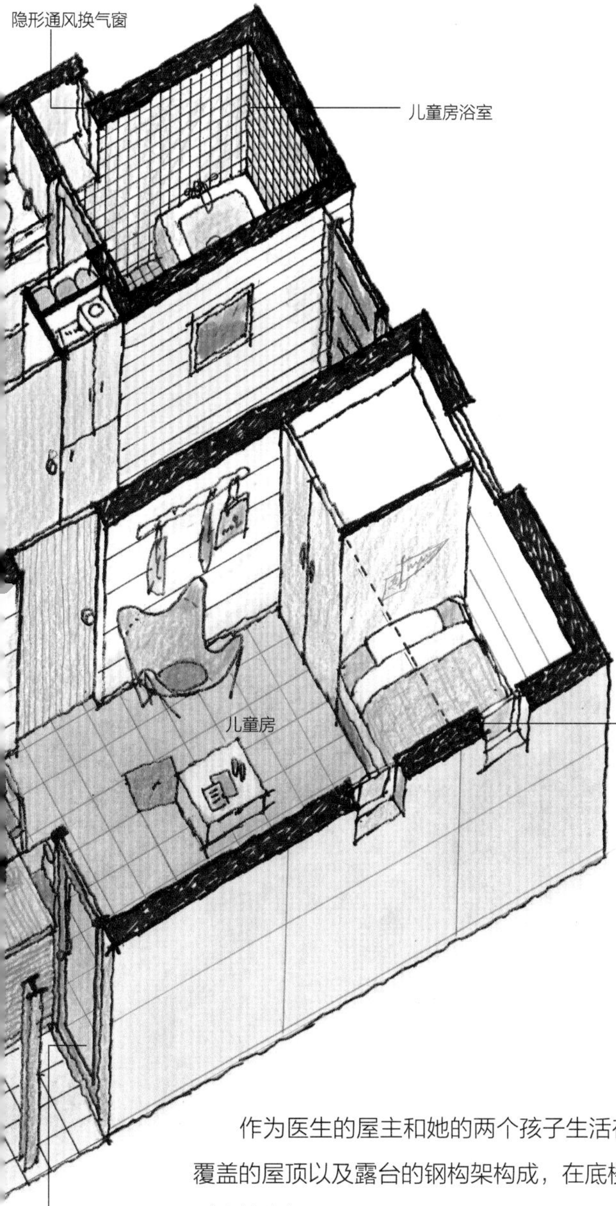
临街和面向邻居的窗户不大，这样可以更好地保护个人隐私
儿童房出入口

**一楼和二楼的“表情”大不相同**

为了保护隐私，一楼几乎没有开口。要考虑隐藏雨水槽，注意外观设计统一

## 一楼关，二楼开　崔宅

由于建在城市的中心地区，因此在保证隐私、日照和通风方面下了很大功夫

作为医生的屋主和她的两个孩子生活在崔宅。这座住宅由混凝土的箱体和从上面覆盖的屋顶以及露台的钢构架构成，在底楼设计了卧室等隐私空间，楼上做成了 LDK 型公共空间。

在日本，大部分用地被开发使用，预计将来的居住环境会比现在差。设计时如果不预先考虑周全的话，后期客户会后悔“不应该是这样的”。

像崔宅这种城市住宅，随着房屋愈加密集，下层的日照和通风有可能会变差。相比之下，楼上的条件会好些，因此在楼上安装了天窗。这样设计既保护了隐私，又可保障舒适的居住环境。宫胁先生把客厅和餐厅等生活中心放在楼上，是有道理的。

为了确保将来良好的居住环境，在楼上设置公共空间这一做法非常奏效。

# 5 LDK是生活的中心

## 距离感恰到好处的LDK 崔宅

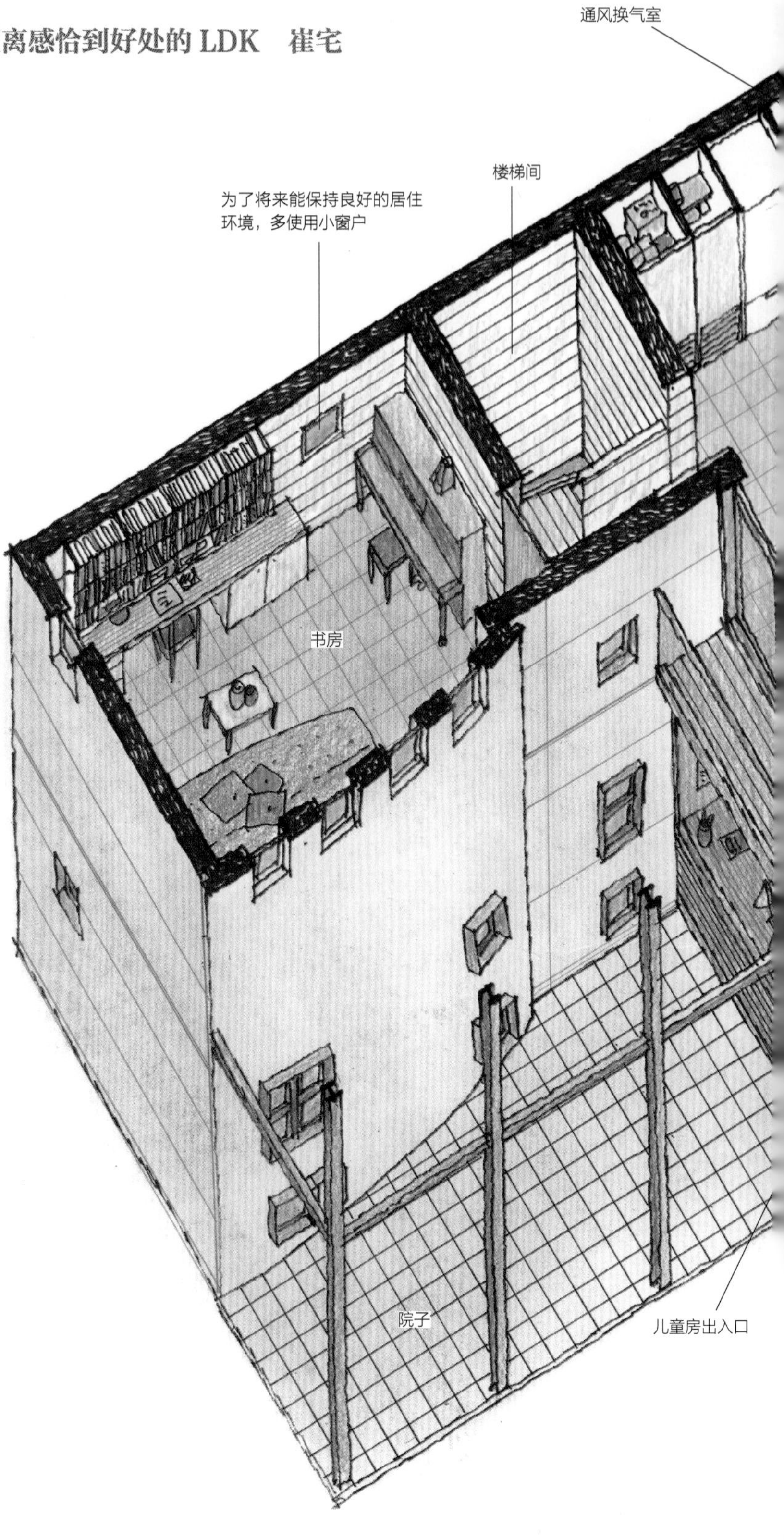
通风换气室
楼梯间
为了将来能保持良好的居住环境，多使用小窗户
书房
院子
儿童房出入口

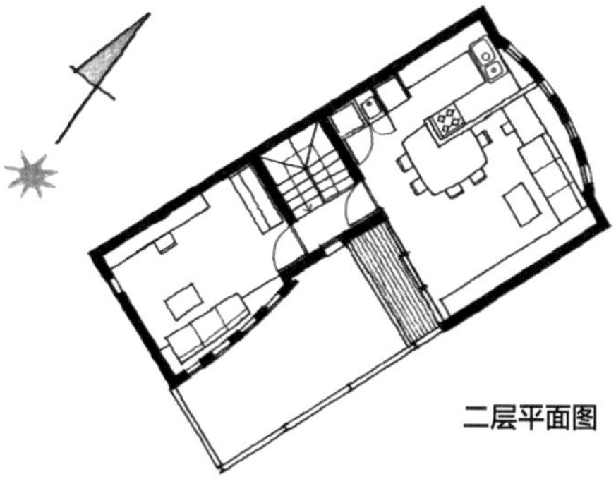

二层平面图

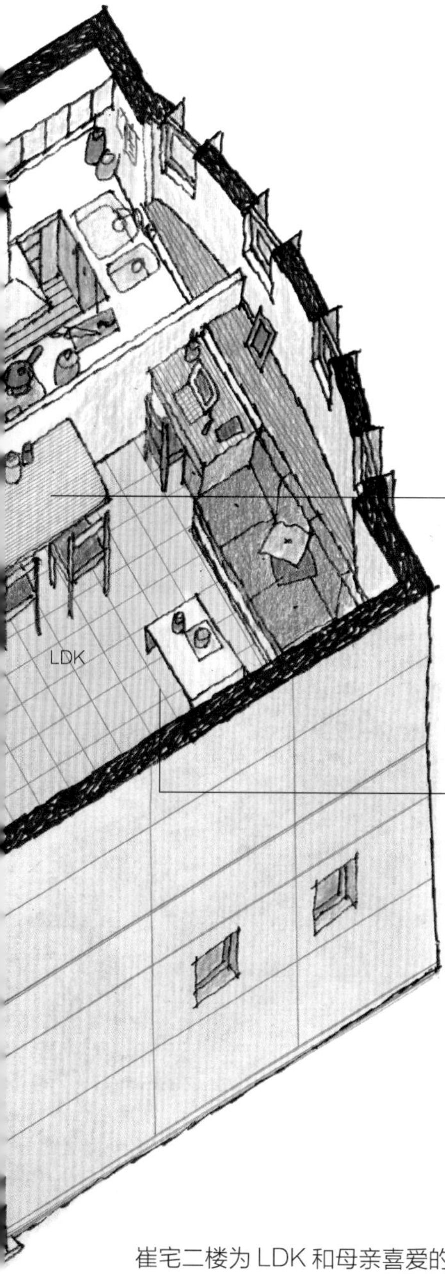
定制的大桌子是一家人团聚的地方
在小巧紧凑的 LDK 中，有各种场所，舒适度高，距离感恰到好处


**二楼平面鸟瞰图**

二楼有 LDK 和书房两个房间。在 LDK 的中心配置有一张大桌子，强调家人的团聚

崔宅二楼为 LDK 和母亲喜爱的书房。这是一个母亲忙完工作后，可以边做饭边和在客厅或餐厅做作业的孩子们对话的方案。家人也可以在此一起享受美味料理。

生活的空间并非越大越舒适。彼此间的距离对人与人之间的对话和在一起的家庭意识都有影响，距离太远不易培养感情，太近了又容易厌烦。回顾过去，“一家团圆”这个词在客厅里常被提及时，茶室面积不大，但家人之间的距离感很好，聊天谈话也尽兴。在崔宅的 LDK 中，大家不是在吃完饭后就关门闷在自己的房间里，而是在附近的沙发上躺着和家人聊天，这种距离感不远不近，恰到好处。在稍微大一点的餐桌上吃饭，有种过去家人围坐在炉旁团聚的情景。

另外，整体窗户被分成小块，即使将来环境发生变化，影响也不会太大。

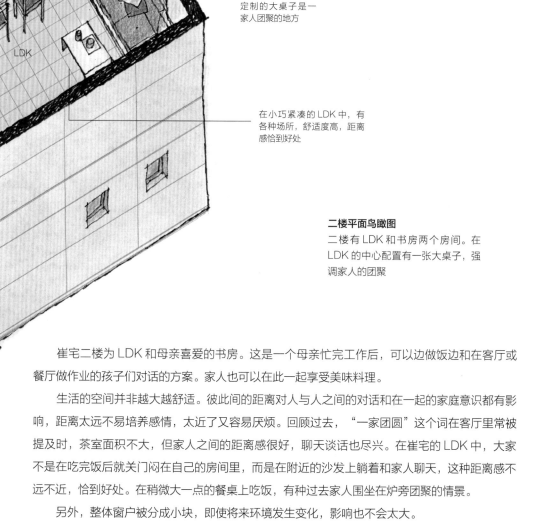

# 6 考虑动线、采光和通风

## 没有尽头 木村宅

正如下图所示，方案中以浴室为中心，动线更加畅通。阳台有助于卧室、浴室、儿童房的采光和通风

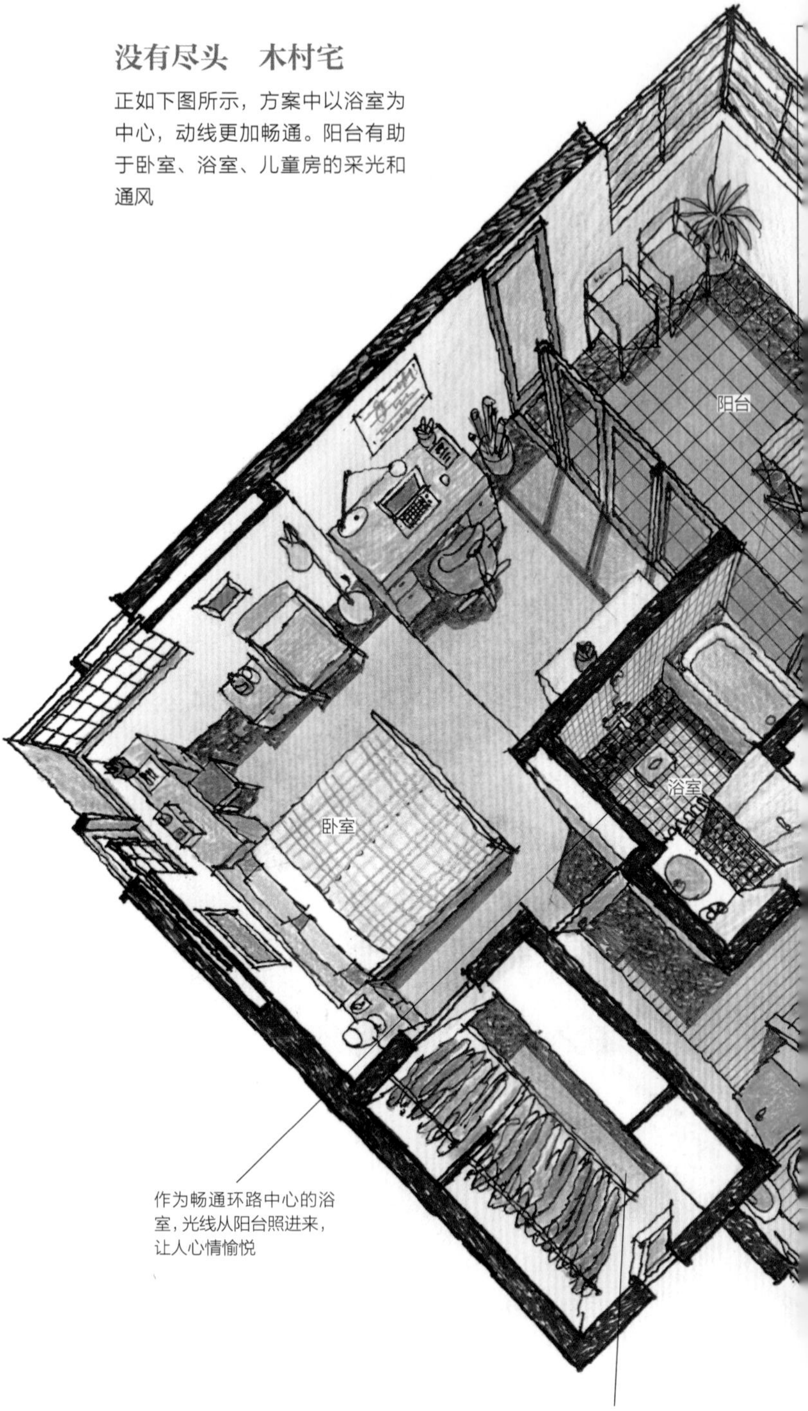
阳台
浴室
卧室
作为畅通环路中心的浴室，光线从阳台照进来，让人心情愉悦
壁橱

二楼布局

大阳台在确保隐私的同时，也有利于房间的采光和通风


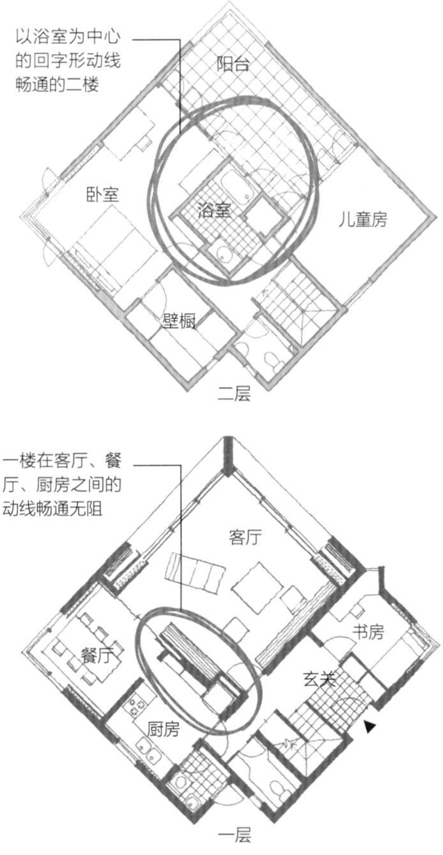

**平面图**
一楼、二楼畅通回字形动线方案

住宅中动线畅通自如的方案更适合居住。在日常生活中，行走的线路有很多，一般大家很难碰在一起，不同的布局会给生活带来不同的变化。这种环形畅通动线做得越好，生活越舒适。简单地说，当你想从一边走到另一边的时候，如果有左右两个通行方向的话，可以进行两种路线的测试。自然采光和通风会随季节的变化而发生变化，多种线路使明亮的光线和清新的空气能到达最内部。同时，生活也会因动线的顺畅，而使人经常感受到家人的温暖，并能分享彼此的感受。

木村宅的总楼层数虽只有两层，但也确实有中心部分，可以此为中心来规划动线。从剖透视图可以看出，二楼动线以浴室为中心，一楼动线以厨房的一部分为中心畅通无阻。

# 7 功能不明确的空间让生活更丰富

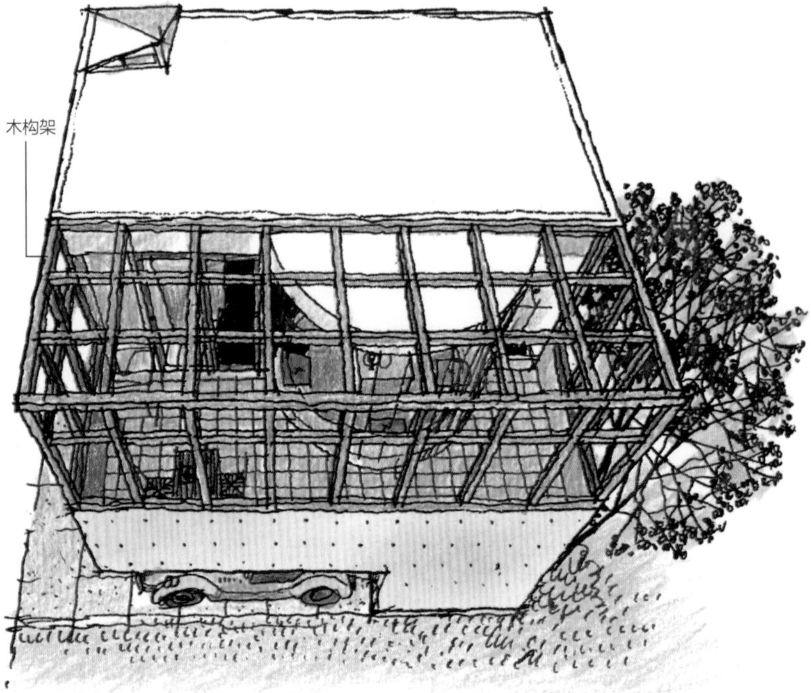


**用轮廓做箱体**

阳台上搭建了木构架，可用于挂帘子、种植藤蔓植物，同时有助于遮阳和保护隐私

很多人一味地认为外部空间使用不便，室外空间的确是冬天寒冷、夏天炎热，受季节和天气的影响较大，所以人们倾向于将内部空间作为生活空间。室内环境稳定，既可睡觉，也可收纳物品，的确可以放心使用。

但是，如果人每天都过着一成不变的生活，那么就会对毫无变化的生活感到厌倦。要偶尔给日常生活带来变化，感受变化。不管是在室外烧烤，还是把浴室当作露天温泉，或许都是出于同样的考虑。合理利用外部空间是实现改变的捷径。另外，阳台和露台也可作为室内气候的缓冲空间。放下帘子的话，可以遮住视线，防止阳光的照射；若把植物放在木构架上的话，便可创造出背阴处，享受当季美丽的花朵。

横尾宅的一楼屋檐创造了背阴处，二楼的木构架起到搭建半室外空间的作用，同时也能够显示出房子的形态是箱体。

## 曲线形成的中间区域 横尾宅

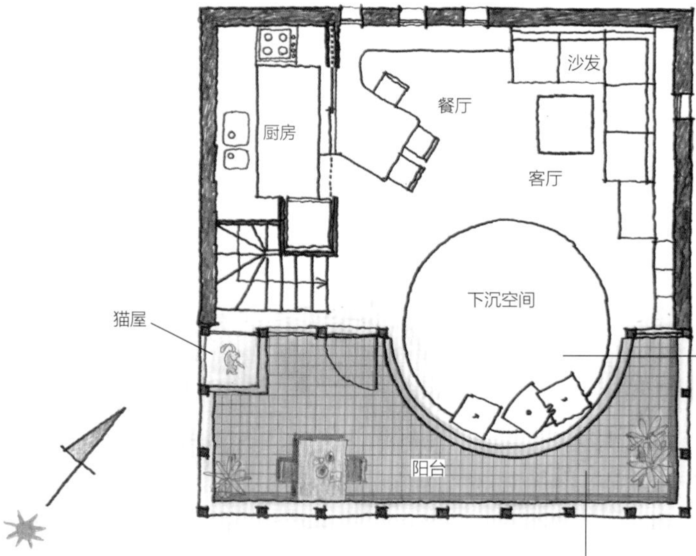


圆弧形大开口的下沉空间，像室外的空间一样

用木构架覆盖阳台，半室外空间就完成了

**二层平面图**
阳台上突出的半圆形，营造出室外的氛围

二楼阳台，左边是圆形下沉空间

圆形下沉空间和阳台的相接

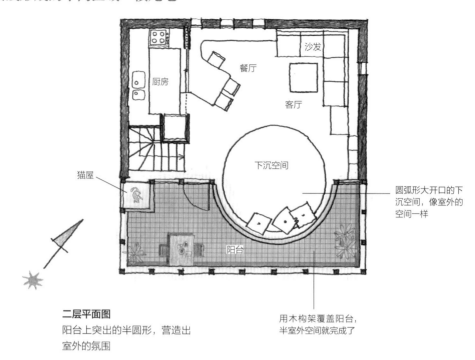

# 8 从容地享受不便

**二楼阳台的绿植和构架**

在保护个人隐私的同时，还具有将外部空间室内化、补充狭窄空间的功能

现在越来越提倡尽可能地节约能源，这是好事。使用空调的住宅通常需要密封性好隔热性强的围护结构，因此会使用昂贵的建筑材料，导致建筑费用增加。此外，这种建筑材料在制造过程中也会消耗很多能量。换个角度来看，这是为了建造节能住宅而造成的额外能源浪费。

完全依靠能源来生活确实很舒适，但舒适并非是生活的全部。以往日本人在生活中，有一种从容的心态，那就是敢于接受不便，并且乐在其中。

在佐川宅的设计中，可以看到这样的考虑。如上面外观图所示，如果在二楼的构架上挂上帘子的话，那么即使敞开窗户也会遮挡外部的视线，这样可充分确保通风和采光。由此看来，并非只有关上窗帘、打开室内照明灯、开放冷气才是度过夏天的方法。

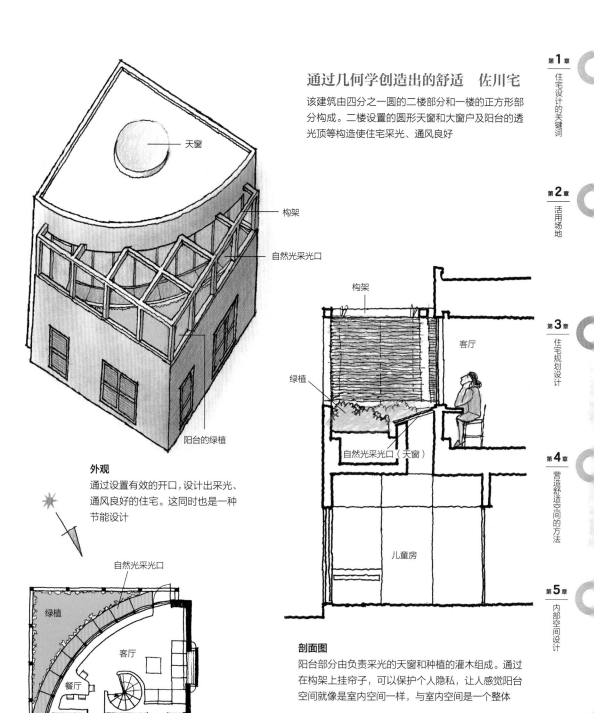

## 通过几何学创造出的舒适　佐川宅

该建筑由四分之一圆的二楼部分和一楼的正方形部分构成。二楼设置的圆形天窗和大窗户及阳台的透光顶等构造使住宅采光、通风良好

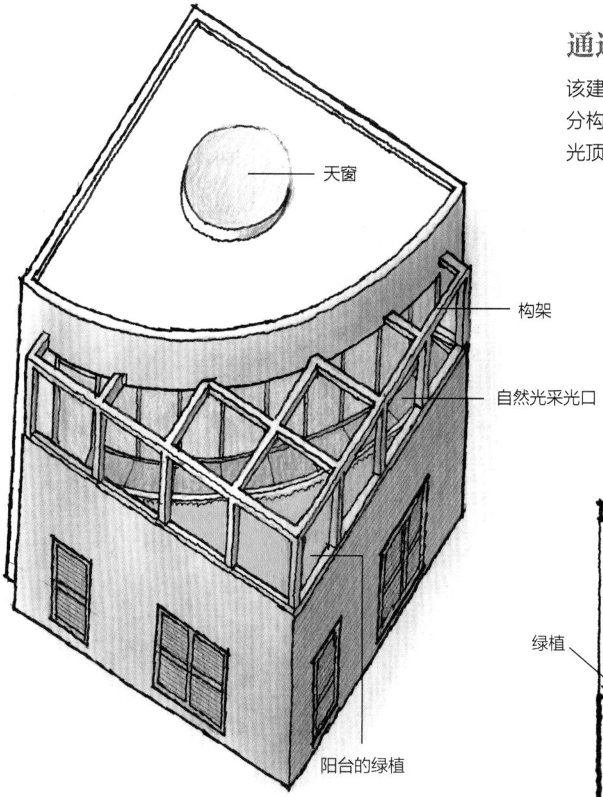
天窗
构架
自然光采光口
阳台的绿植

**外观**

通过设置有效的开口，设计出采光、通风良好的住宅。这同时也是一种节能设计

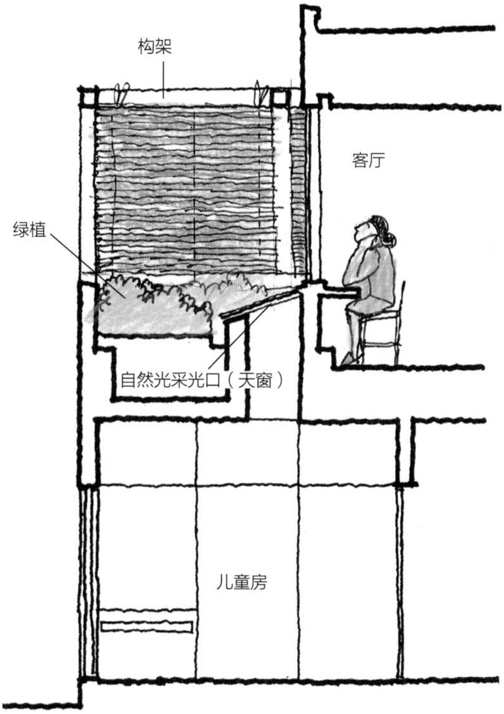
构架
客厅
绿植
自然光采光口（天窗）
儿童房

**剖面图**

阳台部分由负责采光的天窗和种植的灌木组成。通过在构架上挂帘子，可以保护个人隐私，让人感觉阳台空间就像是室内空间一样，与室内空间是一个整体

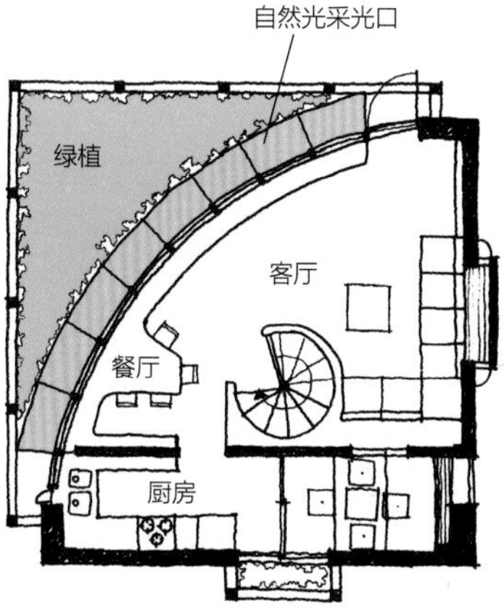
自然光采光口
绿植
客厅
餐厅
厨房

**二楼平面图**

因为南面设置了开敞空间，所以有必要考虑防晒对策

# 9 把避雨的空间视作给行人的礼物

## 面对街上展开 横尾宅

箱体的凹进部分产生的空间可以用作停车位和玄关入口。对于路上行人来说，突然下雨或是暴晒的话，这个小空间会是个不错的躲避之处

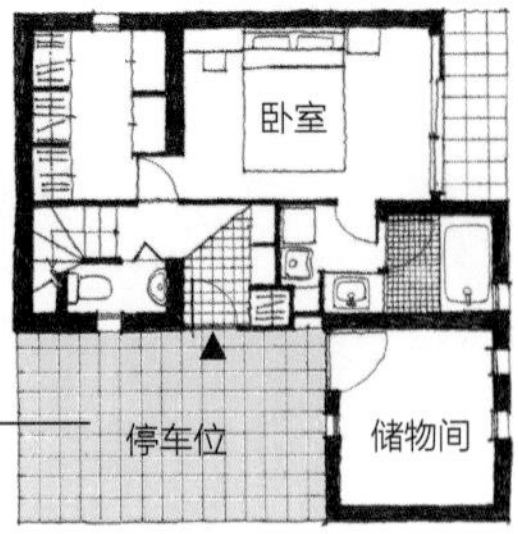


**一层平面图**

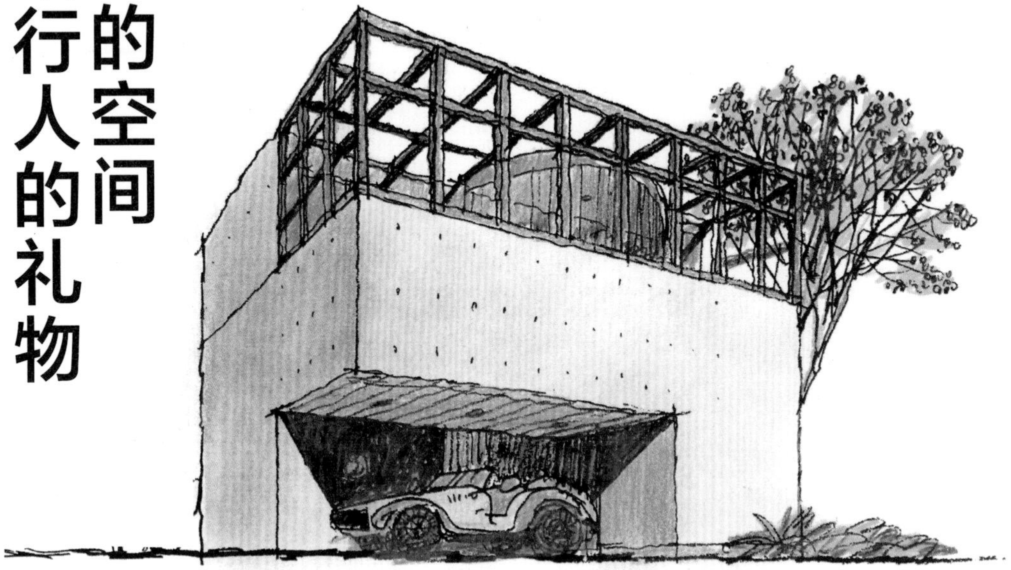

**外观**

箱体凹进的部分可用作玄关和停车位，对街道有益

经常有人说现在的街道与过去相比，对行人不太友好，失去了温柔之心。随着城市化进程的推进，人们之间的交流不断减少，伴随着地价上涨，住宅用地不断减少，无论是在心理上还是在空间方面，人们与他人亲切接触的从容感日渐消失。

若用地上不大量建造建筑的话，很难满足人们对住宅的需求。考虑到防盗和个人隐私等问题，人们会设置围墙。在这种情况下，横尾宅和船桥宅的住宅外观对街道侧的设计提供了很好的参考。虽然两家的外观都是封闭的，但是右页图的船桥宅建筑一层的一部分凹进作为出入口，在上图的横尾宅中一层内凹部分形成了兼有停车功能的屋檐下空间，同时可用于遮风挡雨，缓解狭窄街道给人的压迫感，为来往行人提供更多的帮助和关怀。

住宅是个人的，为了使街道对行人更友好，希望通过设计给予烈日中的行人一个背阴处，给予雨中行人一处避雨的场所，为他人提供一种有温度的关怀。

## 屋檐下的交流场所　船桥宅

如果道路没有设计人行道的话，行人无法安心走路。这时，建筑中凹进部分所形成的空间便可作为行人聊天和避让汽车的场所，作用重大

一楼平面图

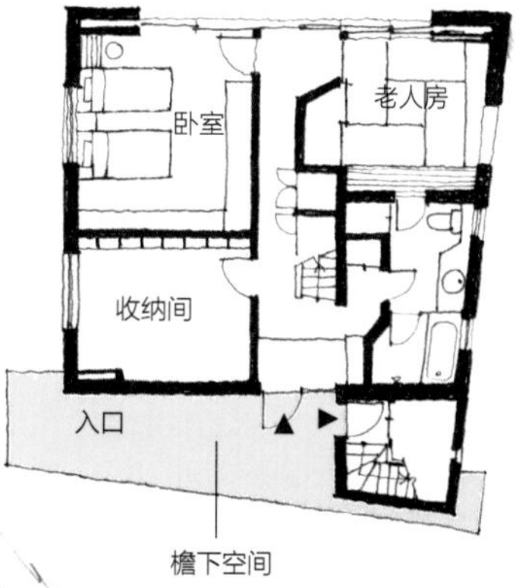


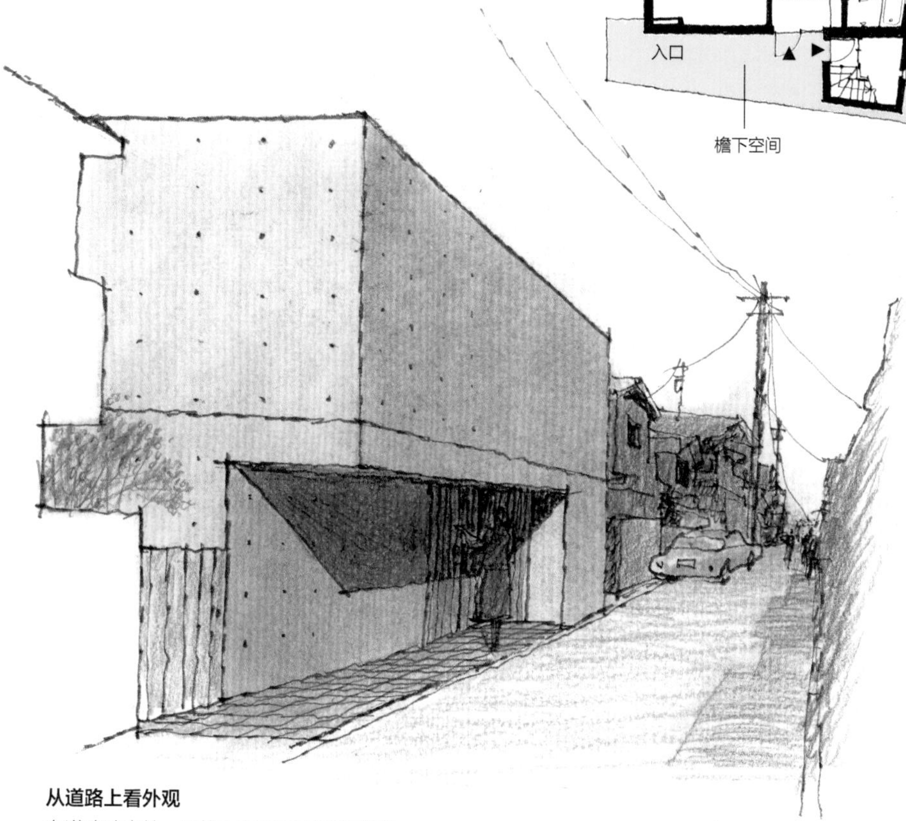

**从道路上看外观**

在道路狭窄处，屋檐下的空间更加有意义

## 檐下空间的使用方法

避雨

烈日下休憩

聊天

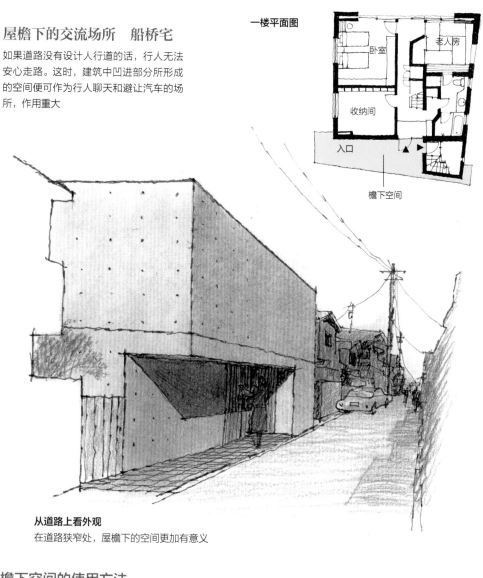

# 10 以广场为中心的休息空间

## 正空间与负空间 广场屋

其特征是由大小不等的 4 个箱体和广场（平台）组成，从设施维护方面来说，随处可见别具匠心的非日常空间设计

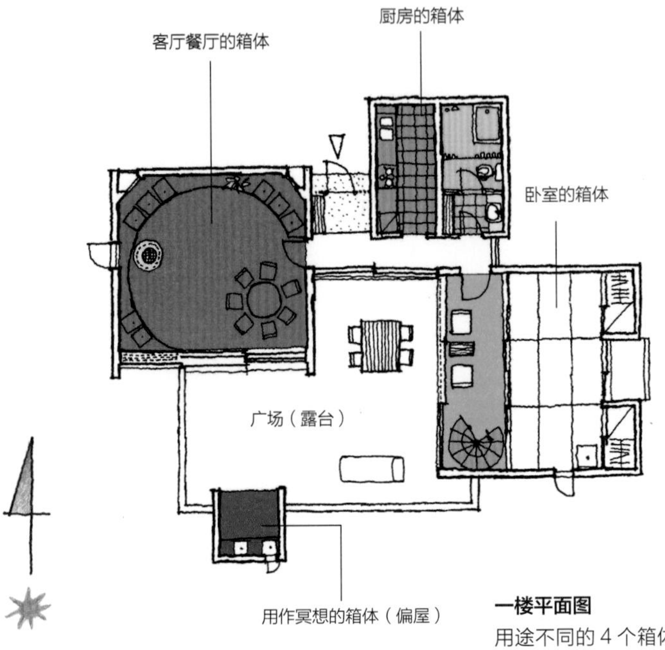
厨房的箱体
客厅餐厅的箱体
卧室的箱体
广场（露台）
用作冥想的箱体（偏屋）

**一楼平面图**
用途不同的 4 个箱体环绕广场

这个被命名为广场屋的兼有“第二住宅”功能的建筑由大小各异的 4 个箱体和广场（露台）组成。此方案的灵感源自中世纪时期形成的锡耶纳和阿西吉等意大利城市的广场。喜欢旅行的宫胁先生被此种城市景观吸引，多次造访该地。意大利的城市是由密度高的建筑（正空间）和连接它们的小巷和广场（负空间）构成的，不但合理，而且与现代化城市形成鲜明对比，非常美丽。

在广场屋中，箱体是正空间，广场是负空间。这两者在功能上具有同等的价值。4 个箱体包括客厅餐厅、厨房、卧室，最小的箱体用于供人思索的冥想空间。

**广场屋的环境**

广场屋建造于箱根的杉树林里。4 个朝向不同的箱体围着广场的露台而建。前面的小箱体发挥了收紧广场空间的作用

# 11 色彩丰富的非日常空间

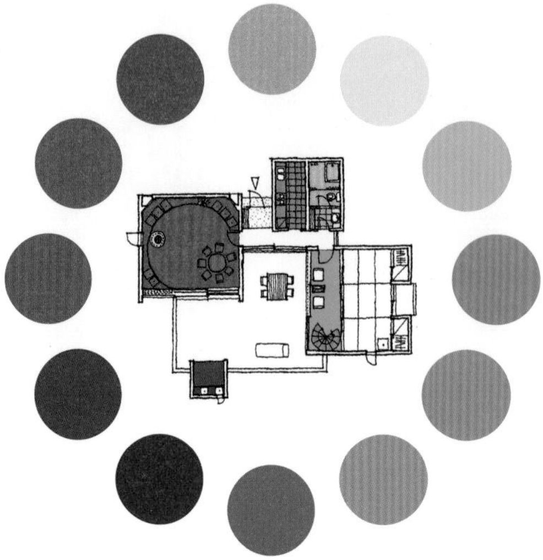

色相环与广场屋室内色彩搭配的关系

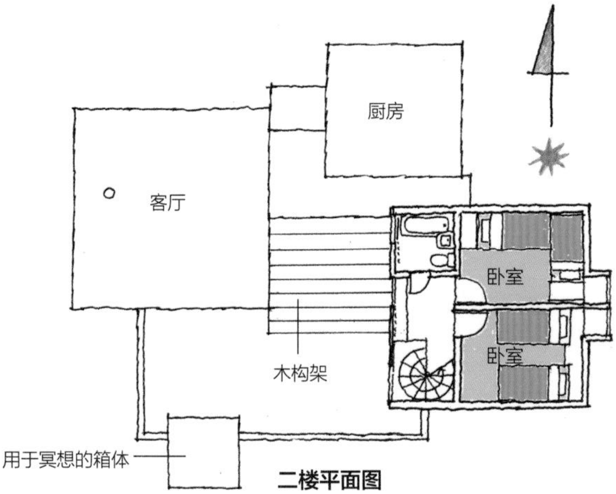


**二楼平面图**

二楼室内色彩也和一楼一样，模仿借鉴了色相环

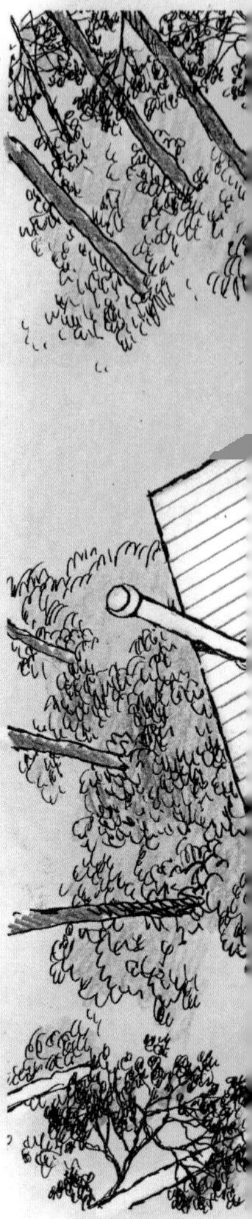

广场屋是一家娱乐公司的疗养院，兼有“第二住宅”的功能。“第二住宅”存在的意义在于能够体验到在日常生活中无法体验的内容。如果只是在山上或海边建造一般的功能性强、非常便利的住宅的话，那在这里的生活就和日常生活一样，只是所处场所不同而已，很快业主就会厌倦。若既可以享受自然和生活又不像日常那样便利的话，那么这里会是让人身心放松的“第二住宅”。

这个广场屋的非日常性设计表现为理性的色彩。可以看出，4 个箱体所选的室内色彩恰好是色相环中依次排列分布的色彩。在日常生活中，这些色彩给人一种既华丽又不失稳重的印象，这种让人兴奋的室内装饰显得格外刺激和舒适。宫胁先生在建筑的外墙上涂刷了华丽的色彩，在别墅内部选用了强烈的色彩。设计时也需从色彩对比度方面考虑内部与外部的自然和谐。

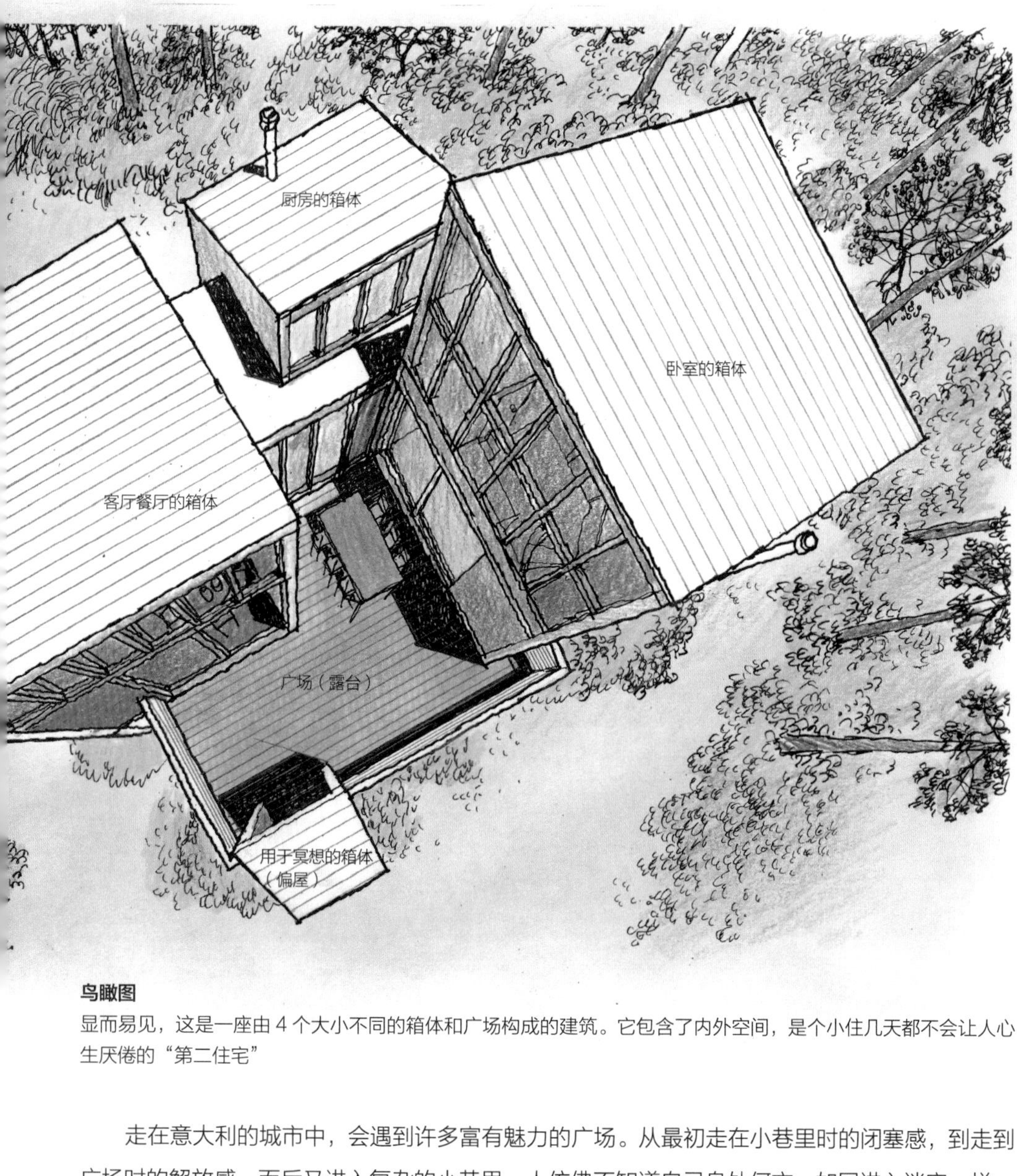
厨房的箱体
卧室的箱体
客厅餐厅的箱体
广场（露台）
用于冥想的箱体
（偏屋）

**鸟瞰图**

显而易见，这是一座由 4 个大小不同的箱体和广场构成的建筑。它包含了内外空间，是个小住几天都不会让人心生厌倦的“第二住宅”

走在意大利的城市中，会遇到许多富有魅力的广场。从最初走在小巷里时的闭塞感，到走到广场时的解放感，而后又进入复杂的小巷里，人仿佛不知道自己身处何方，如同进入迷宫一样，一切都很有趣。不仅如此，广场上还会举行各种活动，咖啡店前摆放着美丽的阳伞。广场以各种形式利用公共空间。该“第二住宅”的广场（露台）的设计也满足了多种需求。

广场凹进去的空间里摆放了桌子，人们可以在自然中享受美食。从客厅看到的广场是客厅的延伸空间。客厅前有一个小箱体，可供人独自读书和冥想。从这个小箱体里可以看到客厅，这或许是种很有意思的体验。因为在很多建筑中，在单间往往很难看到客厅里人们的身影。

# 12 露台给生活带来变化

露台的地面铺设瓷砖，很漂亮


## 外部空间是陶冶情操的场所

居住空间大致分为 3 种：外部空间、内部空间，以及既不是外部空间也不是内部空间的中间区域，即半外部空间。但是，“半”到什么程度没有明确规定，空间种类不是只有 3 种而是有无限可能性。尽管如此，我们的生活几乎都是在室内进行的。像庭院那样的外部空间，并非没有它就无法生活，只是拥有它，生活确实会更加丰富多彩。从花草和树木的生长过程中学习自然规律，享受种植花草的乐趣和花朵绽放时的喜悦，这是人成长过程中不可缺少的体验。另外，如果养宠物的话，既可感受到生命的重要性，也会被小小的生命所治愈。外部空间就是如此重要的空间。

## 享受非日常性

实际上，给日常生活带来变化的正是外部空间和中间区域。如果每天都过着同样的生活，那

## 把外部空间变为室内空间 吉见宅

半室外的阳台是魅力空间。由于设有 L 形垂壁，因此可以在此配置折叠门，使阳台成为更加室内化的空间

可以享受非日常生活的露台外观

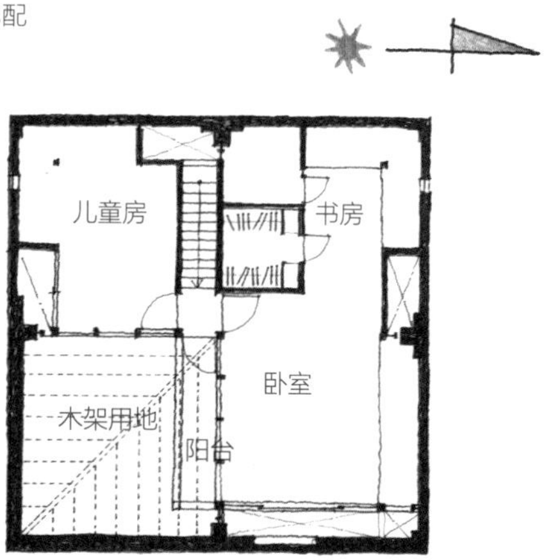


二楼平面图

一楼平面图

露台通过使用悬挂式折叠门使空间室内化

么有时人们就会因日复一日而感觉无聊。我们的生活方式日渐西式化，吃饭、睡觉、团聚等，都会限制房间的用途。这也是导致千篇一律的原因。如图中所示吉见宅的阳台和露台这种半室外空间即可为日常生活带来变化。把日常的餐厅和书房搬到阳台上，会让人有新鲜感。通过共同动手搬动桌子和准备饮食，家人之间的感情会更加深厚。

吉见宅的露台是外部空间和内部空间恰到好处地融合在一起的中间区域。从露台的地面上立起来的腰壁、围绕着开口上方的混凝土垂壁、用作屋顶而架起的木构架共同营造了空间非日常的氛围。这个墙壁和木构架的设计，是为了避免上部的空间过于突兀，是创造安定空间的关键。另外，为了抵御寒冷，还可以在垂壁上安装折叠门。

从吉见宅的露台上可以看到客户在日常生活中积极享受半室外生活的姿态。

# 13 封闭的阳台确保隐私和采光

**二楼阳台**

阳台由呈屋顶形状的木构架覆盖，是相对封闭的空间

在半外部空间中，从几乎全外部空间到很像内部空间的空间，其存在的可能性是无限的，上图中的木村宅二楼阳台更像室内空间，可以说是隐私性很高的半外部空间。木构架覆盖了由高墙围合的阳台，保持着建筑屋顶的形态，如果盖上屋面的话，瞬间会变成室内空间。

在二楼设计阳台的意义主要是引入光线和空气。阳台上充满了阳光，微风吹过，既可以晒衣服，也可以在这里做自己喜欢的事情，如运动健身。若是摆上放着花盆的小桌子，这里瞬间会变身为品茗休憩的空间。

如右页的平面图所示，阳台面向卧室、儿童房和浴室 3 个房间。这 3 个房间由阳台相连，为了不侵犯彼此的隐私设计得相对独立。因此，从各个房间看阳台，都感觉阳台是那个房间专用的。

## 可品茶的半室外空间　木村宅

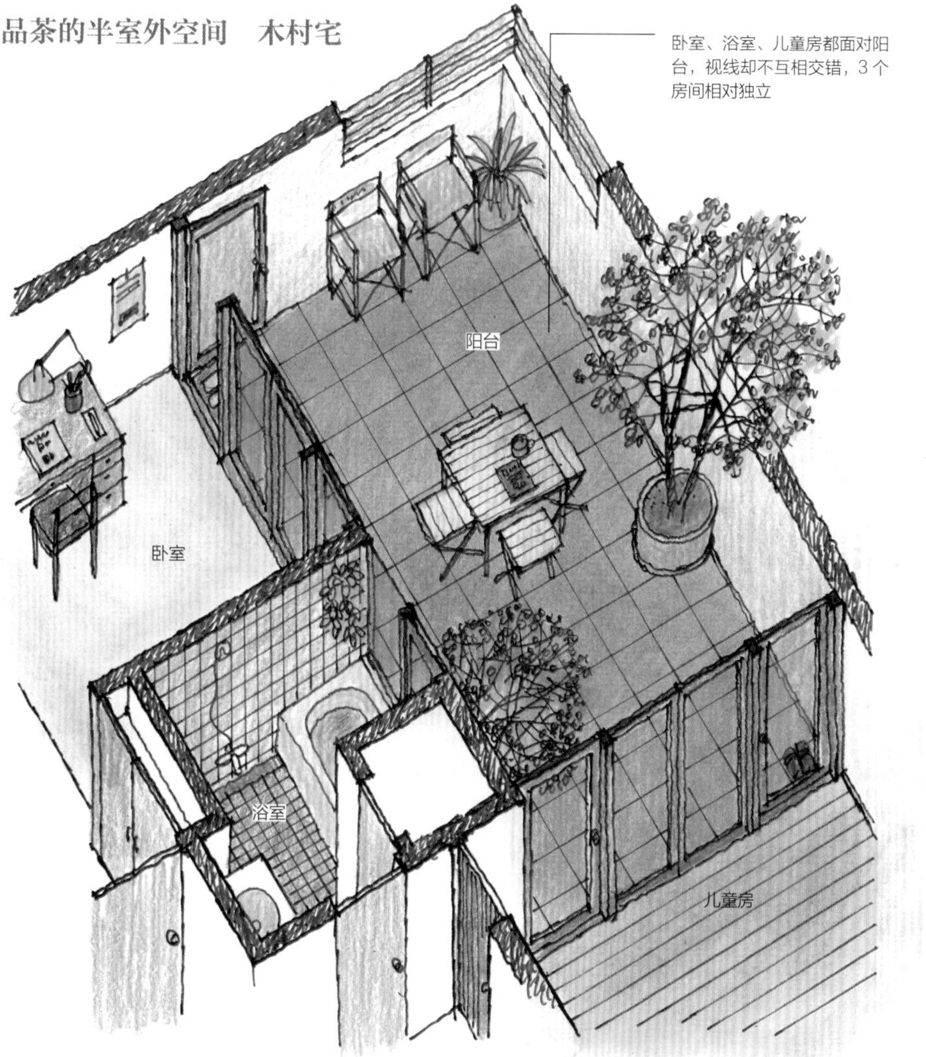


**二层阳台剖轴测图**

一方面，两个方向被墙壁包围的相对封闭的阳台的上部是开放的。另一方面，此阳台也如同室内空间一样，让人心生宁静

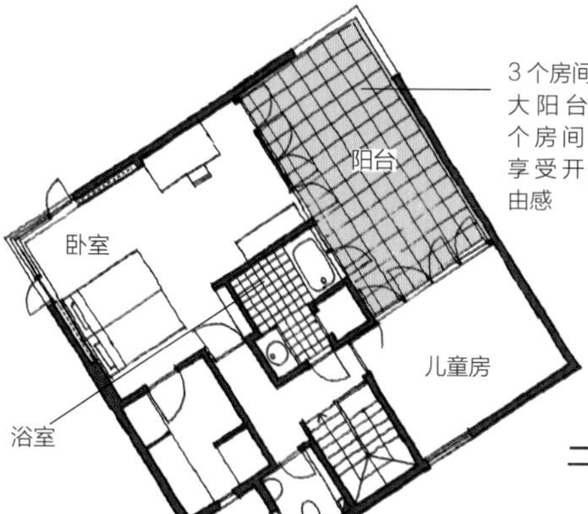
3个房间面向大阳台，各个房间均可享受开放自由感


**二楼平面图**

# 14 灵活利用大自然设计建筑

## 房子的外形自由又美好
## 石津别墅

与鲸鱼相似的外观自不必多说，高台、嵌套构造等空间设计也是名作代表

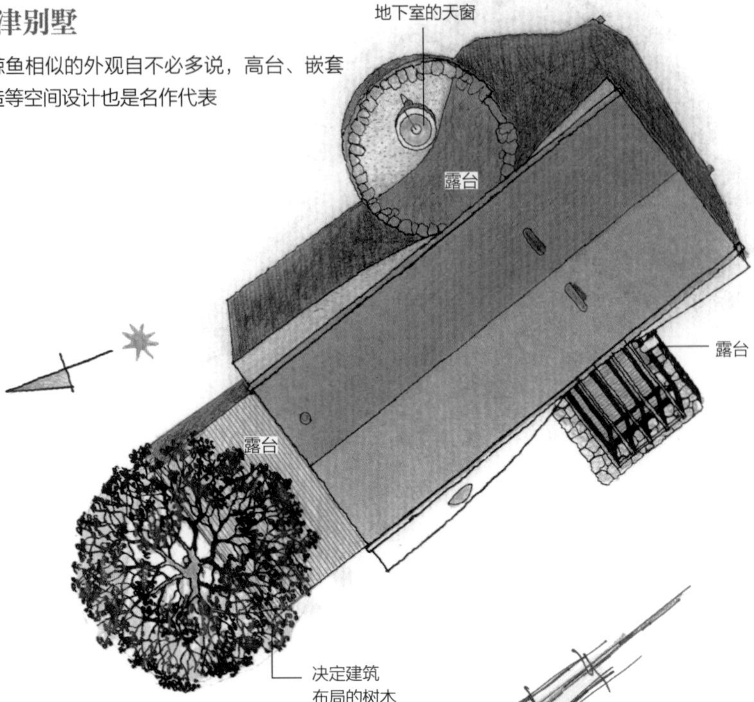
地下室的天窗
露台
露台
露台
决定建筑
布局的树木

屋顶结构图

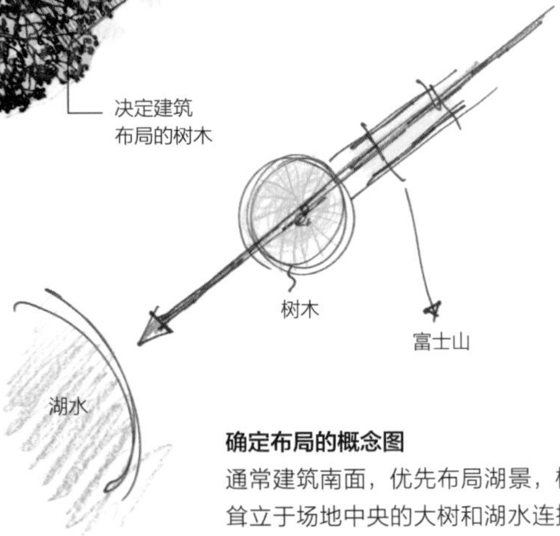
树木
富士山
湖水

**确定布局的概念图**

通常建筑南面，优先布局湖景，根据耸立于场地中央的大树和湖水连接的轴线确定建筑的朝向

山中湖畔自然资源丰富，可看到天下名峰富士山，所以此别墅地理位置绝佳。石津别墅位于山中湖附近的朝北的斜坡上。

场地周围由密度适中的杂木覆盖，具有建造别墅的天然条件。实测场地，了解周边环境，对建筑设计来说至关重要。如果后续工程的设计受到影响的话，那么竣工的建筑也将大不相同。

了解场地之后应先考虑新建筑的位置和朝向。若建别墅的话，位置选择尤为重要，怎样的选址才能看到美丽的景色呢。在不砍树、不破坏自然景观的前提下，是否可以顺利建成。从道路上如何进入住宅，以及采光和通风等因素都应考虑全面。

宫胁先生考察建筑环境时注意到了一棵古树，并把它用作构成景观的一部分。通过面向湖水的木架，决定了建筑的中轴线。

**外观图**

被杂木林包围的山中湖畔的场地。站在平台上，左前方是湖

# 15 有意义的鲸鱼形状

## 构架很重要 石津别墅

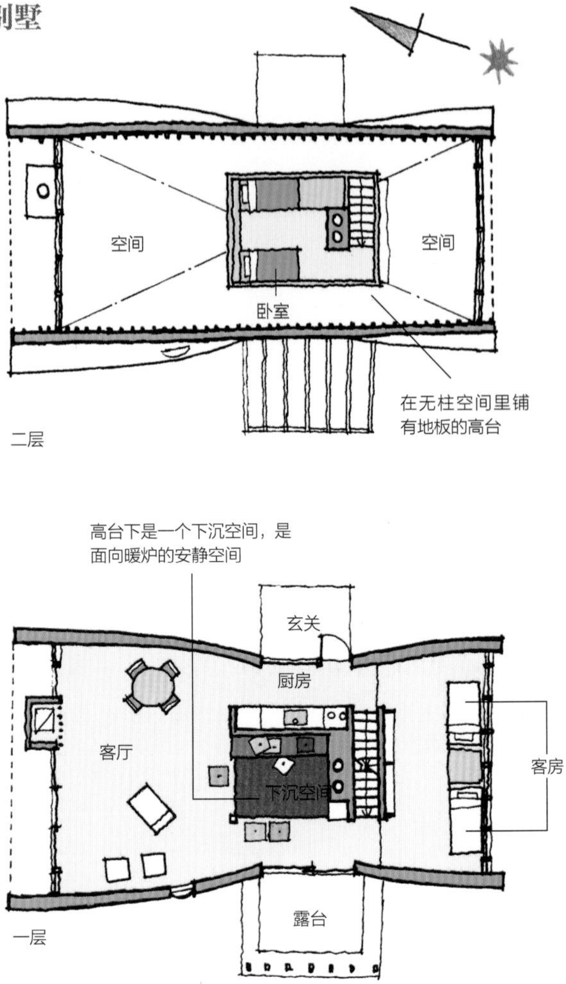
空间
空间
卧室
在无柱空间里铺
有地板的高台
二层
高台下是一个下沉空间，是
面向暖炉的安静空间
玄关
厨房
客厅
下沉空间
客房
露台
一层

**平面图**

石津别墅被称为“MOBY DICK”。因为其外观让人联想到鲸鱼，所以它的名字取自赫尔曼·梅尔维尔的长篇小说《白鲸》（*MOBY DICK*），其竣工后在杂志上发表的名字就是选用此名。文中以图片形式展示决定建筑位置和朝向的古树，以及在平台上看到的美丽风景。为了欣赏美景，我认为开车几个小时也值得。

从平面的分布和立面的外观来看，它确实是一座造型奇特的建筑。但是，这种形状绝对不是以鲸鱼为主题来设计的。

如果有中轴线的话，建筑布局自然就会变成细长的。另外，宫胁先生想做的是，建筑中央地面上的高台。为了使包围高台的空间有所扩展，须采用不立柱子的方式进行无柱构造。不含梁的垂木构造可以实现这一想法。

## 曲线屋顶架构结构

这种结构是将直线材料均匀排列的一种3次弯曲的曲面，可达到结构强度。石津别墅是直线木材的垂木构造，屋顶是3次曲面

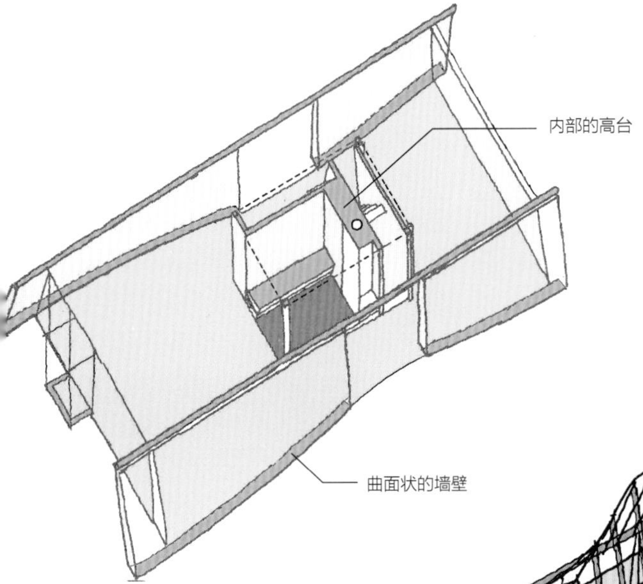


**高台和壁面的构成图**

内部的高台完全和墙体构造分开

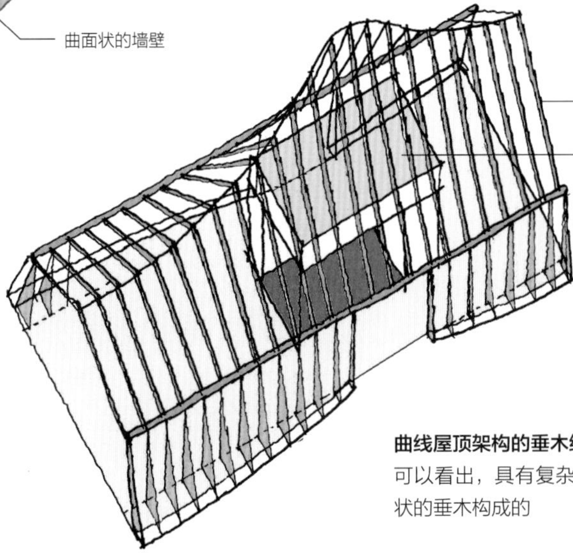


**曲线屋顶架构的垂木结构概念图**

可以看出，具有复杂曲面的屋顶是由直线状的垂木构成的

就像人站在中央的高台上一样，屋顶被平缓的曲线顶起来了。

这个屋顶是由许多笔直垂木排列而成的曲面（这个曲面叫作曲线屋顶架构），但是施工时面临各种难题，例如不同角度的垂木在组合时，并且必须使平面变成曲面，通过各种创意方法，克服重重困难使薄薄的几张胶合板重叠成光滑的曲面，最终实现了最初的想法。

如此做出的建筑，其外形恰好与鲸鱼的形状相似，于是便得了“MOBBY DICK”的名称。

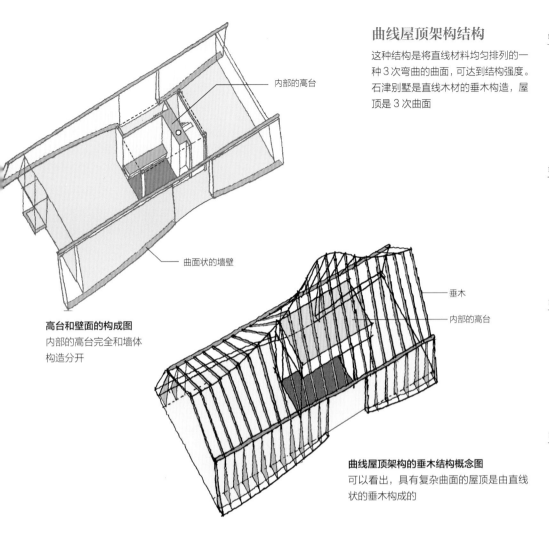

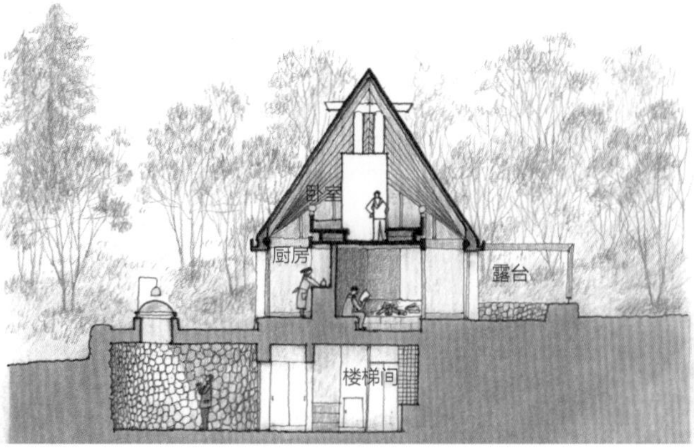


**横剖面图** 地下有卫生间、浴室、客房

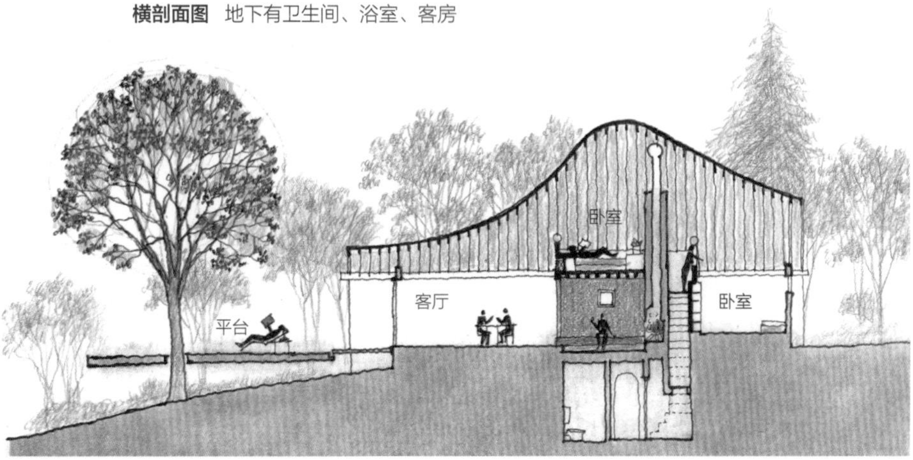


**纵剖面图** 内部的高台和屋顶完全分开了

从平台看外面。利用延伸到正面的树丛旁的露台，使空间与自然融为一体

家中的舞台　石津别墅

# 16 嵌套结构的一居室

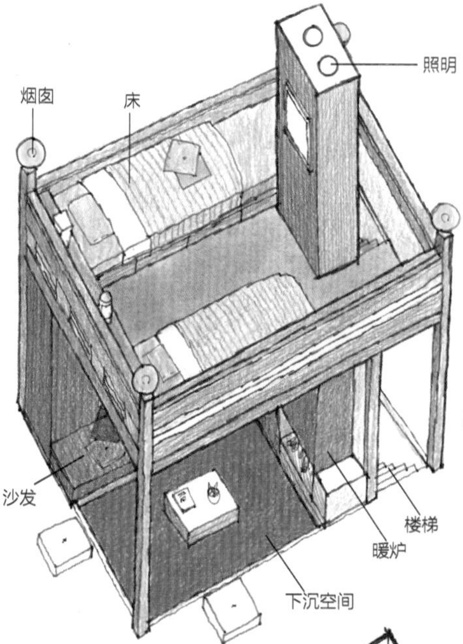


**高台整体结构图**

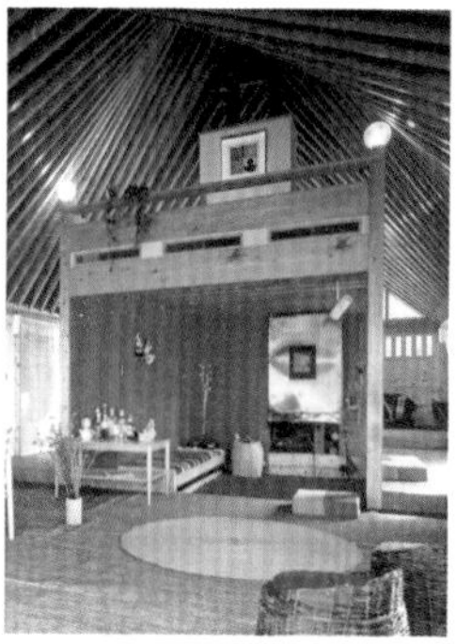

独立高台的上方是床

## 嵌套结构和核心结构

相对于平面核心结构，嵌套结构制造立体空间

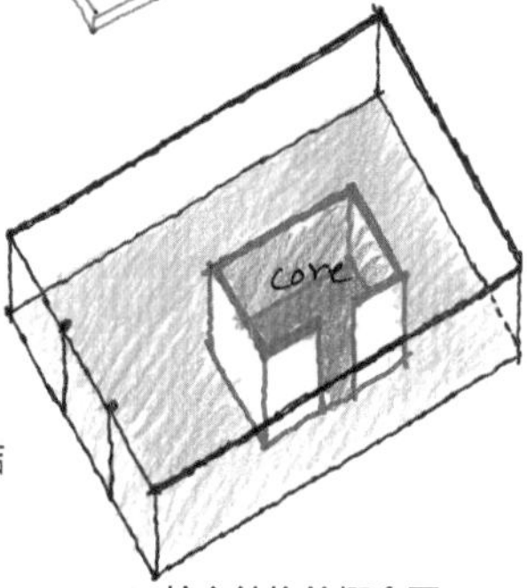


**核心结构的概念图**

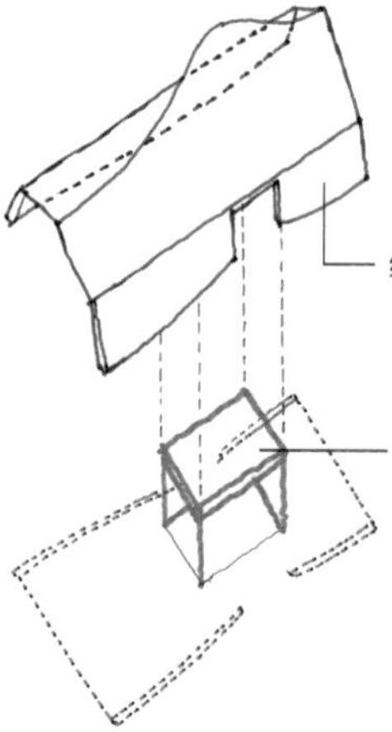


**嵌套结构的概念图**

所谓嵌套结构，是指将建筑用更大一号的箱体套住的结构。

此方法有助于设定自由动线，且能够增强建筑中心等同于核心空间的优点。

虽然类似于“核心结构”，但与“核心结构”相比，“嵌套结构”是一种更立体且层次更多的空间结构。

“MOBBY DICK”是指嵌套在外侧的建筑（外墙和屋顶），它是完全没有触及中心高台的“嵌套结构”。从平面图和剖面图可以看出，以高台为中心，其周围和上部连成立体空间。由于嵌套结构不会用墙壁进行空间分隔，所以在保持自由活动的宽度的同时，还建造了多个既舒适又安静的空间。躺在高台结构的床上，会有独特的浮游感，如胎儿在妈妈肚子里，让人的心情也平静下来。

# 17 尽可能实现鲸鱼形式

## 步骤 1　轴

调查场地，决定建筑的位置和方向

## 步骤 2　结构

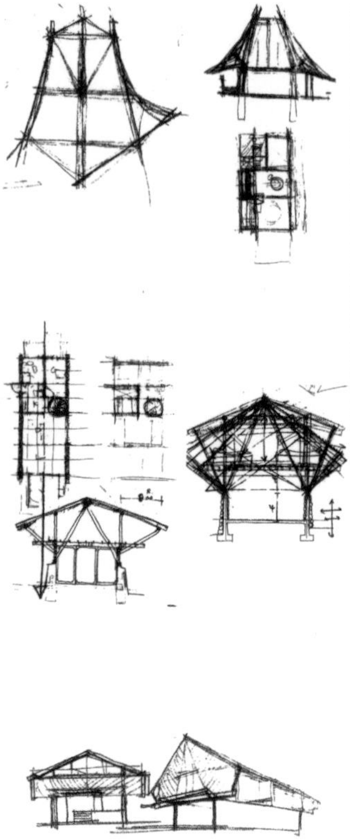

研究结构

## 步骤 3　高台

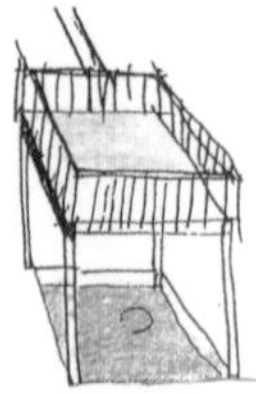

浮现出高台的整体形象

石津别墅是怎样完成和实现的呢？下面分为 6 个步骤进行分析。

### 步骤 1　轴

设计的第一阶段是调查场地状况，确定建筑的位置和朝向。首先，将一棵古树引入景观中，确定将古树与湖泊的连线作为轴。最初的灵感至关重要。

### 步骤 2　结构

建筑的形态和构造关系紧密。因此，为了研究独特的构造，描绘了各种不同的结构。

### 步骤 3　高台

这一阶段是设计的主要转折点。受到查尔斯 · 摩尔设计的西餐厅、公寓建筑的强烈影响，设计了草图中的高台的嵌套构造。

### 步骤 4　包

嵌套结构是高台和将其包围起来的建筑的双重构造。宫胁先生研究了嵌套的构造和空间。起初，高台和建筑部分连接在一起，但后面渐渐地分离了。

## 步骤 4　包

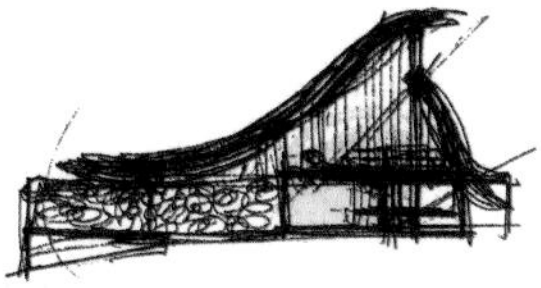

研究包围高台的构造和空间

## 步骤 5　弯曲

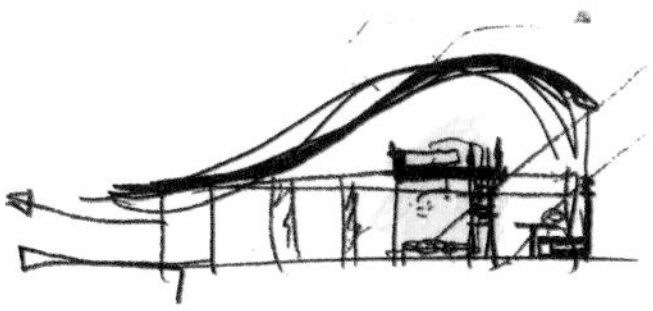

研究形态和构造

## 步骤 6　倾斜

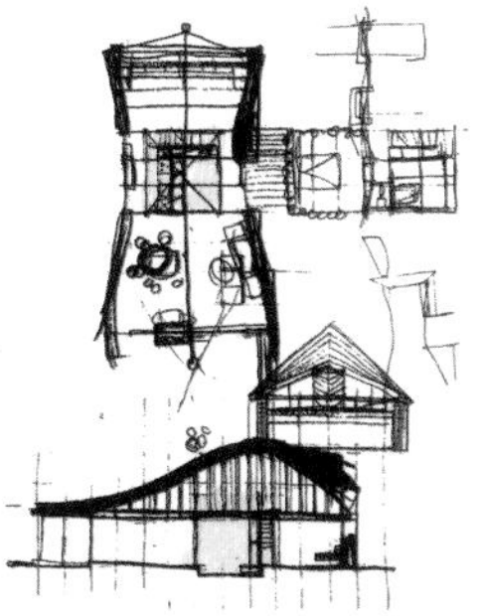

屋顶的荷载通过墙壁传递到地面的示意图

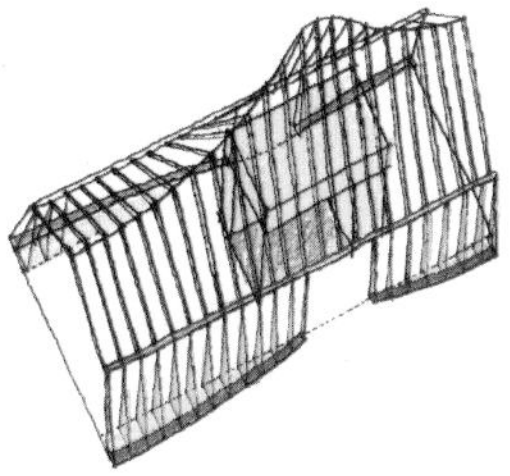

完成的结构概念图

## 步骤 5　弯曲

用高台包住的形态固定为船的龙骨形状。另外，相应的屋顶架构为垂木构架结构，墙壁为了符合构造原理从平面变成曲面。

## 步骤 6　倾斜

在没有大梁也没有能够承载横向张力的泰式梁的构造中，如何承载来自上方的负荷是必须思考的。如上右图所示，根据屋顶所呈角度，合理分散负荷，进而确定承重墙壁最终的倾斜角度。

通过分析建筑生成的过程，便于理解这种形式从理论结构到现实空间上是如何实现的。在设计过程中，受查尔斯 · 摩尔影响的“高台”和“嵌套构造”是重要的转折点。但是，宫胁先生的厉害之处在于，他在得到启发的同时，也创造出了和摩尔完全不同的空间。

# 18 优秀的客户便于创造卓越的作品

曲线屋顶架构的垂木质天花板，以及从客厅看阁楼的床

**剖轴测图**

石津先生期待着在这所别墅中度过每一天。他是一个不拘小节，从容乐观、多才多艺的人，对偶尔漏雨或暖炉不易燃烧这种小状况毫不在意，并乐在其中

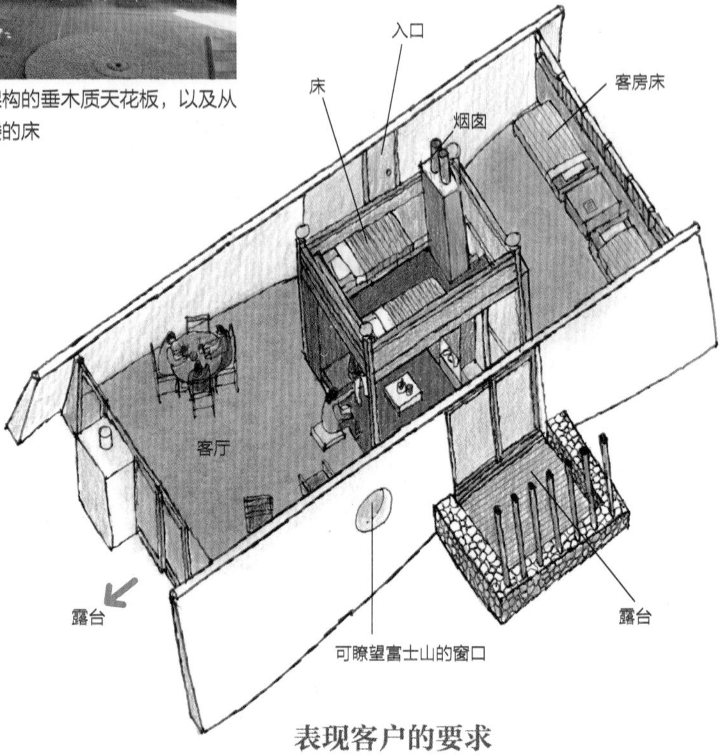


## 表现客户的要求
## 石津别墅

石津别墅的业主是服装设计师石津谦介。

石津先生因 20 世纪 60—70 年代设计了一种在日本年轻人中流行的 “艾比装”（ ivy look）而闻名。

石津先生委托宫胁先生设计山中湖的别墅。他委托当时非常年轻的建筑家宫胁檀时说过一句话：“在做出有意思的设计方案之前都不用给我看。”

没有任何琐碎的要求，要想建造优秀的建筑就默默地交给专业人士。在这种情况下接受设计委托，应该不会有建筑师不愿意接手吧。而这种委托方式正是石津先生作为一流设计师的证明。石津先生通过自己的工作，知道专业人士在本行业的建树远远超过外行人对该专业的认识。

设计建筑的毫无疑问是宫胁檀，但是心胸宽广的石津先生如果不能理解他的设计和想法，名作石津别墅就不会问世了吧。

专栏

# 改变人生的邂逅

石津别墅的业主石津谦介先生和宫胁先生的相识还是在宫胁先生读研究生的时候。宫胁先生接受了石津先生的门店设计委托。石津先生的气度之大令人吃惊，他把新店铺的设计交给了一个名不见经传的年轻人，石津先生也许已经洞察到宫胁先生作为建筑师的才能。这么一想，我对他的眼光之敏锐感到敬佩。之后石津先生又委托宫胁先生设计了几家店铺，值得信赖的宫胁先生出色地完成了作品。于是石津先生委托他设计别墅，由此诞生了一部使宫胁檀的设计闻名于世的杰作——石津别墅。

因与一些人的相遇而决定人生的不仅仅是宫胁先生，我也不例外。

宫胁先生年纪轻轻就当上了大学教师。后来听说他当建筑师时，同时对“老师”这个职业很感兴趣。确实，他既喜欢教学，又喜欢在教学时学习，所以教授建筑学是他提高设计技能的一种手段。

我虽然进入了建筑专业，但还是玩心大于求学心的坏学生。大学三年级的时候，我必须选择参加某位教师的研讨会，然而成绩不好的我很担心没机会进入研讨会。于是，我选择了当时还是一位无名建筑师的宫胁先生。没上过他的课，也不知道他长什么样子，但是我觉得名册最下面的宫胁先生的研讨会应该不会刷掉我。现在回想起来，我对自己的马虎实在是无语至极。

决定了宫胁先生作为建筑师人生的石津谦介先生

性格直率，受到学生们喜爱的宫胁檀

之后我有幸进入了研讨会，接受宫胁先生对我毕业论文和毕业设计的指导，并在老师的设计事务所就职。从那时开始，宫胁先生就不断地设计出知名佳作，成为当红的建筑师。我作为一个成绩不佳的弟子，因为有宫胁檀弟子的光环，也得到了各种各样的恩惠。说起来，我可能是借了老师的“东风”。这也多亏了宫胁檀老师，我非常感激。

因与一些人的偶然相遇而改变人生并不是什么稀奇的事情，经过深思熟虑后前进的道路不一定变成想象中的结果，但是有时随便的决定却成为人生意外的瞬间，从而成就美妙人生。仔细想想人生真是不可思议。

专栏

# 建筑家宫胁檀的技术支撑

宫胁先生年纪轻轻就成立了设计事务所，还当上了大学教师。但是，如果建筑只是将设计画在图纸上的话，那和纸面上画的年糕无异。设计师须考虑风雨和地震等因素对建筑耐久性和功能性的影响，并且要潜心研究材料的使用方法和合理的施工方法，最终设计出经济节能的建筑，并监理现场。技术层面的经验积累也必不可少。年轻人的新设计和想法常常令人印象深刻，但因为他们经验不足，有可能会导致项目出现各种问题或失败。不管设计如何优秀，如果没有能把它变成实际形态的技术，那么都不算是真正的建筑师。

支撑经验尚浅的宫胁先生的是被称为“学者栋梁”的田中文男先生。田中先生是宫胁先生年轻时期作品建造的合作木匠，为了理解并实现宫胁先生的设计，他提出了各种各样的技术方案，并将其反映到建筑上，使宫胁先生的设计得以实现。

在“灯之屋”里，宫胁先生为了让木轴组看起来轻快，不想使用钢筋，于是田中先生在柱子和梁看不见的位置放上钢丝，以确保结构上的强度。在名作“再见”中，为了取消屋脊的上梁，改变了一个又一个垂木的剖面，实现了完美的曲线屋顶架构的内部空间。

被称为名作的建筑作品之所以能够问世，与优秀的设计者和施工工匠们及拥有这座建筑的客户都是密不可分的。

被称为“学者栋梁”的田中文男先生

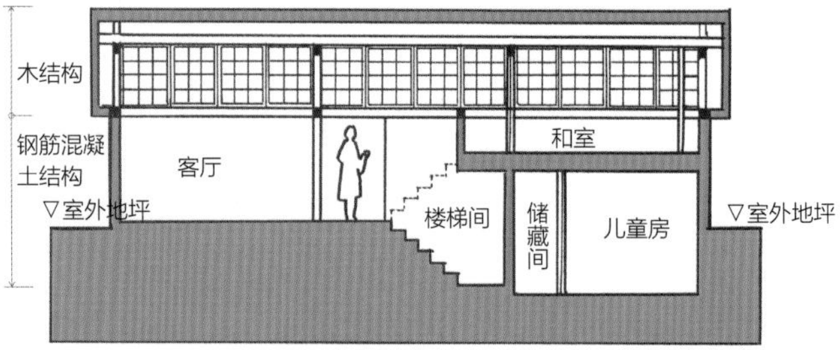


## “灯之屋”的剖面

结构上，一楼和半地下部分是钢筋混凝土结构，二楼是木结构。为了使二楼部分成为一个空间，采用了没有墙壁的柱子和梁的组合构造。据说为了承担水平负荷，在小梁、竖梁等部分安装了钢琴线。很遗憾，图纸上没有标注钢琴线是怎么放的。

## 石津别墅的剖面

因为由直线材料（垂木）构成的曲线屋顶架构的屋顶面是曲面，所以垂木的剖面会一点一点地发生变化。胶合板是用薄胶合板重叠起来葺的

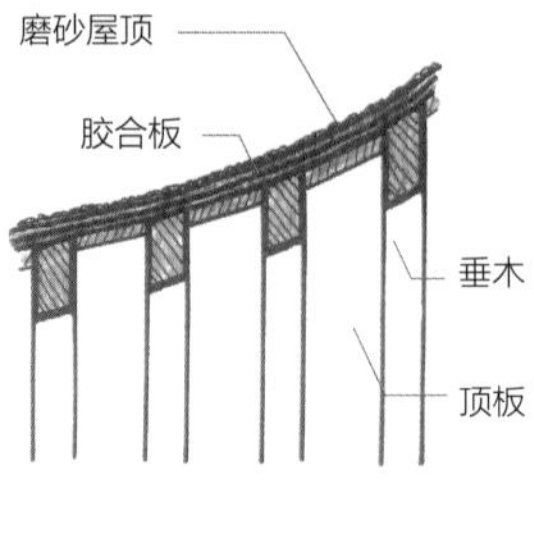

# 第4章

# 营造舒适空间的方法

客厅

# 1 客厅是家人休憩、招待客人的场所

**客厅**

客厅天花板顶部与兼作餐厅的厨房相连，也可以用推拉门隔开

客厅是人们交流的重要空间，是家人们享受团聚之乐的地方，偶尔还会充当客室招待客人的多用途空间。但是近年来，随着核家庭化①、单间化的发展，家庭使用客厅的频率越来越低。正因为处于这样的时代，客厅才更需在空间上和功能上都满足人们的需求，这样才会成为令人愉悦的空间。

让我们来看看立松宅客厅的照片吧。这个客厅通过天花板与半层楼上的兼作餐厅的厨房相连。考虑到这个客厅也会用于会客，因此与功能性较强的兼作餐厅的厨房相对分开，两层高的客厅天花板和兼作餐厅的厨房构成一个斜角，让人不会感到狭窄，给人一种舒畅的感觉。另外，如右页图所示，客厅旁边附带了一个 4 张榻榻米大小的和室。这间房供客人留宿时使用，当然，和室有其特有的优点，可以躺在地板上，以各种各样的姿势放松，也丰富了客厅功能。

---

①译者注：随着高龄化社会的发展，日本核家庭化将进一步加强，预计到 2025 年，每一家庭平均人数将从现在的 3.14 人下降到 2.62 人。

## 舒适的秘诀——西式房间 + 和室 + 纸拉门　立松宅

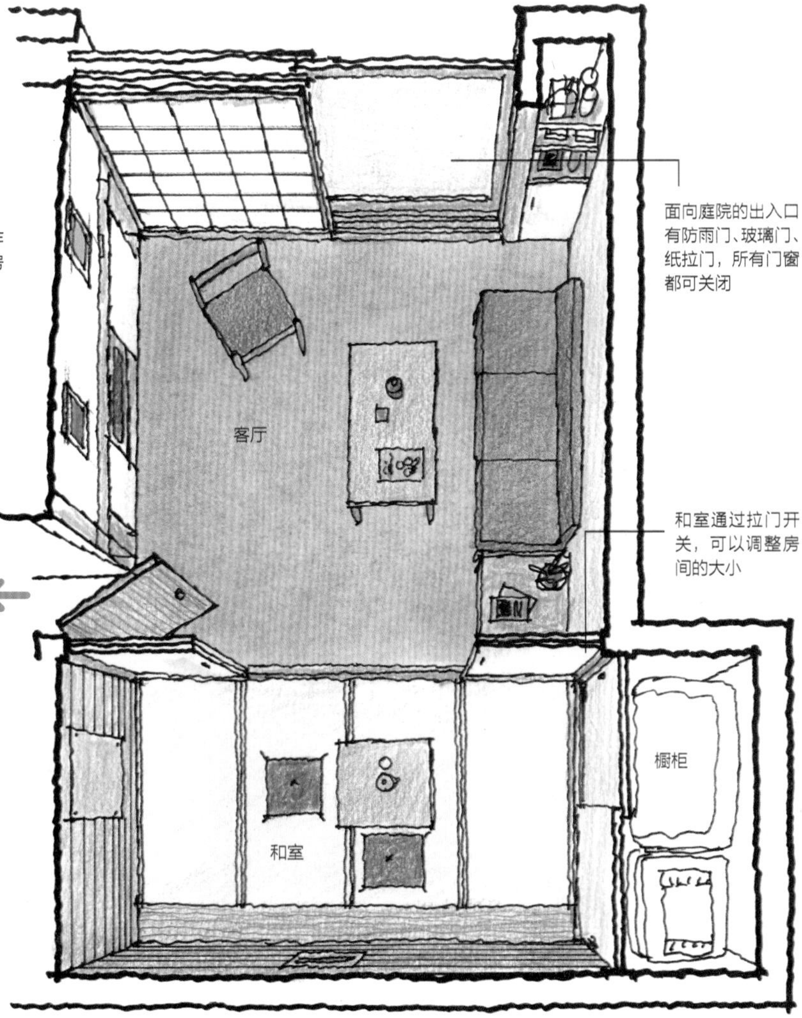
楼上是兼作餐厅的厨房
玄关走廊


**客厅布局**

虽然客厅很小，但通过天花板与兼作餐厅的厨房相连，打开旁边和室的拉门，就会给人宽敞的感觉

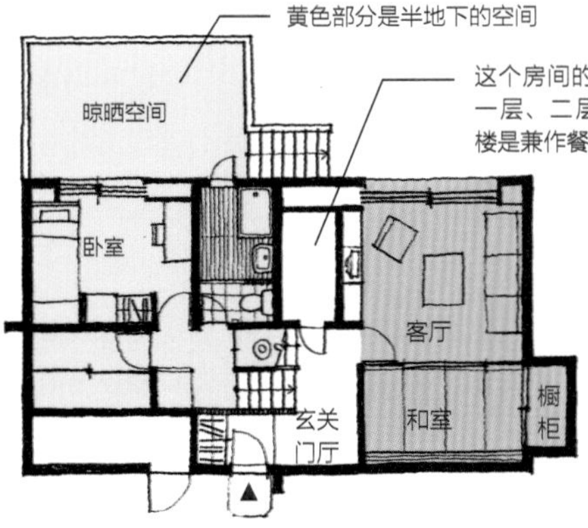
这个房间的上半部分，一层、二层之间的中楼是兼作餐厅的厨房


**一层平面图**

左侧黄色部分是半地下的空间

# ② 客厅的沙发并非坐坐而已

客厅

**客厅摆放定制沙发**

左边是定制沙发，由此可以看见里面的和室

客厅里一定要有沙发，这是宫胁檀设计客厅的精髓。不要留出空地，让主人随意摆放会客厅的用具。寻找让人能安心坐下来的位置，寻找便于交谈的位置关系；进而详细讨论电视该放在哪里，从哪里看比较舒服等，将其具体化的工作才是“设计”。客厅应是舒适的、让人放松的场所。人的姿势从坐着到躺着，放松的程度越来越高，而沙发可以接受人的任何姿势。

在宫胁檀设计的客厅里，沙发有多种不同的用途。由于是定制的，座位下的空间可以安装抽屉，或者和客厅不可缺少的装饰架组合，靠背的部分也可以用于灵活收纳。沙发还可用于午间小睡，或是变身成应急的客用床，真可谓是灵活多变的家具。

# 创造生活方式的藤江宅

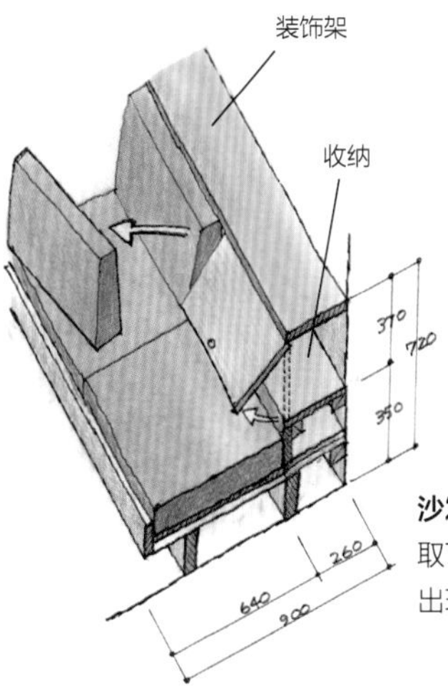
装饰架
收纳
370
720
350
260
640
900

**沙发详图**
取下沙发靠垫就会出现收纳空间

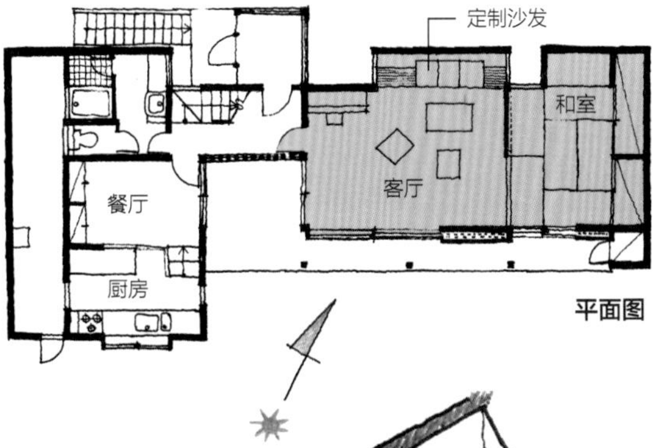
定制沙发
和室
客厅
餐厅
厨房

**平面图**

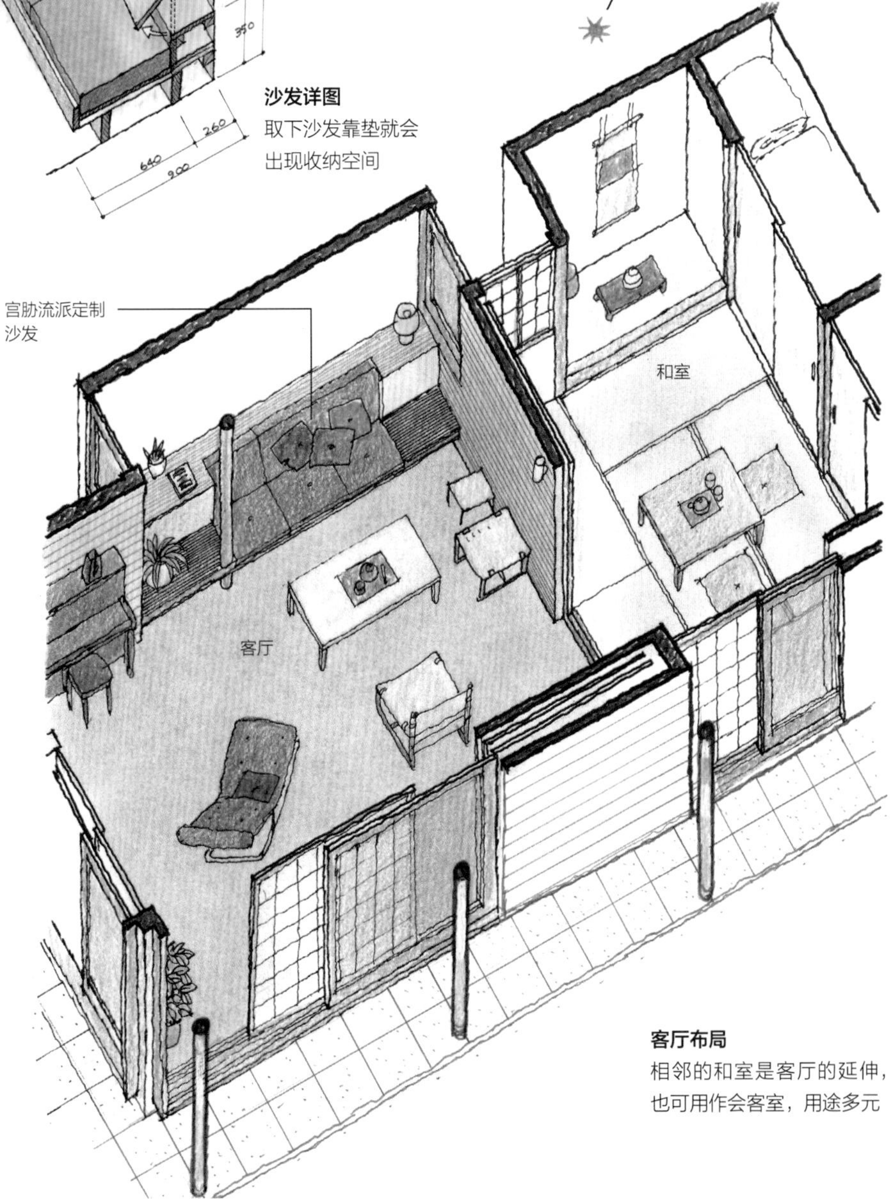
宫胁流派定制沙发
和室
客厅

**客厅布局**
相邻的和室是客厅的延伸，也可用作会客室，用途多元

# ③ 客厅 注重南北两侧的采光和通风

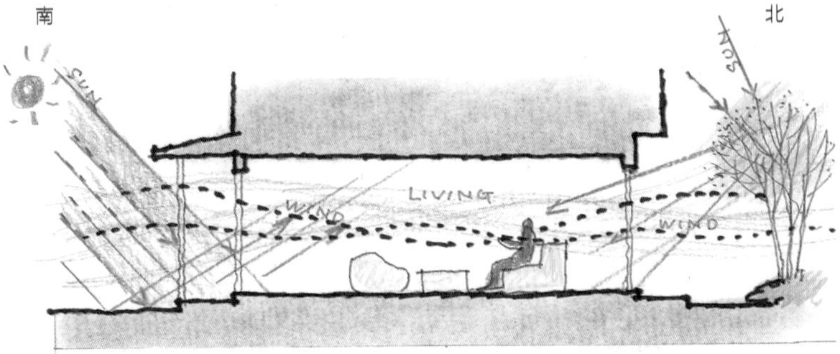


**剖面图**

南北两边开口采光通风，因为北面不容易晒到太阳，且有树荫，温度会比南面低，有了温差就会产生风。

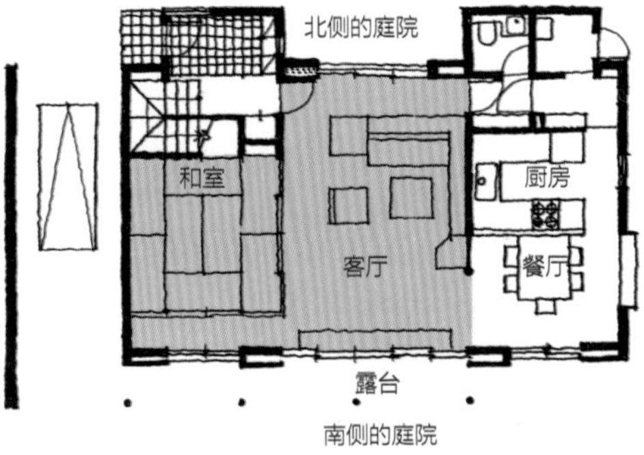


**一楼的平面图**

日本人重视采光，所以非常注重客厅的设计，一般将客厅安排在阳光充足的南侧。而看不见阳光、阴暗潮湿的北侧，多是卫生间和浴室。但并不是只将南面全部敞开，通风就一定会变好。如果北侧没有同样大小的开口，就无法通风。这与京都的街道铺面房中，坪庭和里面的庭院之间，铺着席子，被称作“座敷”的和室结构相类似。

像上图中的植村宅那样，客厅南北通透，北侧也开有门户的方案，通风较好。不仅如此，从采光方面来看，从北侧照进来的柔和的间接光，给客厅带来了均匀的光照，视觉上空间也更宽敞。假如只在南侧设一个很大的开口，客厅南侧和里侧的亮度差距过大，会令空间失去平衡感。如果北侧也设开口的话，不仅能解决这些问题，还能营造宽敞感和开放感。

## 植村宅

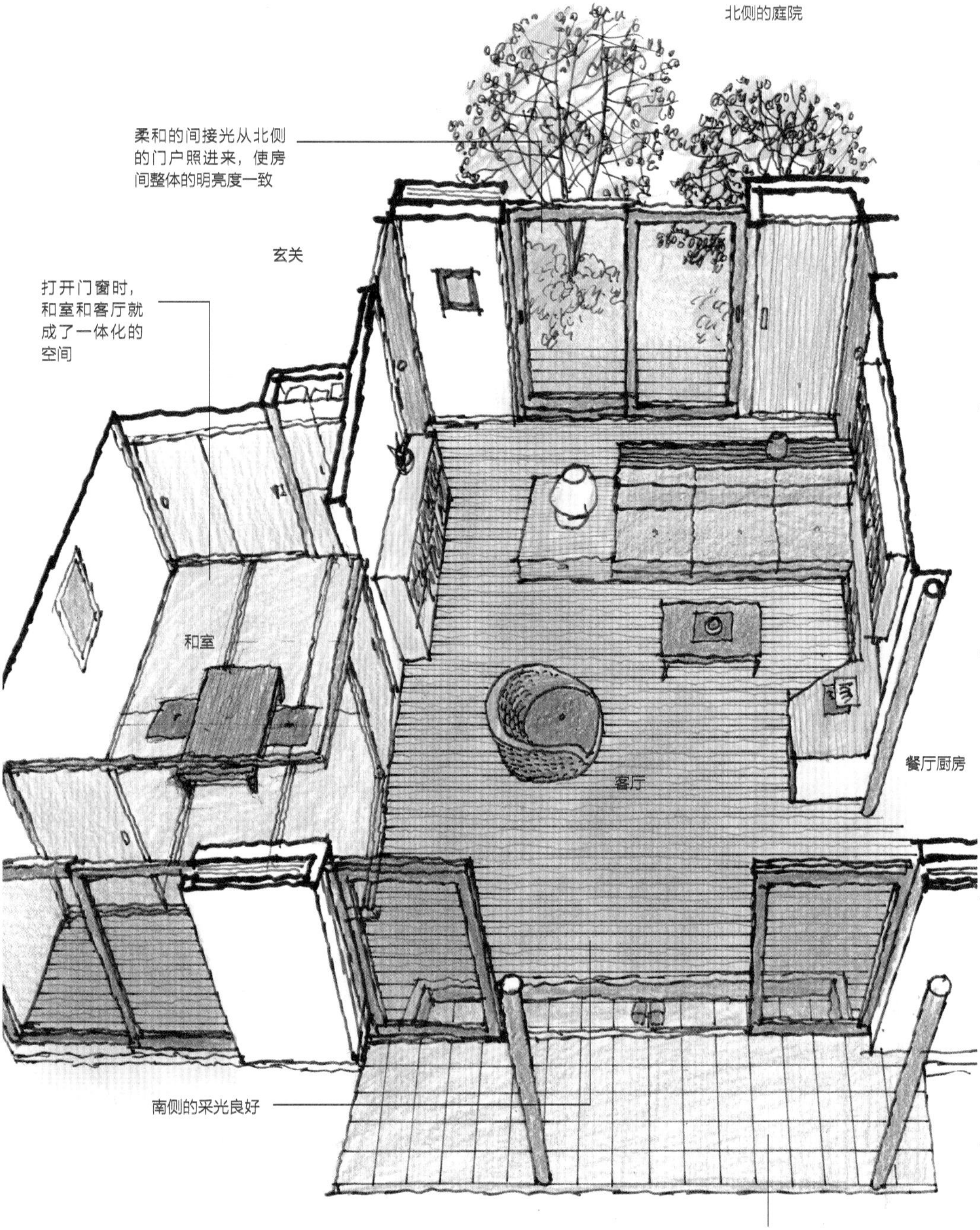
北侧的庭院
柔和的间接光从北侧
的门户照进来，使房
间整体的明亮度一致
玄关
打开门窗时，
和室和客厅就
成了一体化的
空间
和室
客厅
餐厅厨房
南侧的采光良好
南侧的露台
南侧的庭院

**客厅布局**

近处是南，远处是北侧的庭院，该住宅通风良好，
从北侧照来的柔和光线使室内明暗一致

## 客厅　田中宅

# 4 客厅 阳光房是客厅的辅助空间

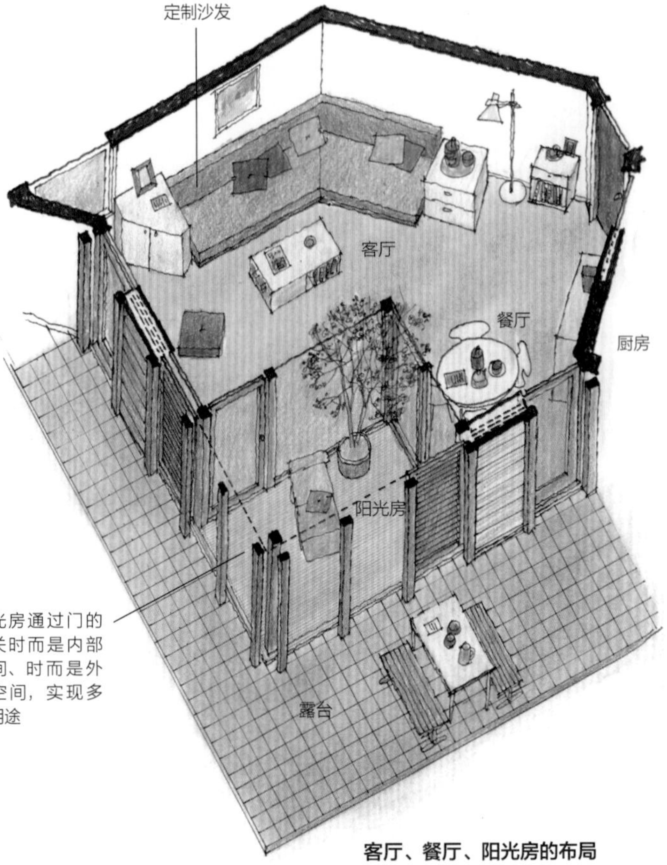
阳光房通过门的开关时而是内部空间、时而是外部空间，实现多种用途


**客厅、餐厅、阳光房的布局**
客厅、餐厅大面积和阳光房相接，通过将阳光房向内或向外打开可以改变空间的性质

从露台通过阳光房可以看见客厅，阳台可以用作观叶植物的温室或单纯可以在这里晒晒太阳

为了更好地享受日常生活，最好尽可能设计多样的空间。总在固定的空间里做固定的事情固然合理，但长期如此难免会让人感到厌倦。

不要随意限定空间的性质和用途，保持空间的多样性会给生活带来变化。可以全家人一起讨论，想象如何改变空间、如何使用空间会更有趣，以免日常生活一成不变。连接外部和内部空间的阳光房，正适合这种用途。

田中宅的客厅，设置了一个阳光房，充当培育观叶植物的温室。打开隔断门，客厅和阳光房融为一体，呈现出与众不同的空间。冬季关闭阳光房，既能储存白天太阳光的热量，又能成为晒太阳的绝佳空间。

所谓生活，就是通过在居住方式上多下功夫，而获得更充实、更愉快的体验。

凹部的舒适感　奈良宅

# 5

客厅

# 内凹的沙发是客厅里的摇篮

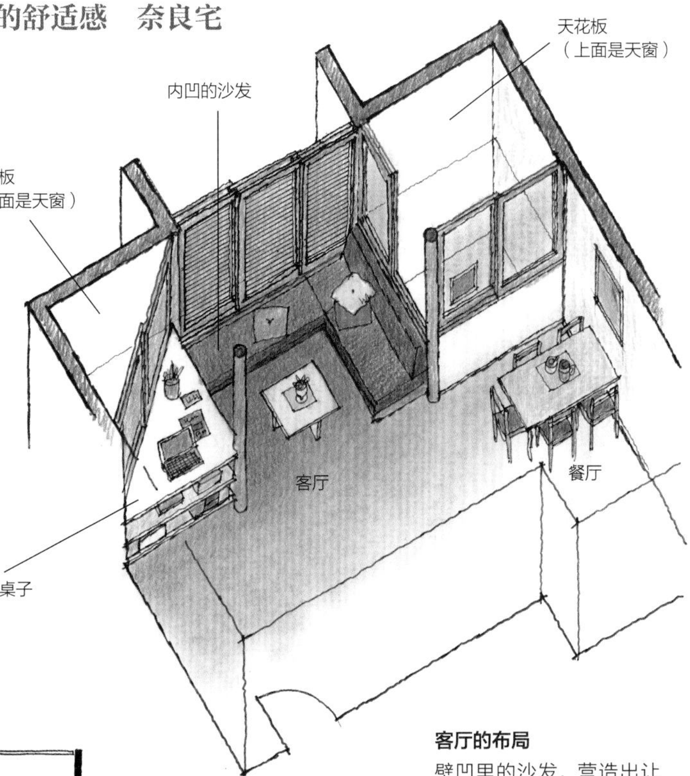
天花板
（上面是天窗）
内凹的沙发
天花板
（上面是天窗）
客厅
餐厅
定制桌子

**客厅的布局**

壁凹里的沙发，营造出让人藏身其中时可冷静下来、如处洞穴一般的氛围

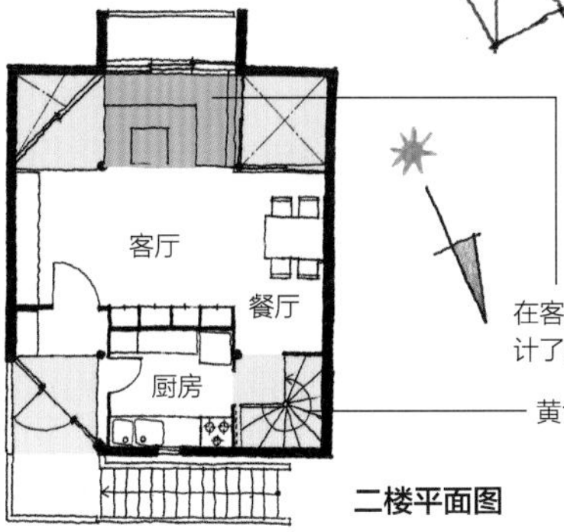
客厅
餐厅
厨房
在客厅的壁凹里设计了定制沙发
黄色部分的上面有天窗

**二楼平面图**

据说，背靠墙壁的坐姿让人更有安全感，心情也会平静下来。坐公交车的时候，首选靠边的位置是动物保护自身的本能。

这个奈良宅的窗户不多、外观呈封闭状。取而代之的是，通过设置在屋顶四个角落的天窗吸收阳光，光线通过天花板延伸到一楼。楼下是卧室等私人空间，楼上是客厅和厨房，从外面的楼梯上到二楼进入玄关，这是一种独特的入户方式。

从天窗照进二楼的阳光让人感觉舒适，但更妙的设计是占据客厅一角的壁凹处的沙发长椅。坐在沙发上的时候，之所以能感觉到安心和舒适，是因为我们处于被称为“壁凹”的凹陷空间之中，这种被包围的设计，给人一种无法言喻的安心感。只坐在宽敞的客厅里并不一定能让人静下来，而这样一个叫作“壁凹”的狭窄空间，却能提供像摇篮一样的安心之感。

# 6

客厅

# 扇形区域是休憩场所

**客厅的沙发**

与螺旋楼梯相连接的定制沙发，是与扶手壁一体化的设计

宫胁檀设计的沙发多呈“へ”形或 L 形。虽然也有将 L 形整体设为座位的情况，但是像佐川宅这样，将 L 形交点部分设计为边桌，当作放置观叶植物或台灯的场所的情况也很多。

设计拐角沙发的理由主要有两个。一个是人们想融洽交谈的时候，坐在旁边或斜对面的位置更利于交谈。确实，面对面的话，会让人产生一种严肃而难以开口的心理感受。还有一点，客厅不仅是谈话的地方，也是安静地眺望庭院或大家一起看电视的地方，这时座位若采取面对面的方式摆放会不方便。正因为如此，最好是将沙发设计成 L 形或者“へ”形。

如果在客厅里放上 L 形沙发的话，就可以像扇头（扇骨固定的地方）一样形成空间的中心。视线的方向更加明确，电视的摆放位置和门户的位置也更容易被确定。

# 享受全景的佐川宅

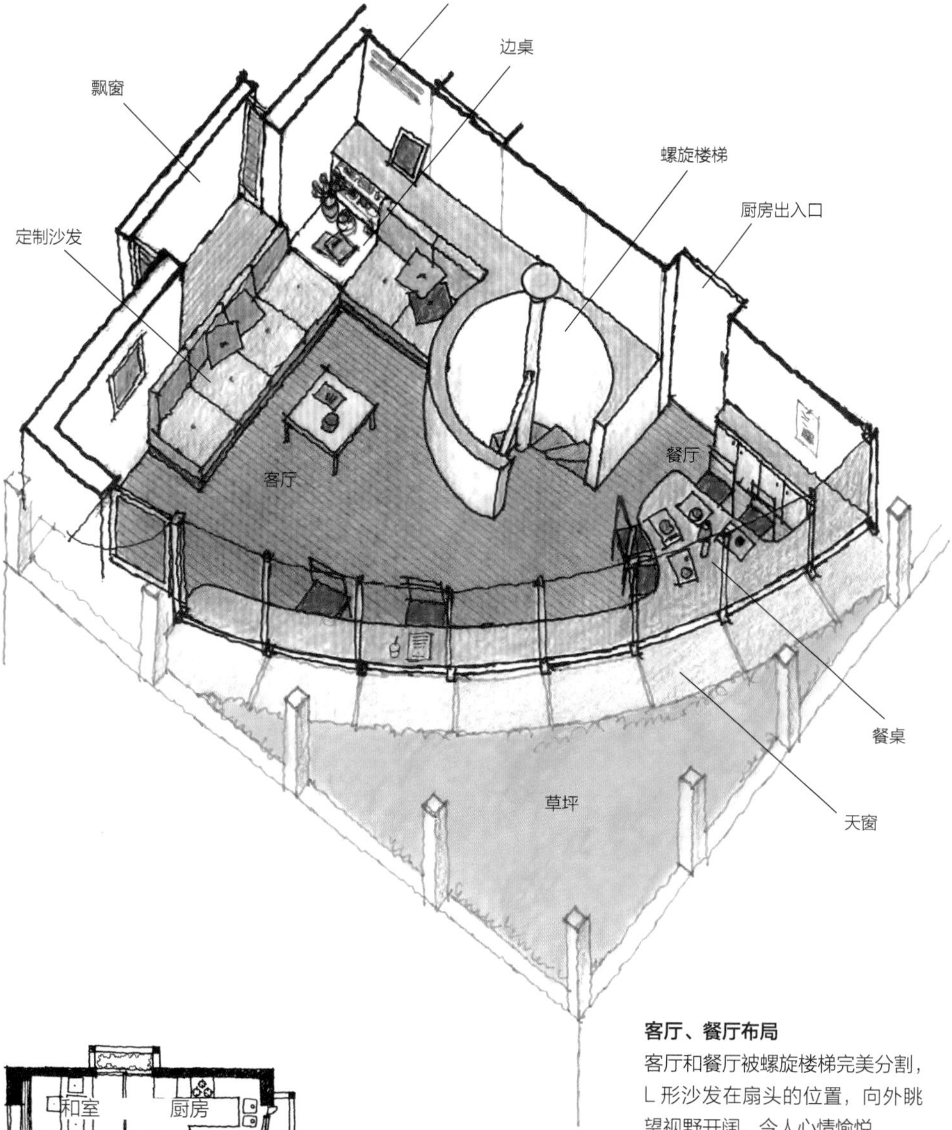
空调出风口
边桌
飘窗
螺旋楼梯
厨房出入口
定制沙发
餐厅
客厅
餐桌
草坪
天窗

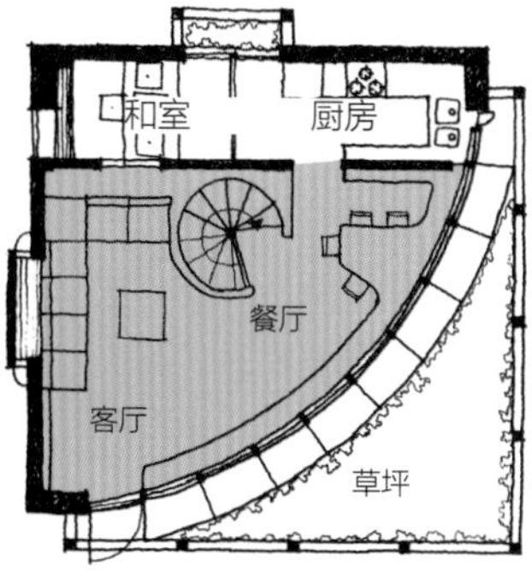
和室
厨房
餐厅
客厅
草坪
二楼平面图

**客厅、餐厅布局**

客厅和餐厅被螺旋楼梯完美分割，L 形沙发在扇头的位置，向外眺望视野开阔，令人心情愉悦

客厅

# 7 客厅和餐厅的重要关系

**中间收腰的客厅**

收腰设计把客厅和餐厅连接起来，通过动线使空间相连，营造出易于团聚和令人放松的氛围

家人们在餐厅吃完饭后移坐到客厅，讨论这一天发生的事情、一起看电视，每次听到家人团聚在一起时，脑海中就会浮现出这种画面吧。近年来，随着住宅的单间化和单间功能的丰富化，人们倾向于饭后立即回到各自的房间里。只有分享话题、共享喜怒哀乐才能称之为家人，如果个人主义在家庭中变得理所当然的话，那么血脉相连的人也只不过是恰巧凑在一起生活的团体而已。

从这个意义上来讲，餐厅和客厅相连是很重要的。也并不是说各个功能空间越近越好，但如果各个功能空间联系不够紧密的话，那么既不能算是好户型也不能称其为好住宅。此处介绍的高畠宅的餐厅和客厅的关系处理得很恰当。一楼以厨房为中心，餐厅和客厅以收腰形的空间相连接，而且墙角的柜子采用的是跨越两个空间的形式，因此它们既各自保持独立性，又以绝妙的契合点相互连接。

# “收腰”所产生的变化　高畠宅

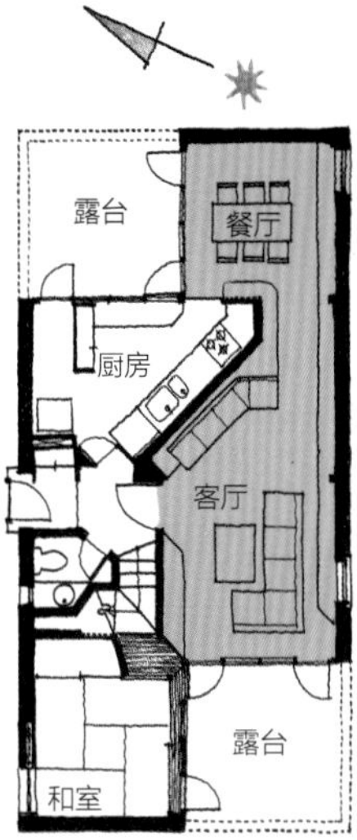
露台
餐厅
厨房
客厅
露台
和室

**一楼平面图**
客厅和餐厅围绕厨房，路线互通

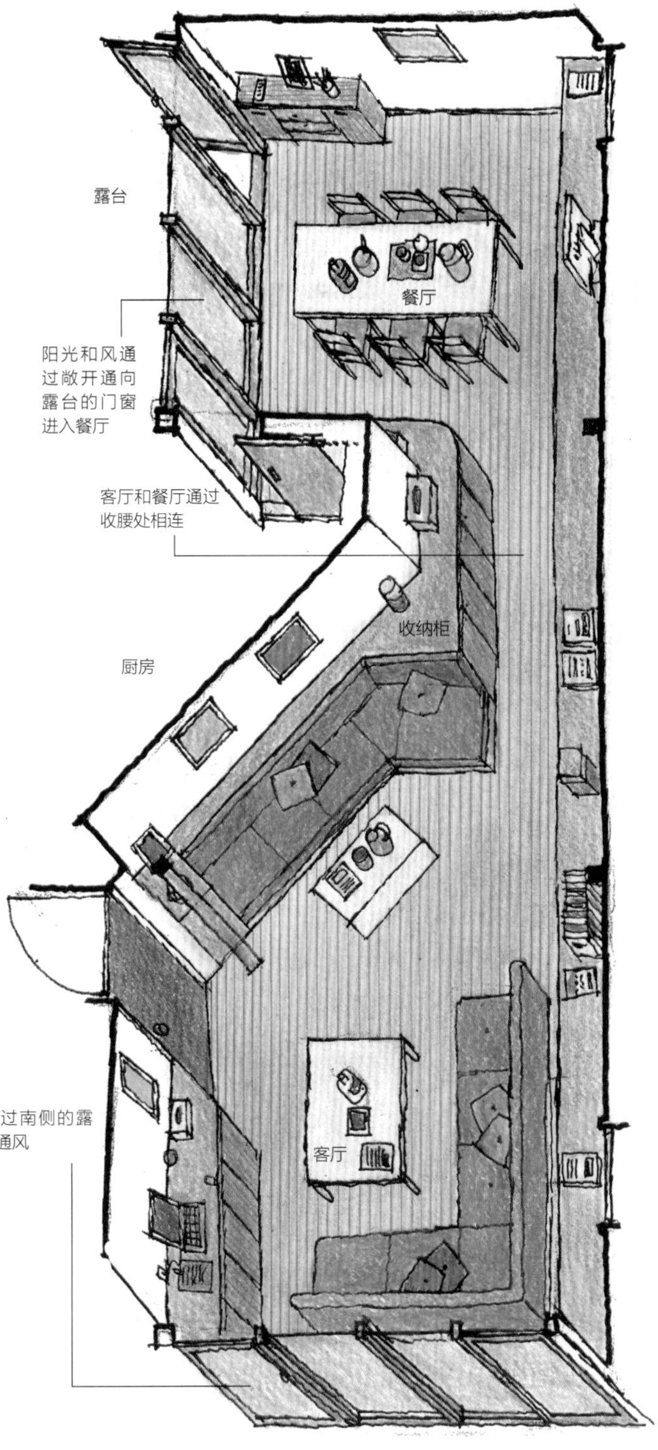
露台
餐厅
阳光和风通过敞开通向露台的门窗进入餐厅
客厅和餐厅通过收腰处相连
收纳柜
厨房
客厅
客厅通过南侧的露台采光通风
露台

**客厅、餐厅的布局**
从客厅、餐厅布局可以看出，南侧的客厅和北侧的餐厅都是通过露台处来采光和通风的

一家人一起眺望风景的好地方　早崎宅

# 8 拥有下沉空间的舒适客厅

客厅

**剖面透视图**

从图中，可以清楚地看到下沉空间浮在空中的样子

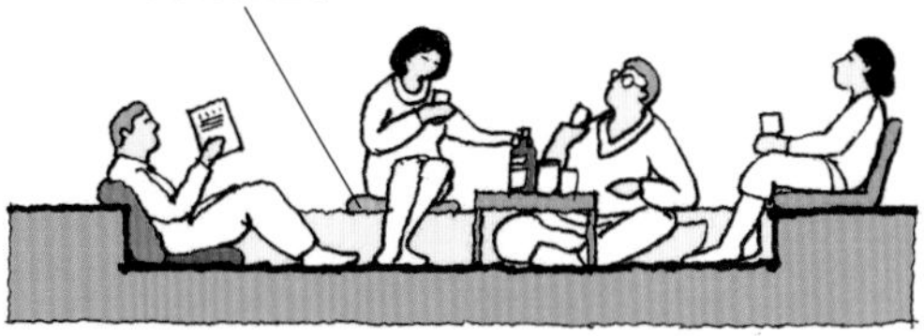
在下沉空间里，可以坐在地面上，也可以利用和地面的高度差靠坐

**下沉空间的使用方法示意**

下沉空间指的是在地面上挖出的凹陷，是宫胁檀作品中常用于客厅的设计手法。这种优秀的客厅设计形态可以直接利用地面的高度差进行倚坐，也可以躺在其中，以自在的姿势放松。即使没有成套座椅等会客家具，也不影响其使用，因此在狭小的客厅里无论是空间上还是经济上都很高效。

此处介绍的早崎宅，如图所示是靠在悬崖上建造的。客厅就悬空建在悬壁之上，从地面上圆形的下沉空间中向外望去，感觉就像浮在空中一样。下沉空间里放置了很多靠垫，方便家人以各种姿势休息时使用。

一起待在下沉空间里的话，就会产生像在茶室的被炉里或公共浴场的浴池里一样的感觉，比平时更能近距离地感受到家人的存在，营造出温馨的氛围。

**客厅**

可以看到右手边有一个下沉空间，在客厅里可选择坐椅子或在下沉空间两种不同的方式

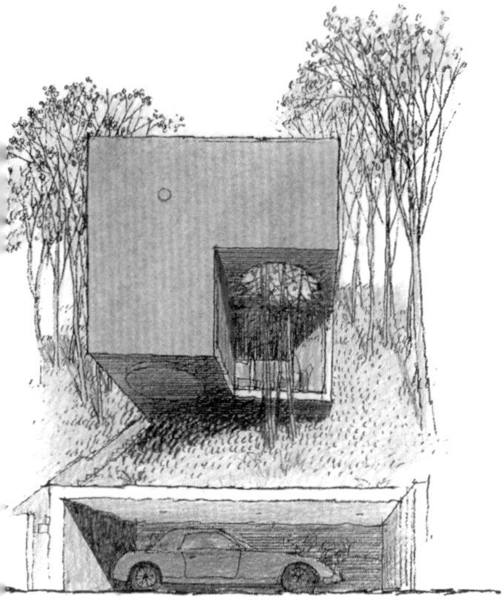

**外观**

在崖壁上悬空而建

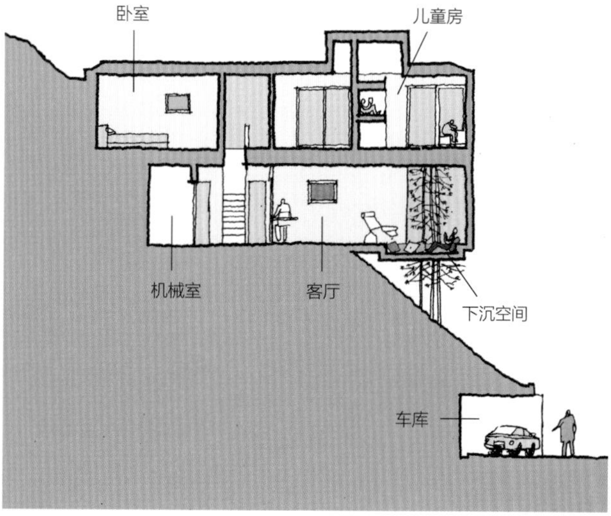


**剖面图**

建筑局部悬浮在空中

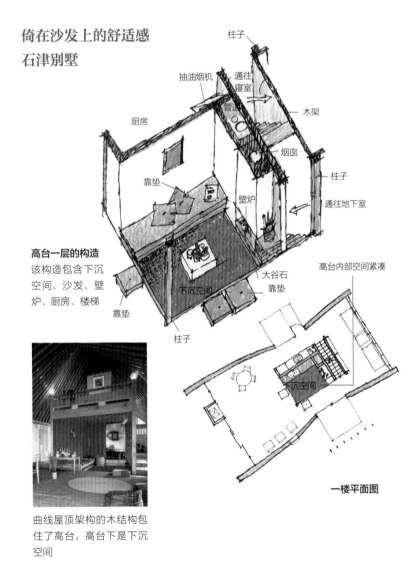

# 9 客厅 下沉空间是家人聚集的中心

## 倚在沙发上的舒适感
## 石津别墅

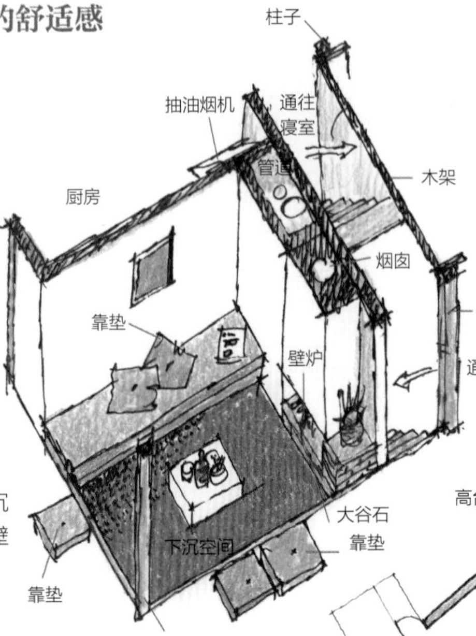
柱子
抽油烟机
通往寝室
管道
木架
厨房
烟囱
柱子
靠垫
壁炉
通往地下室
大谷石
下沉空间
靠垫
靠垫
柱子

**高台一层的构造**
该构造包含下沉空间、沙发、壁炉、厨房、楼梯

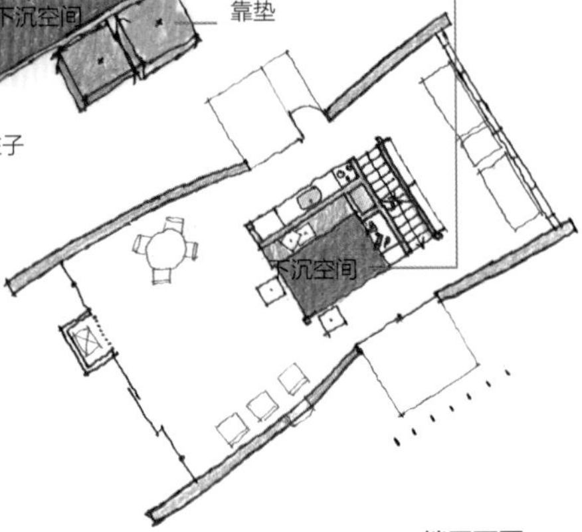
高台内部空间紧凑
下沉空间

**一楼平面图**

曲线屋顶架构的木结构包住了高台，高台下是下沉空间

这便是被称为“白鲸”的曲线形石津别墅的下沉空间。在第 3 章中也提到了，石津别墅是由高台和包住它的像鲸鱼背一样的构造体构成的嵌套结构。高台的上部是卧室，下面挖出了下沉空间。在下沉空间两个墙面侧分别设有长椅和壁炉，是十分适合营造享受别样生活氛围的设计。

此别墅是个一居室，客厅空间没有进行明确的划分。如果用来开派对的话也没问题，但如果作为几个人经常生活的别墅却有着无法收心的不足。而高台下的下沉空间可为人们提供休息的场所。宽敞舒适的空间和充满人情味的空间形成对比，让人可以心情舒畅、更加踏实地生活。

此外，高台中还有壁炉。壁炉有种于无形中聚集人们的力量，下沉空间刚好是承接人们的舒适容器，这种客厅关系是绝妙的设计。

## 伸到阳台上的圆形下沉空间　横尾宅

# 10 有下沉空间和沙发的客厅

客厅

**客厅、餐厅布局**

该空间的特征是餐厅的定制桌子、沙发和一半伸向阳台的下沉空间，在下沉空间里可变换各种姿势，视野也会随之改变

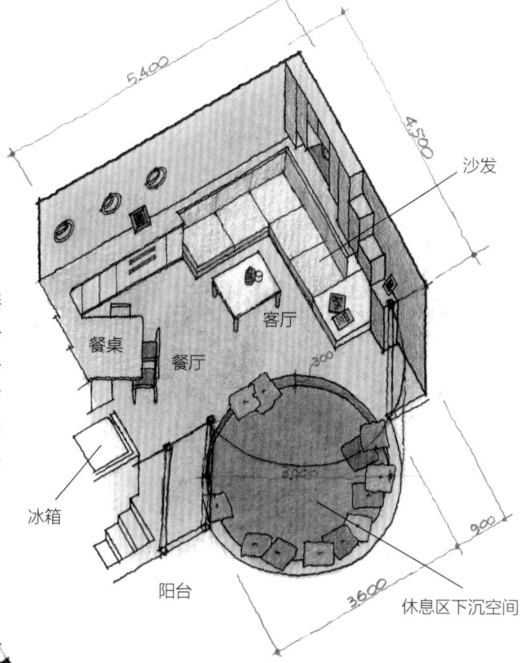
5,400
4,500
沙发
客厅
餐桌
餐厅
300
冰箱
900
阳台
3,600
休息区下沉空间

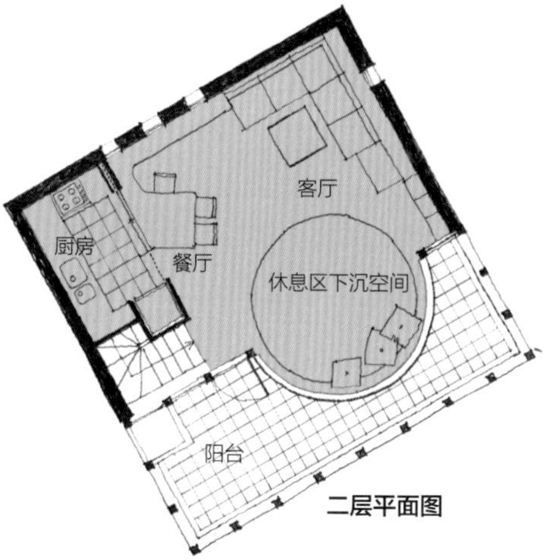
客厅
厨房
餐厅
休息区下沉空间
阳台

**二层平面图**

光从沿着下沉空间的圆弧形大窗户照射进来

为了有效地利用狭小的空间，舒适地生活，设计自不必说，也需要对居住者的生活方式进行归纳。在这套住宅中，宫胁檀的方案是将厨房和客厅餐厅放在二楼。

观察上图中横尾宅二楼平面图的话，首先会注意到圆形的下沉空间。这个圆形与箱体形的建筑形成了视觉对比，给人以冲击感。在这个由圆形下沉空间和 L 形沙发构成的客厅里，装有定制餐桌，可以想象吃饭和团聚等不同的使用场景。

以吃饭为例，可以在餐厅里日常地吃饭、聚餐，也可以坐在沙发上一边摇着红酒杯一边吃晚餐，或是饭后在下沉空间里懒散地享受小酌，这样的生活仅是联想一下就会觉得快乐美好。

即使是在有限的空间里，也能进行多样的活动，防止日常生活千篇一律。

# 11 用沙发填满的客厅

客厅

**客厅**

可以围坐的墙角沙发。整个房间都可以当作下沉空间

广场屋是由客厅、卧室、厨房和广场（露台）等模块构成的别墅。该建筑兼作企业的娱乐场所，因而考虑了员工的家属，或者各部门的交流会和研修等，是可以用于人数或少或多及各种不特定人数的场合。

应对这种建筑空间时，与其每人设置一把椅子，不如把整个房间设计成由沙发和下沉空间组成的形式，这样更易于应对人数的变化。广场屋的客厅根据使用的人员和人数的不同，既可以让人们靠在大圆弧状的长凳上放松，也可以让人们倚着靠垫坐在地板上。围坐在圆弧状的长凳上容易让人们产生向心性，有助于建立一种便于交谈的位置关系。再加上位于下沉空间内部核心的壁炉，更好地营造出了人们容易聚集的客厅氛围。大圆弧形的长凳、圆形餐桌和小圆形壁炉等，大大小小重叠的圆，似乎也能引导人与人之间的关系更为融洽。

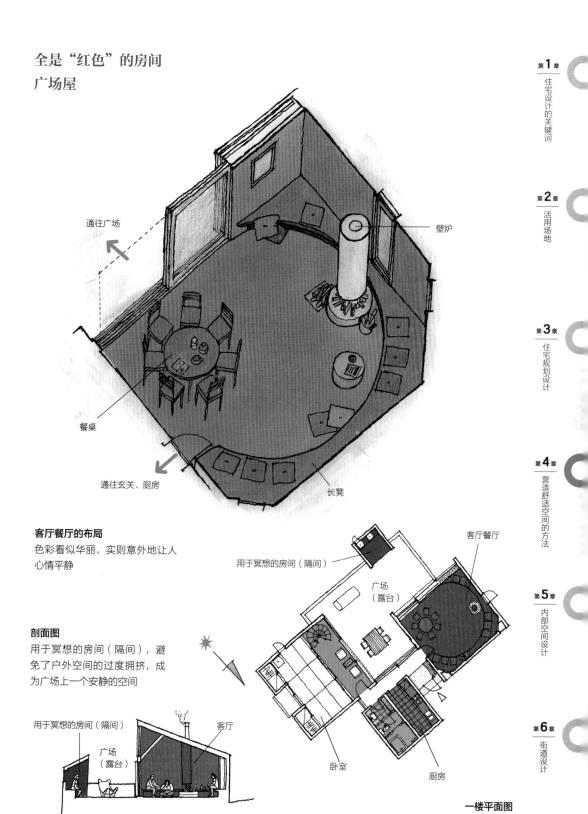

## 全是“红色”的房间
## 广场屋

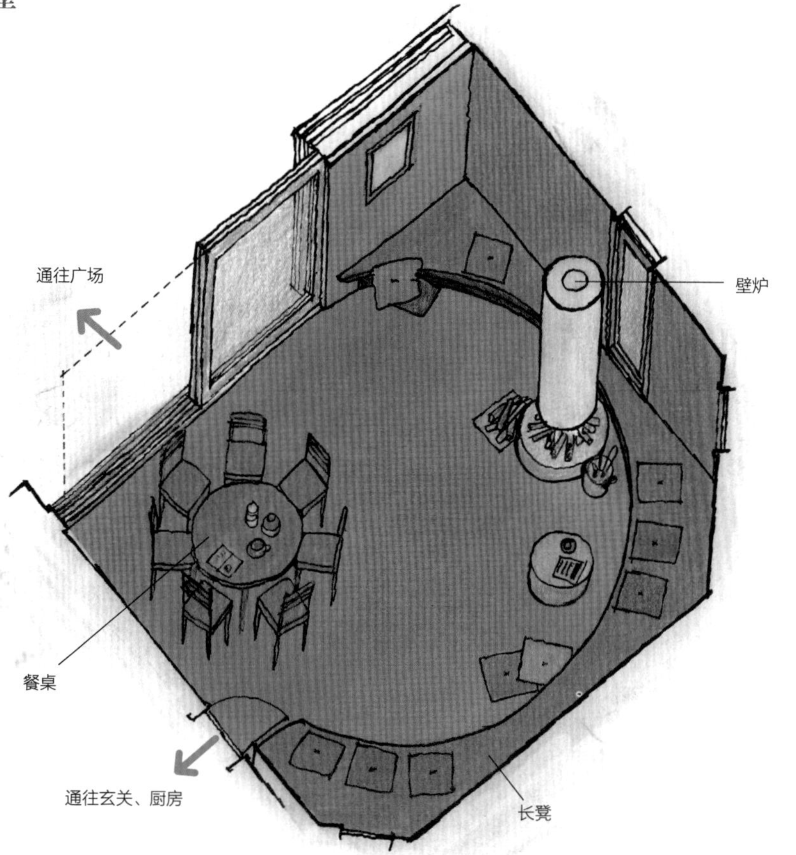

通往广场
壁炉
餐桌
通往玄关、厨房
长凳


**客厅餐厅的布局**
色彩看似华丽，实则意外地让人心情平静

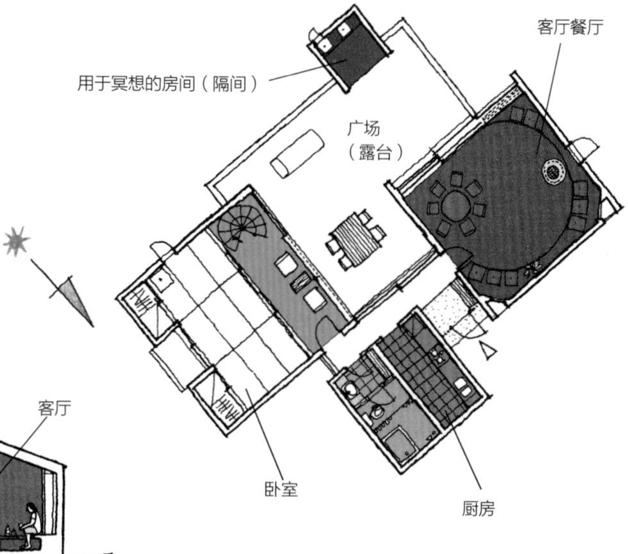

客厅餐厅
用于冥想的房间（隔间）
广场
（露台）
卧室
厨房


一楼平面图

**剖面图**
用于冥想的房间（隔间），避免了户外空间的过度拥挤，成为广场上一个安静的空间

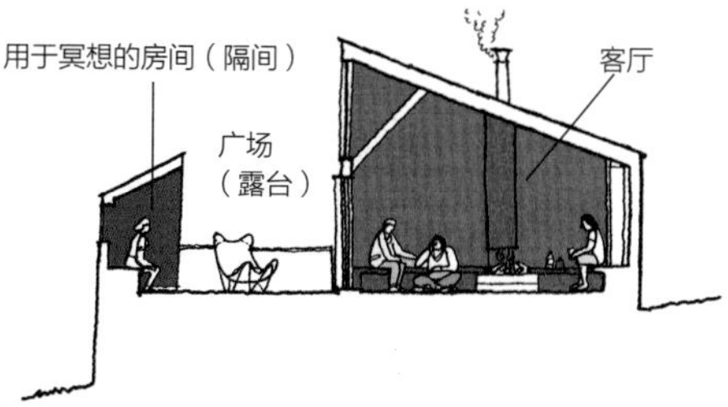

用于冥想的房间（隔间）
广场
（露台）
客厅

客厅

# 12 不可或缺客厅里定制沙发

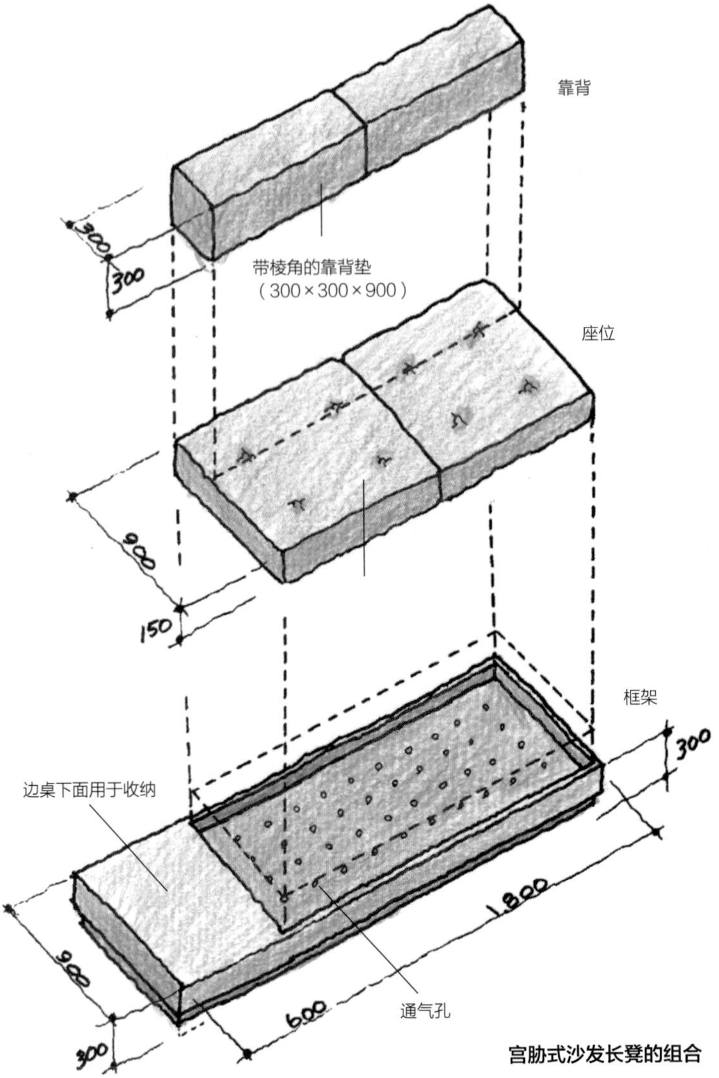
靠背
带棱角的靠背垫
（300×300×900）
座位
框架
边桌下面用于收纳
通气孔
300
300
900
150
300
1,800
900
600
300

宫胁式沙发长凳的组合

到现在为止，我们看了数个宫胁先生常用的定制沙发的设计实例。沙发不仅可以用来坐，也可以像藤江宅和佐川宅那样在座位下面或靠背处设计收纳空间。另外，也有船桥宅这种情况，在部分沙发的木质底板上放上靠垫，或者摆放书籍和观叶植物等，用途丰富多样。宫胁式沙发分为座椅和靠背，靠垫多是布包起来的发泡聚氨酯，它可以用于各种用途，非常方便。

此处介绍的是某段时间宫胁事务所的接待室和客厅里放置的定制沙发长椅。靠背部分因摆放方式的不同，而使沙发具有多种功能。可以将其放在肘部之下当扶手，也可以通过改变其位置轻松地将沙发变成床。如果有这种沙发长椅的话，应该就不用特意预留客房了。

宫胁事务所的工作人员下班后经常举行酒会，喝多了误了末班车的人，就用这个沙发代替床，至今这都是令人怀念的回忆。

## 兼作收纳的沙发长凳的示例

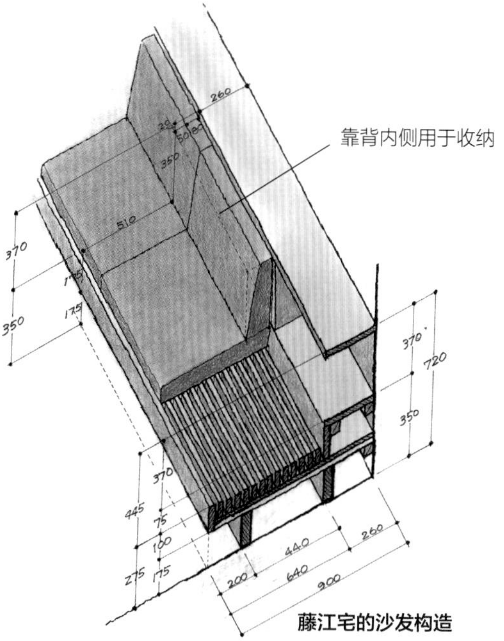


**藤江宅的沙发构造**

除了收纳功能之外，也可将灯具或空调机装进去

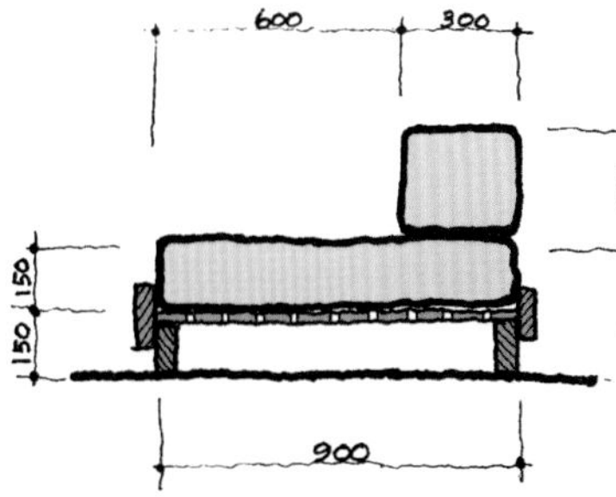


**宫胁式沙发长椅的剖面图**

沙发的靠垫可以分割成座位部分和靠背部分，以应对不同的姿势。注意座位和靠背的尺寸尤为重要

## 可在上面躺平睡觉的宫胁式沙发长椅的组合方式

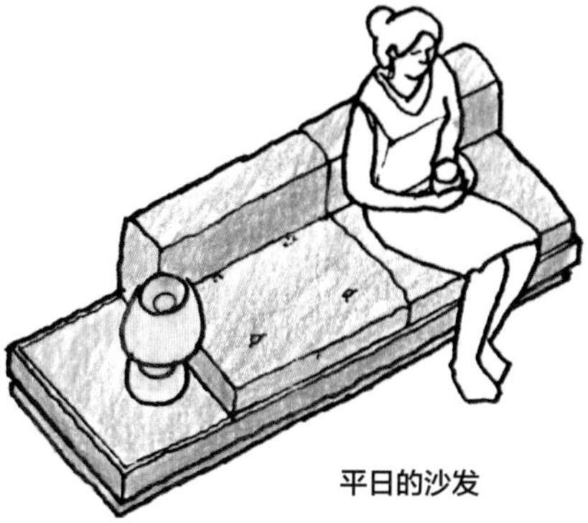

平日的沙发

儿童床

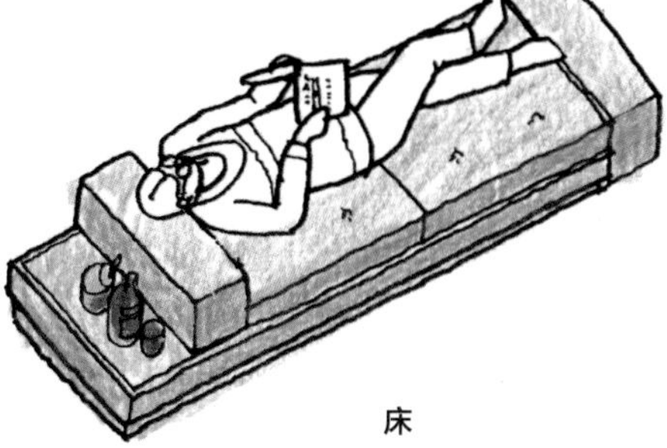

床

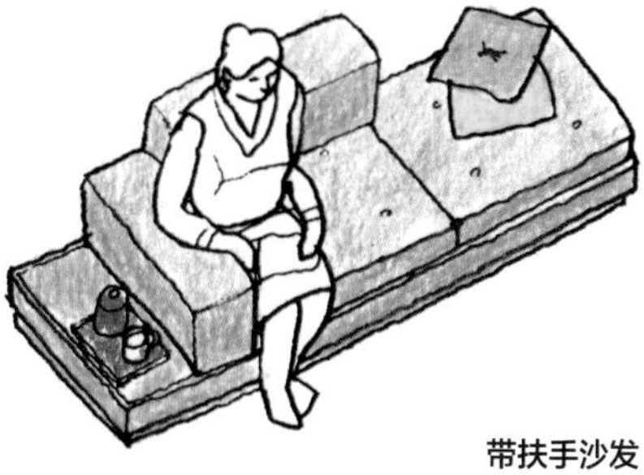

带扶手沙发

# 13 厨房、餐厅、客厅的花样组合

DK

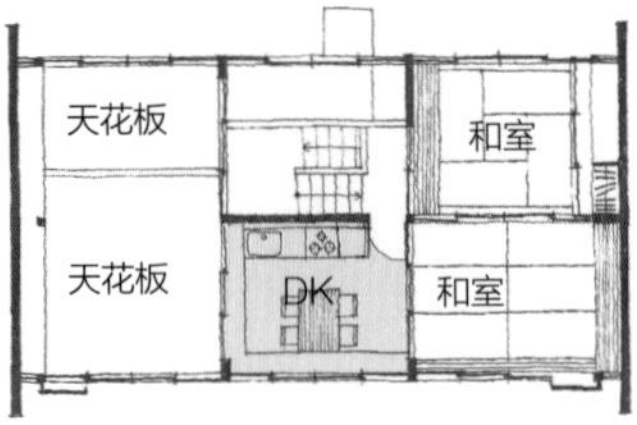


**立松宅**

紧凑地集中在中楼的 DK

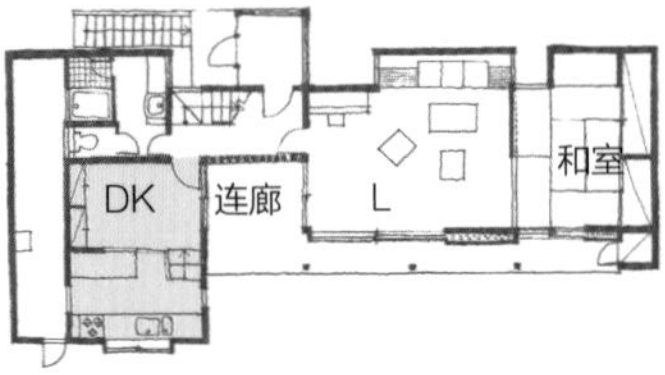


**藤江宅**

餐厅和厨房有高度差的 DK

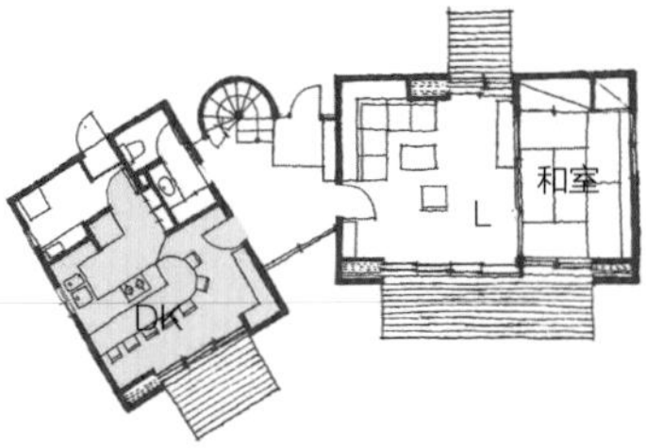


**长岛宅**

集中在独栋中的 DK

K

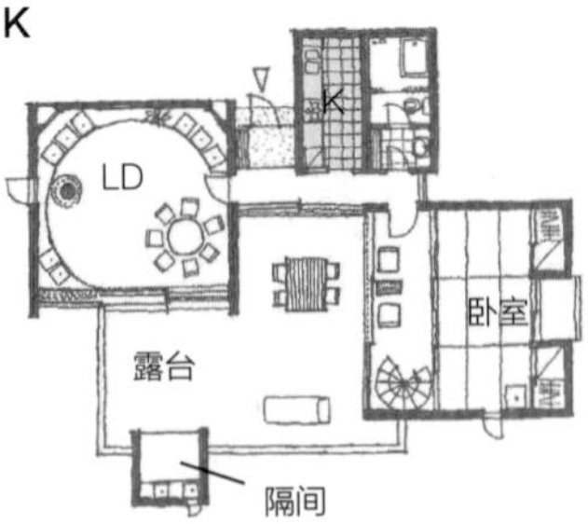


**广场屋**

K 同 LD 分开

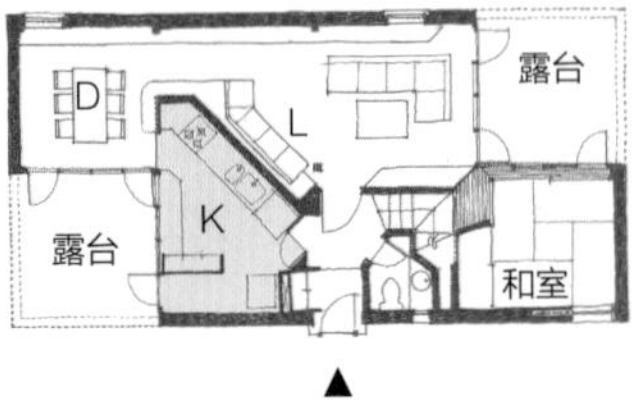


**高畠宅**

以料理台为中心，L、D、K 互相连通

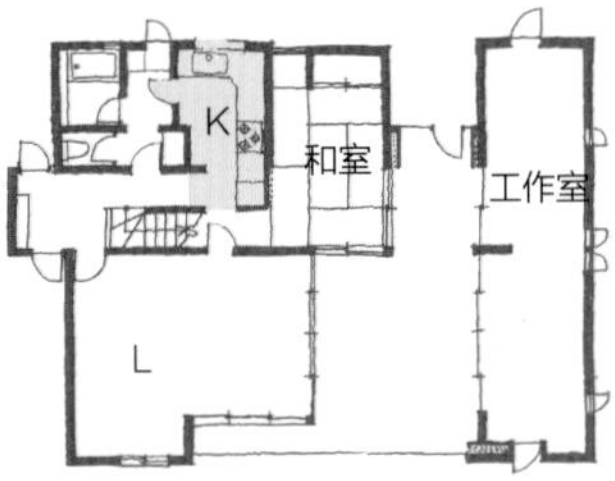


**天野宅**

包含卫浴的独立 K

在我们的日常生活中，做饭（厨房：K）、吃饭（餐厅：D），然后和家人团聚（客厅：L），这些是日常生活中最重要的事情。做饭和吃饭是在不同的房间进行，还是烹饪、吃饭、团聚都在同一个空间里进行，每个家庭的情况都不一样。因此，必须根据住宅大小、家庭成员构成和生活方式，来确定 3 个空间的连接方法，并将它们有机地结合。让我们从宫胁先生的作品中看看有哪些模式吧。

## 餐厅厨房型（DK）

这是一种将烹饪空间和吃饭空间合二为一的类型，比较适合重视家庭和睦的人群，可以边做饭，边吃饭，边交流。

## 独立式厨房（K）

通常烹饪空间独立，可以留出足够的空间吃饭，优势是可以隐藏容易杂乱的地方。另外，烹

LDK

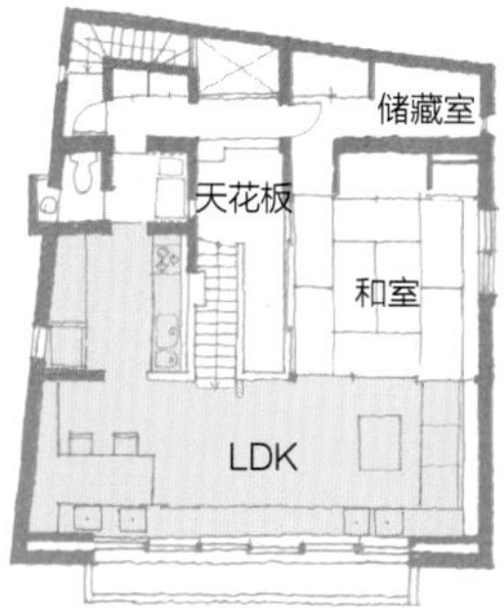


**船桥宅**
可以俯瞰整个家里的指挥塔式厨房

**崔宅**
LDK 的各个地方都有容身之处，恰当的距离感增进了家人间的情感

DK/L

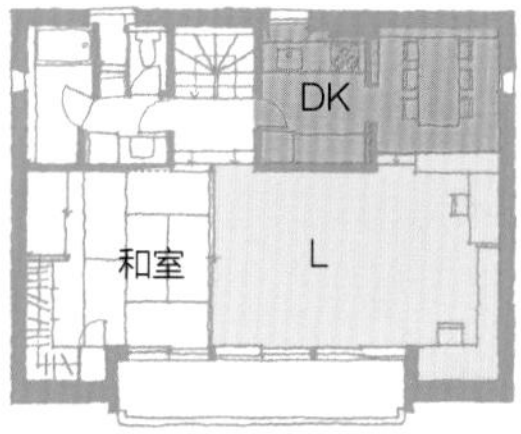


**前田宅**
DK 与有高度差的客厅一体化

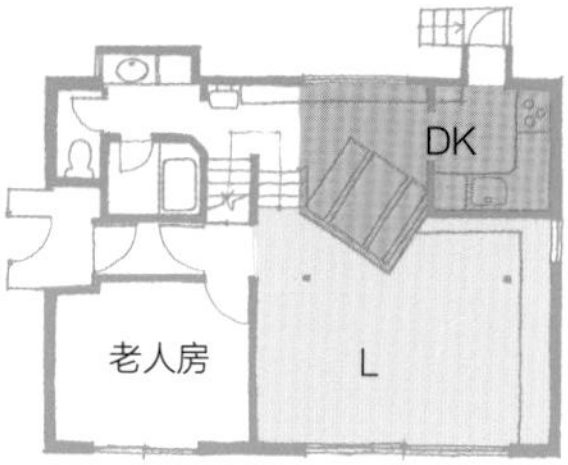


**菅野宅**
L 和 DK 有半层的高度差

K/DL

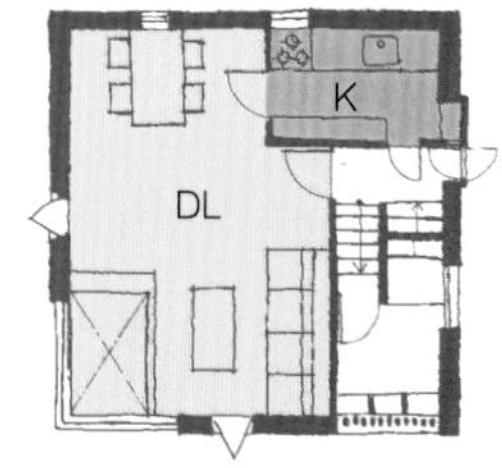


**安冈宅**
独立的厨房与 DL 功能连在一起

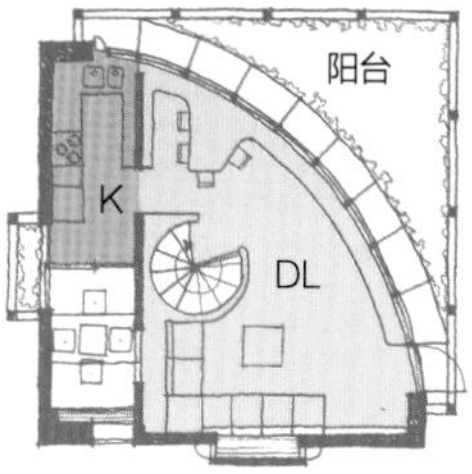


**佐川宅**
LD 以螺旋阶梯缓和划分

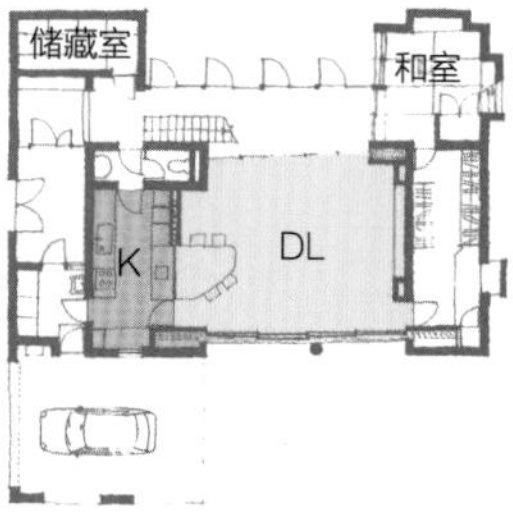


**名越宅**
用门隔开的时会变成封闭型

饪时会产生声音、味道、热气等，这一类型的设计，可以有效减少其扩散到其他房间。

## 客厅餐厅厨房型（LDK）

这种是指烹饪、吃饭和家人团聚的空间一体化的类型，客厅、餐厅、厨房被配备在同一个空间里，常用于人数少的家庭和小户型等。

## 餐厅厨房和客厅型（DK / L）

这种是指将烹饪和吃饭的空间紧密联系起来，提高了客厅独立性的类型。它重视全家团聚的空间，可以用来充当会客厅、接待客人。

## 厨房和餐厅客厅型（K / DL）

烹饪的空间保持适当的独立性，吃饭的餐厅与团聚的客厅融为一体，重视用餐前后家人的交流。和独立型（K）相似，目前这种是常见类型。

厨房和餐厅

# 14 不同类型的面对面式厨房

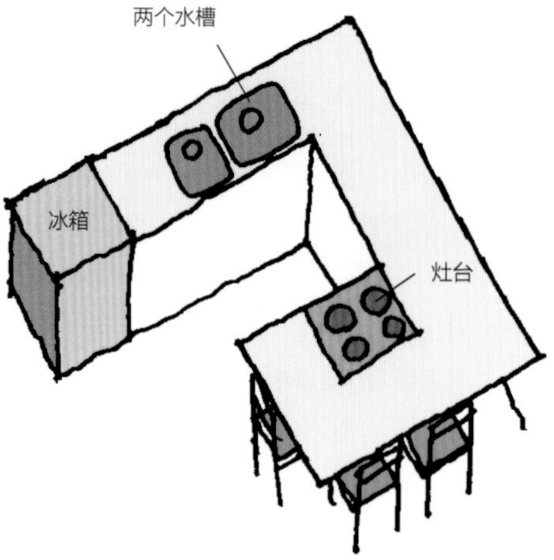


**U形　渡边宅**
餐厅的地面比厨房的地面要高一点，料理台和餐桌设在同侧

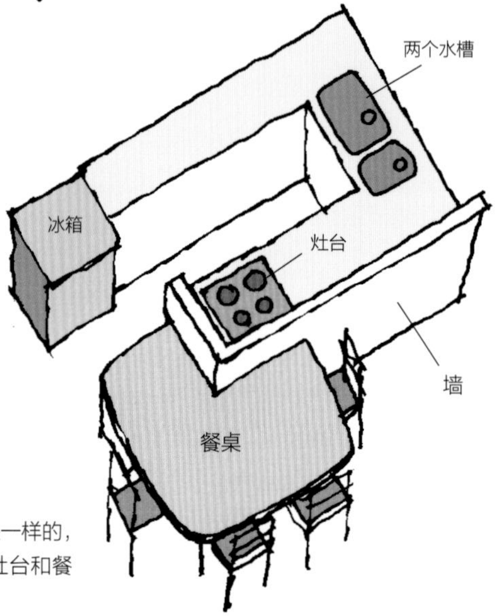


**U形＋餐桌　崔宅**
厨房和餐厅的地面高度是一样的，但通过立起墙壁来消隐灶台和餐桌的高度差

在宫胁先生的住宅作品里，可以看到很多面对面式的厨房。众所周知宫胁是一位自己做饭的建筑家，想必他一定是想象着“边做饭边用餐边聊天来愉快地度过每一天”设计厨房的。

如果关注一下料理台和餐桌的关系，就会发现很多餐桌前都设有灶台。烹饪的主要目的是加热和调味，以及在餐桌边和等待的家人共享这个过程。

开放式厨房视野开阔，但如果不好好收拾的话，空间就会变得不够美观。解决这个问题的方法将在后文介绍。

另外，如何处理厨房和餐桌的高度差也很重要。渡边宅中利用地面高低差，把料理台和餐桌设计在同一侧，崔宅中地面一样高，在灶台和餐桌之间筑起一道墙壁来消隐灶台和餐桌的高差。

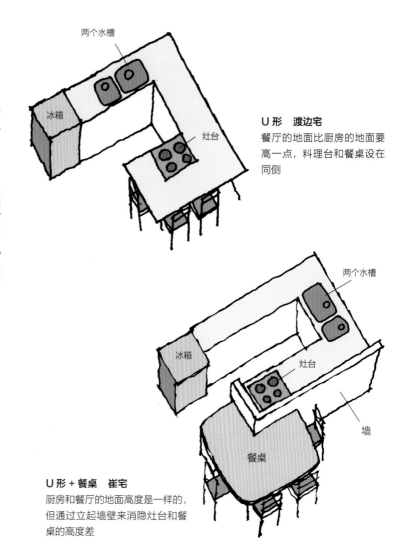

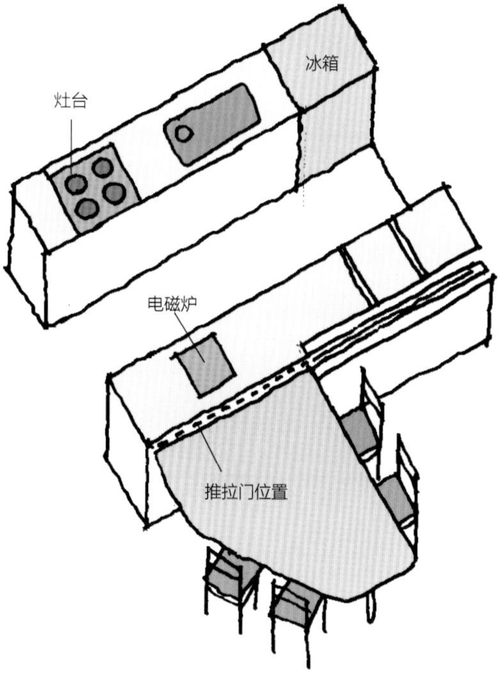
冰箱
灶台
电磁炉
推拉门位置

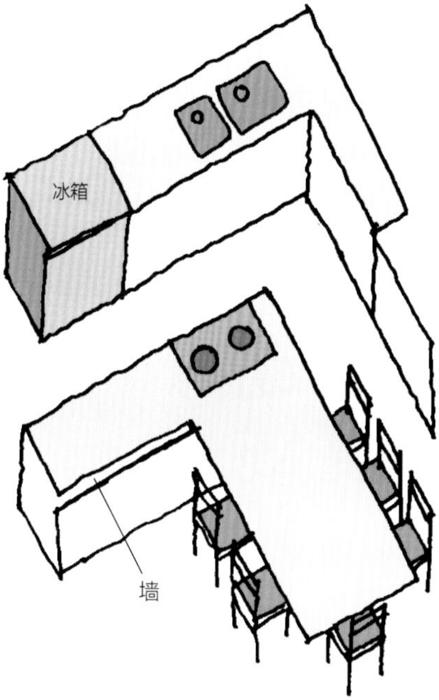
冰箱
墙

**I + L 形　名越宅**

在宫胁先生的设计中很少将燃气灶设计在桌子的另一侧。拉上餐厅和厨房的拉门可以避免人面对面（参见第 110 页）

**I + L 形　藤谷宅**

桌子左侧立起墙壁，恰到好处地将餐厅和厨房分开

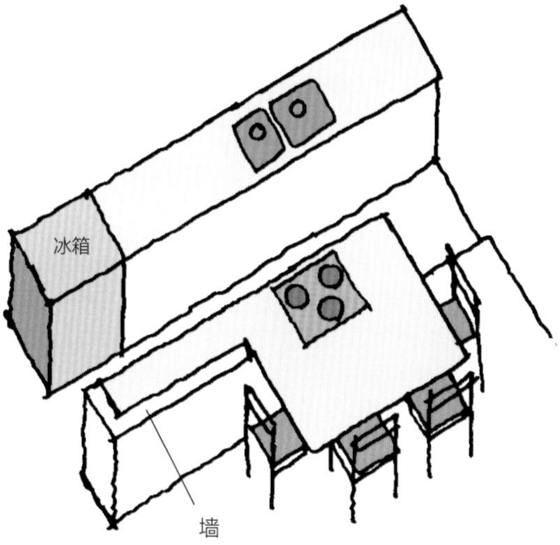
冰箱
墙

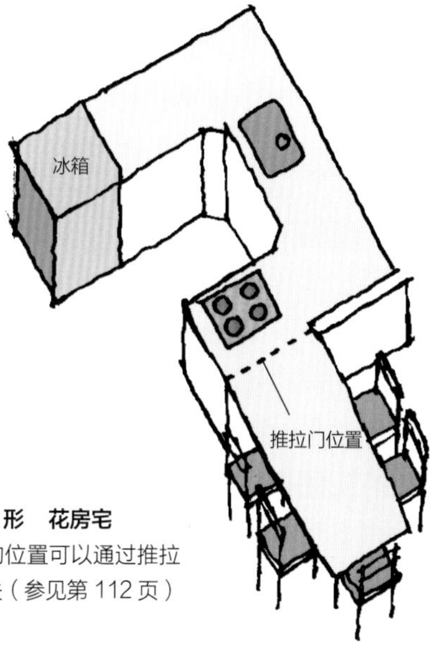
冰箱
推拉门位置

**I + L 形　森宅**

虽然和藤谷宅相似，但是因桌子的形状不同，参与烹饪的程度也不同

**“？”形　花房宅**

虚线的位置可以通过推拉门开关（参见第 112 页）

厨房和餐厅

# 15 厨房动线和易操作的台面高度

## 制作料理的流程

考虑料理和上菜、收拾的活动路线设计

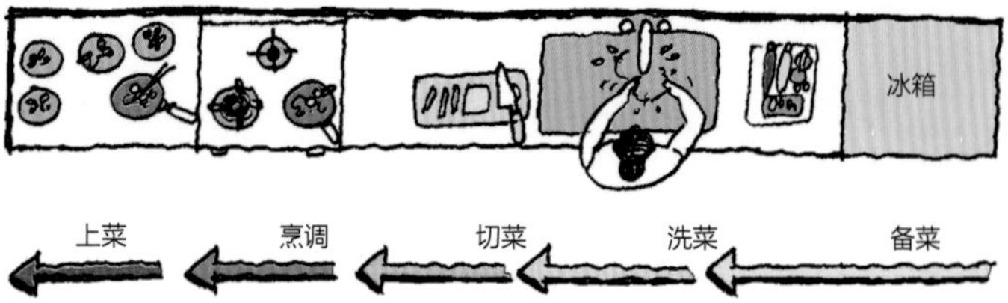


## 作业的三角区

三角形的三边之和控制在
3.6 ~ 6 m

3.6 m ≤ A + B + C ≤ 6 m

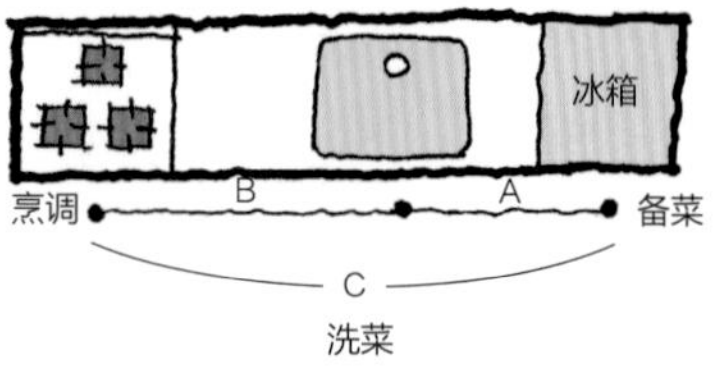


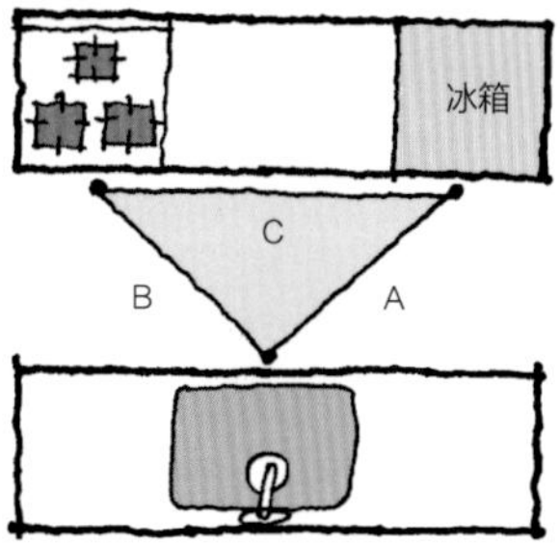


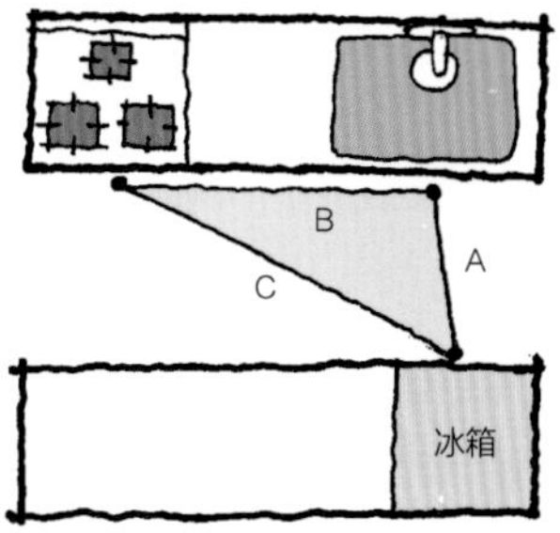


为了提高烹饪的工作效率，根据料理台、水槽、燃气灶等位置确定动线至关重要。

### 制作料理的流程

烹饪的基本操作流程如上图所示，从备菜到烹调再到上菜。为了按照此流程高效运转，厨房布局很重要。因房屋整体的规划和烹饪时习惯用左手还是右手等不同，活动路线也有可能与上图所示相反（从左到右）。另外，工作台的尺寸近来有高度 900 mm、进深 700 mm 等大型化的倾向，需知晓基本尺寸后进行设计。

### 作业的三角区

判断烹饪工作效率的根据之一就是作业的三角区的设计。也就是说，冰箱（贮存、备菜）和水槽（清洗）以及燃气灶（烹饪）的关系。这三者的位置和距离对工作效率影响很大，需要重点考虑。

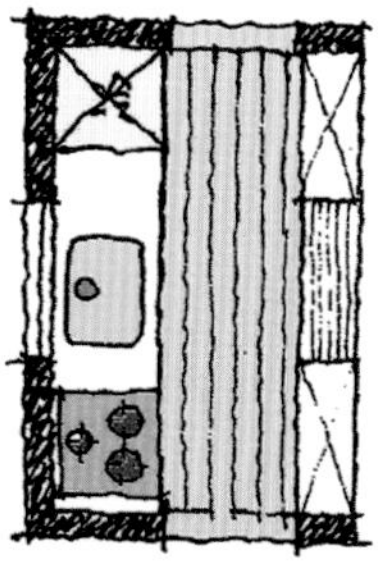

一列型

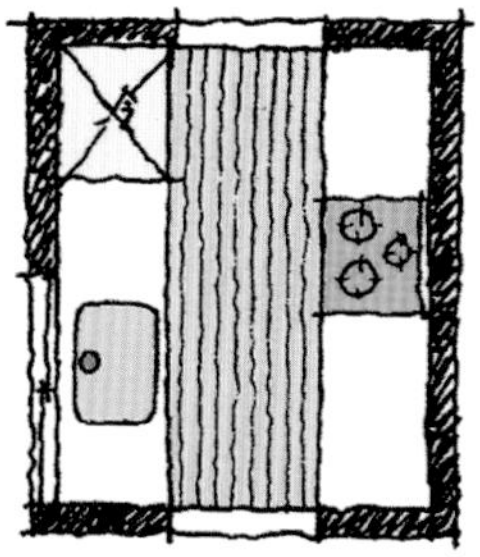

两列型

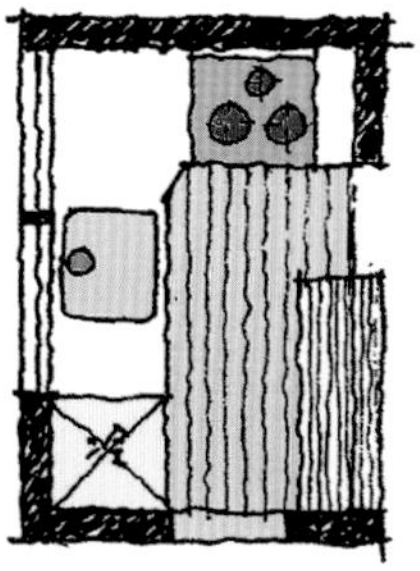

L 形

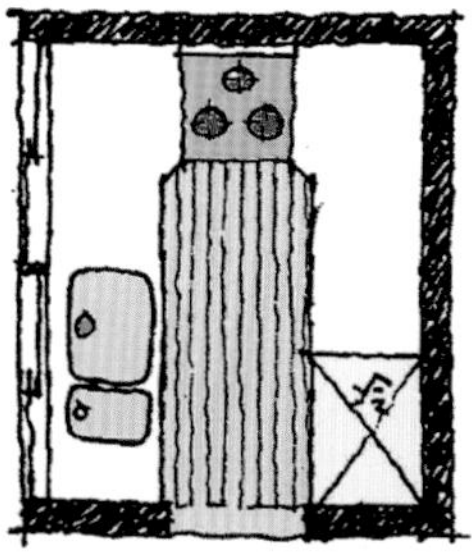

U 形

**独立型厨房的基本配置**

厨房的位置、配置形式须考虑家庭构成和住宅整体的设计来决定。冰箱、水槽、燃气灶的高效布局很重要。

**料理台、置物架的尺寸**

根据使用者的身高，确定料理台和吊柜的高度

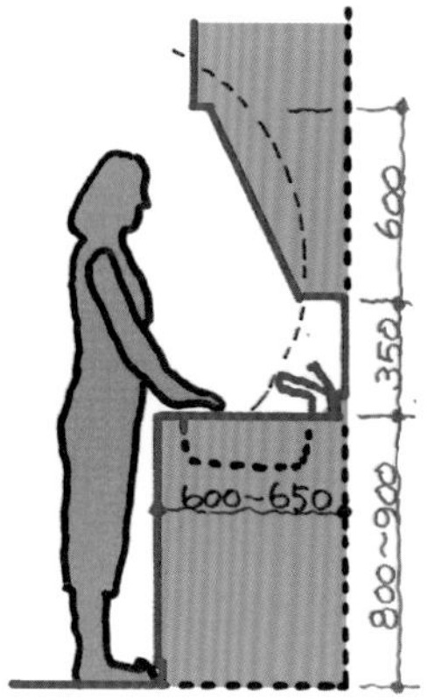


厨房、吊柜的尺寸

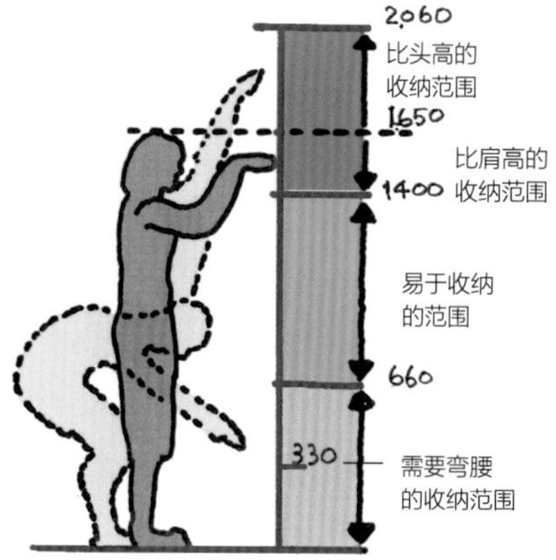


收纳的适当高度

## 料理台、置物架的尺寸

在工作效率方面还有一点很重要，那就是料理台和置物架的尺寸。料理台和置物架的尺寸需根据使用者的身高来设置，这里以适合女性标准身高的尺寸来举例说明。

## 独立型厨房的基本配置

独立厨房的设计方案根据冰箱、水槽、燃气灶等的布局，可以大致分为以下 4 种：

①一列型，将全部纵向布局为一列；②两列型，将所有东西布局为相向的两列；③ L 形，将所有东西沿着两面墙壁布局成 L 形；④ U 形，所有东西沿着三面墙壁布局成 U 形。

考虑到住宅整体的规划和用地条件、厨房的位置和面积，以及出入口和窗户的位置等，布局形式受到了限制，最好根据使用的方便程度和业主的喜好确定厨房布局。

厨房和餐厅

# 16 独立式厨房是主妇的城堡

备菜、收拾、扔垃圾
厨房的动线至关重要　木村宅

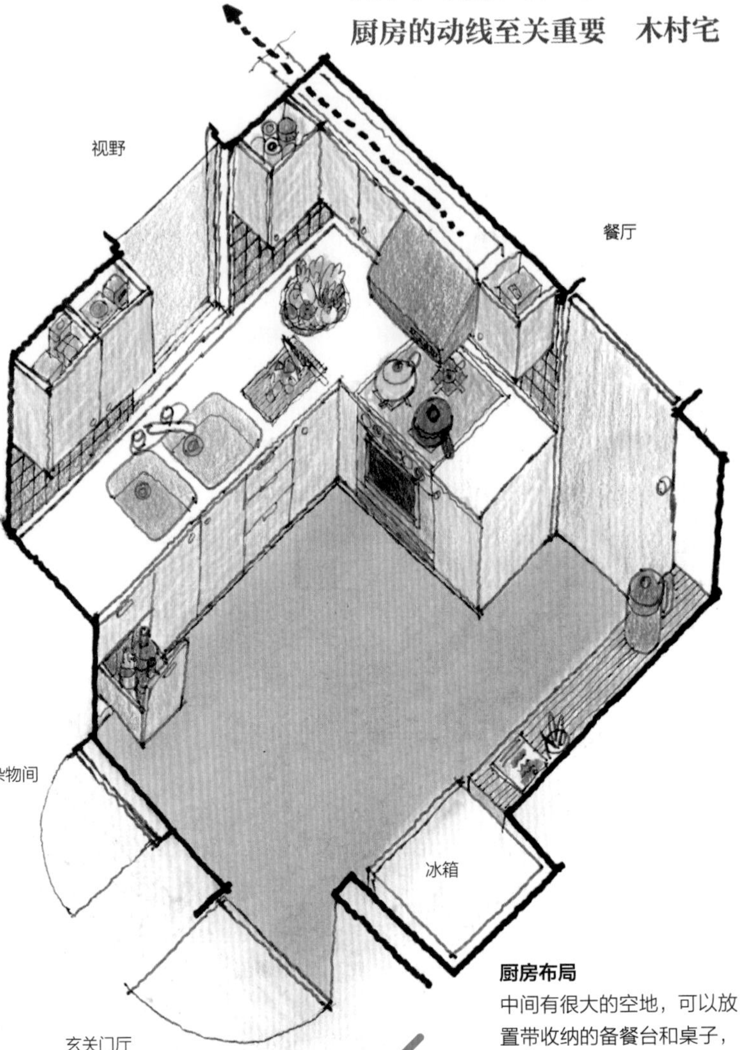

视野
餐厅
杂物间
冰箱
玄关门厅


**厨房布局**
中间有很大的空地，可以放置带收纳的备餐台和桌子，方便主妇做家务或吃饭

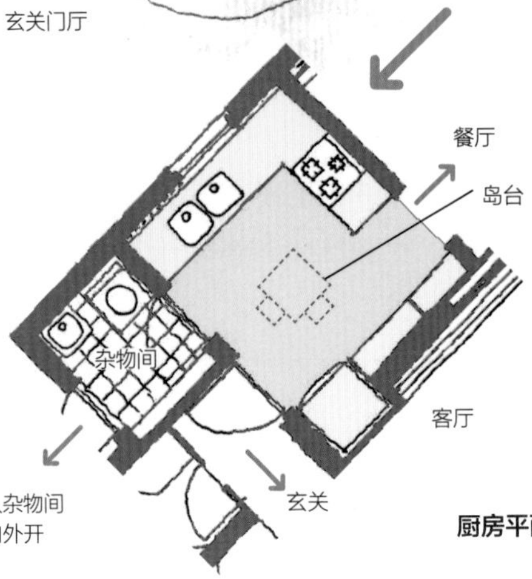

餐厅
岛台
杂物间
客厅
从杂物间
向外开
玄关


**厨房平面图**

像宫胁先生这样爱做饭的男性虽不在少数，但相对而言，厨房仍然是主妇们使用较多的空间。如前所述，能否在厨房高效地烹饪，与冰箱、料理台、水槽和灶台的排列方式息息相关。

除此之外，厨房内部的布局也很重要，从厨房到餐厅，再到杂物间等的动线，是否能有效地实现，也与烹饪效率息息相关。

## 三角形厨房更易于使用　高畠宅

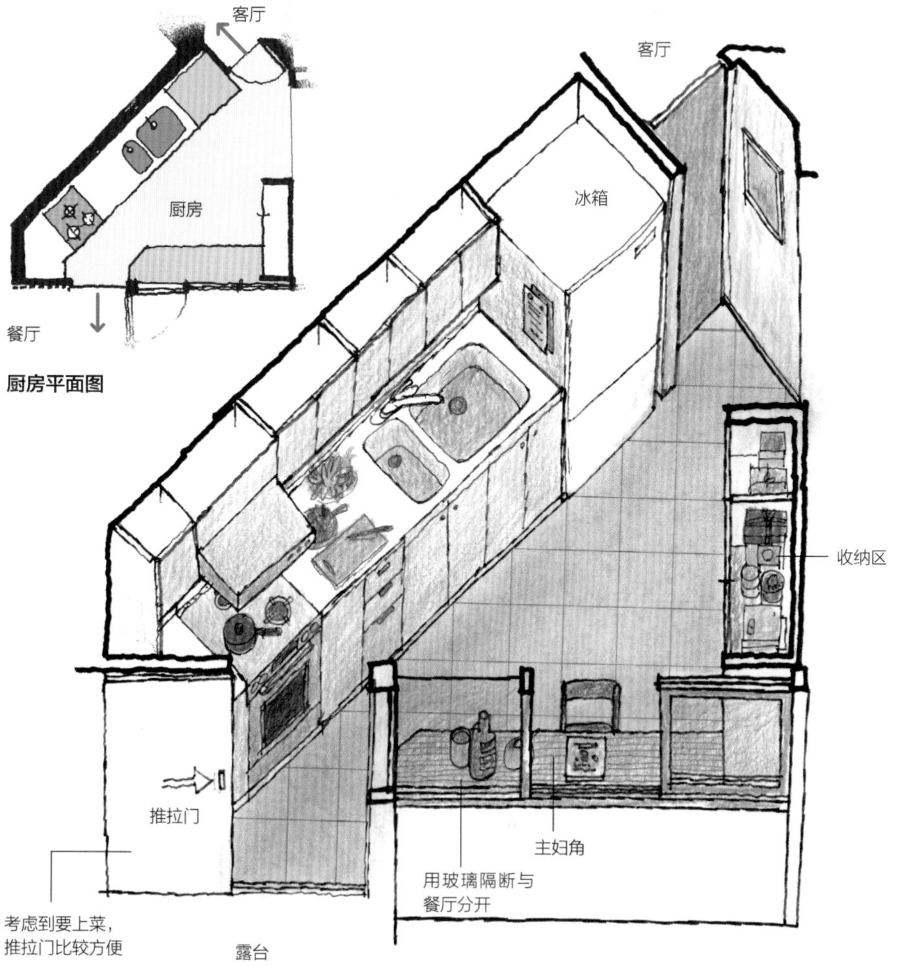

客厅
厨房
餐厅
客厅
冰箱
收纳区
推拉门
主妇角
用玻璃隔断与
餐厅分开
考虑到要上菜，
推拉门比较方便
露台


**厨房平面图**

**厨房布局**

## 木村宅的独立型厨房

在 L 形厨房中，在一侧配置水槽、料理台和燃气灶，在另一侧配置冰箱和置物架。这是接近正方形的设计，中央有空间，因此可添置作为备餐空间的小桌子、家政桌等，打造成多功能的厨房。餐厅和杂物间相邻，简化动线，打造功能齐全使用方便的厨房。

## 高畠宅的独立型厨房

高畠宅的厨房采用三角形的特殊设计。通常平面是三角形的话，锐角部分的入口空间很容易被浪费，不过这里把两个锐角部分作为客厅和餐厅的出入口，想方设法创造出以厨房为中心的动线。

右侧收纳柜背面与中庭的出入口和放有洗衣机的杂物间相邻，另外，面向三角形一边的露台的窗户上设有家政储物柜，这是一个功能性和舒适性匀良好的厨房。

# 17 明亮好用的餐厅厨房

**从和室看餐厅厨房**

右侧是厨房，其前面的下方是客厅

这是在二楼布置餐厅厨房的示例。厨房朝向南面，给人干净明亮的印象。从南侧的纸拉窗透进来柔和的阳光，窗户下方是柜子，柜子里面装有餐具架。烹饪用的水槽、燃气灶设置在墙壁一侧，其上方设有天窗，同样给人明亮的印象。

从这个餐厅厨房，可以通过半层的天花板俯视一楼的客厅，两个空间的位置相辅相成。不仅可以在餐桌用餐，也可以在隔壁的和室就餐，因此可以根据防水层材质来区分使用，这点也值得注意。

呈上下倾斜关系的餐厅厨房和客厅若即若离地连接，是一种让人倍感舒适的设计。

# 以天花板连接的DK和L　立松宅

**餐厅厨房和客厅的关系**

餐厅厨房的地面标高是半层的高度，与位于一楼的客厅和餐厅形成了恰到好处的倾斜关系

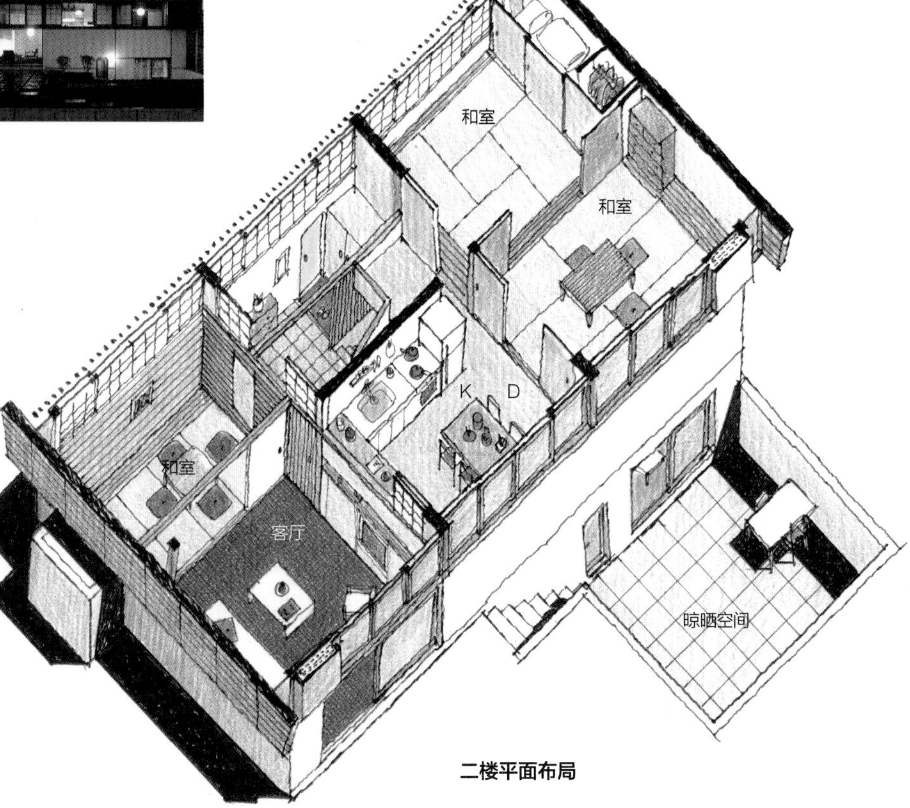


二楼平面布局

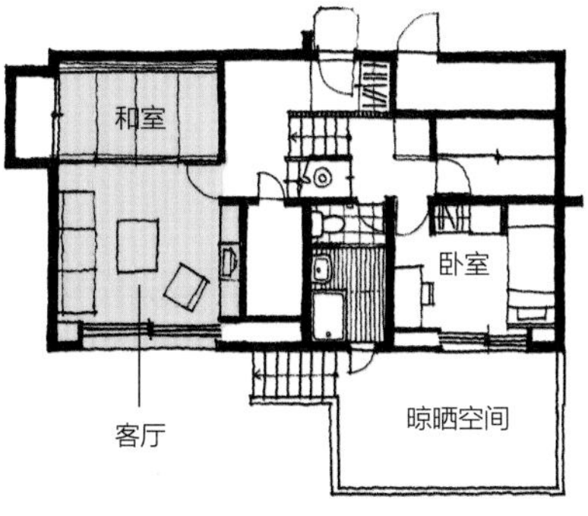


**一楼平面图**

一楼左边是客厅

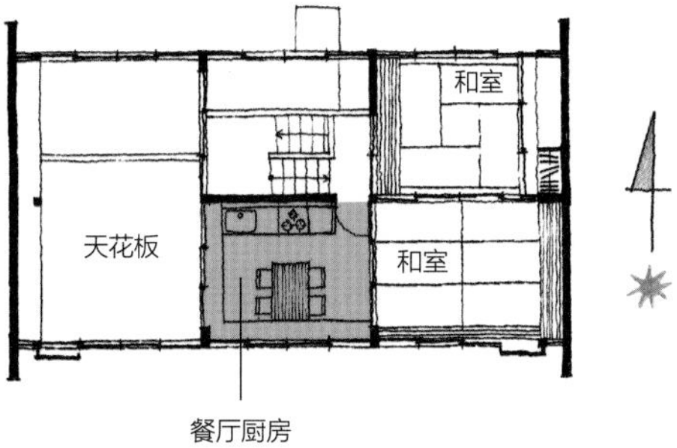


**二楼平面图**

二楼中间是餐厅，右边是和室

与众不同的备菜台　名越宅

18

厨房和餐厅

# 灵活多变的餐厅厨房

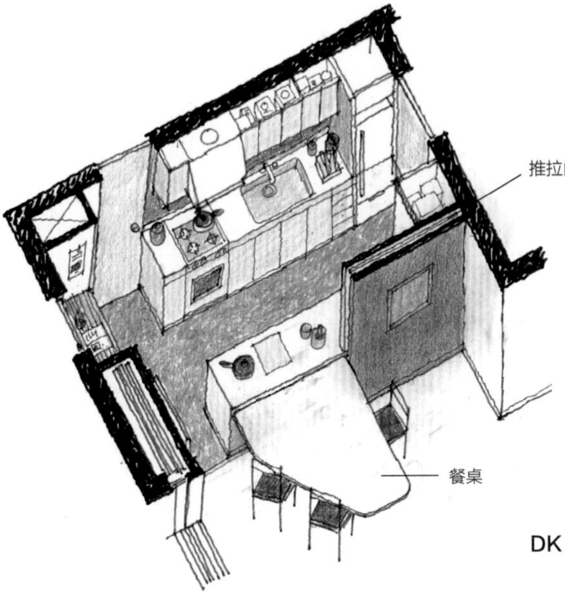
推拉门
餐桌

DK 布局（相连）

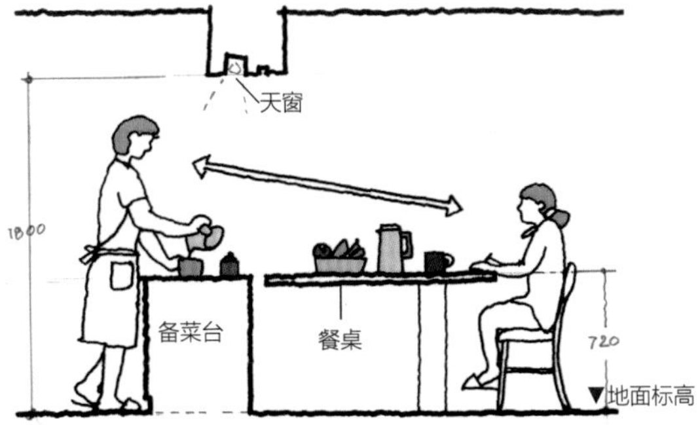
天窗
1800
备菜台
餐桌
720
▼地面标高

**DK 剖面图（相连）**
高度相同的备菜操作台和餐桌，当门打开时，二个空间合二为一，备菜、收拾变得更容易

从整理收纳的顺序来看，厨房和餐厅有着微妙的关系。一般的餐厅厨房都是将这两者合为一个房间，但宫胁先生更进一步地将料理台和餐桌一体化，创造了面对面式的厨房。面对面式厨房享受烹饪和吃饭乐趣的同时，从备菜、涮洗到收拾完毕的烹饪动线也很短，操作十分便捷。

面对面式厨房的缺点是，杂乱无章的厨房容易暴露出来。因此，根据情况也需要将吃饭空间分离开来，名越宅灵活多变的餐厅厨房满足了这个要求。这里为了能够自由地将厨房和餐厅空间连接、分离，在备菜台和桌子之间装了推拉门，并与出入口的单扇门组合在一起。

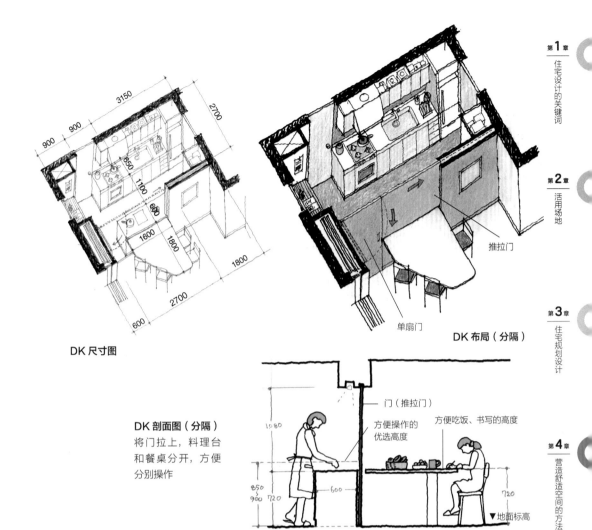

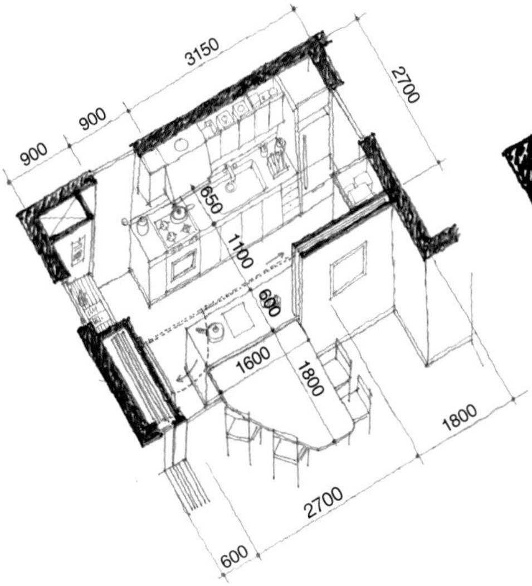
3150
2700
900
900
650
1100
600
1600
1800
1800
2700
600

DK 尺寸图

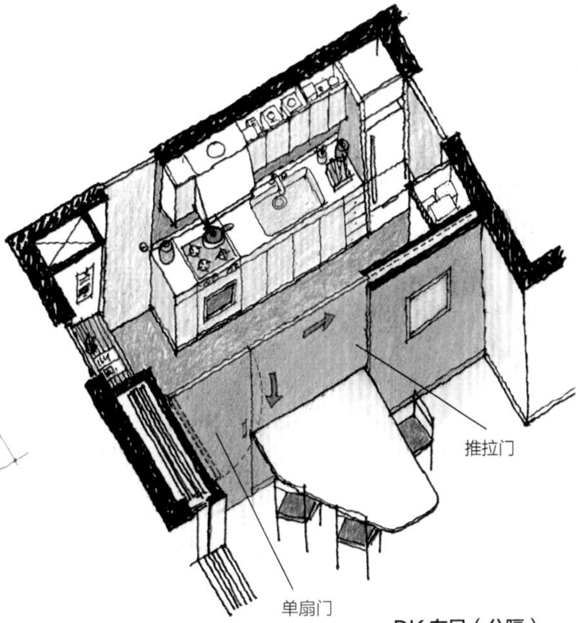
推拉门
单扇门

DK 布局（分隔）

**DK 剖面图（分隔）**

将门拉上，料理台和餐桌分开，方便分别操作

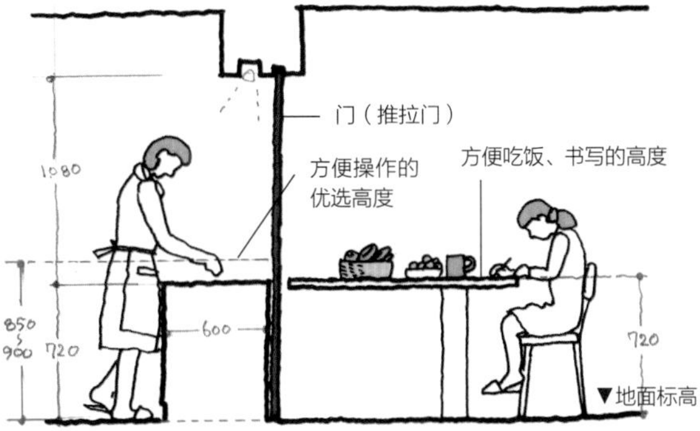
门（推拉门）
方便操作的优选高度
方便吃饭、书写的高度
1080
850~900
720
600
720
▼地面标高

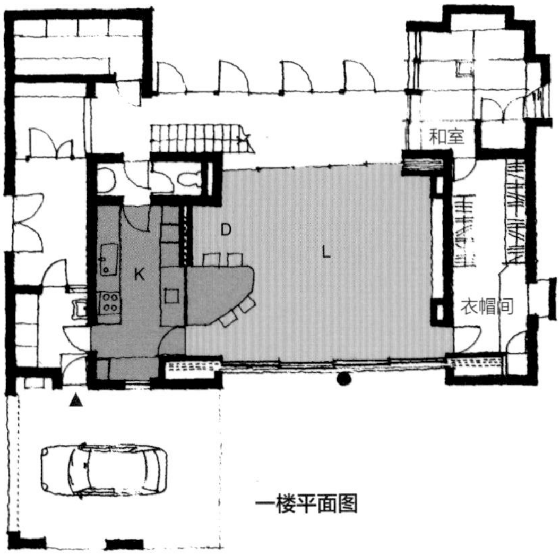
和室
D
L
K
衣帽间

一楼平面图

另一个问题是，料理台和桌面的高度差异。名越宅是料理台（850 mm）与餐桌（720 mm）的高度不同，通过将备菜台与餐桌设为同样高度，使从备菜、吃饭到饭后收拾等的一系列操作都能顺利地进行。另外，厨房和餐厅的地面处于同一高度，可减少走动时跌倒的危险。如果非要列举难点的话，那就是站着工作的人和坐在桌边的人的视线差高度太大了。

# 19 利用门的设计自由地整合空间

## 凌乱也无妨　花房宅

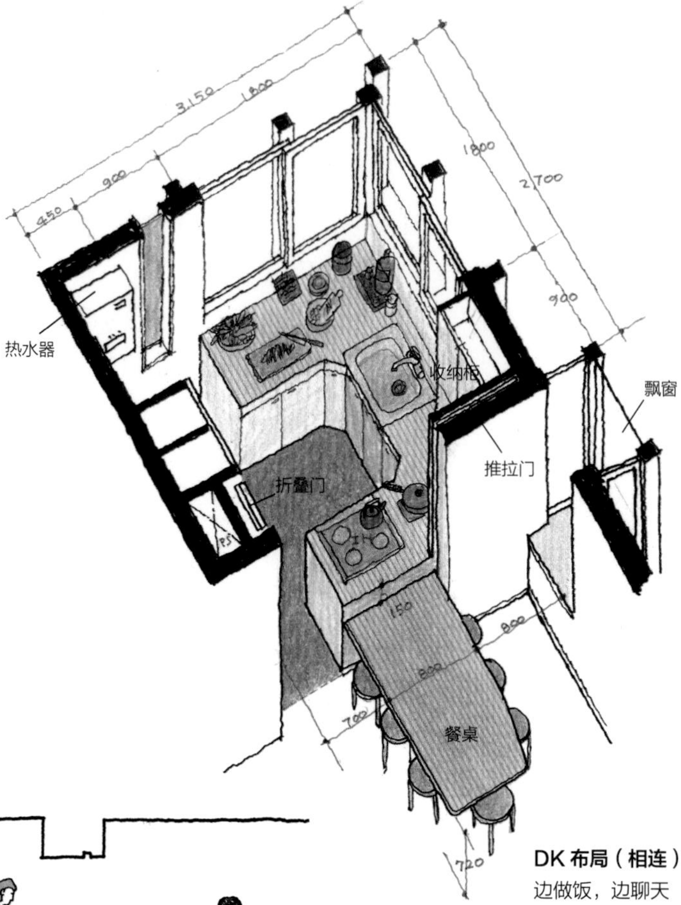


**DK 布局（相连）**
边做饭，边聊天

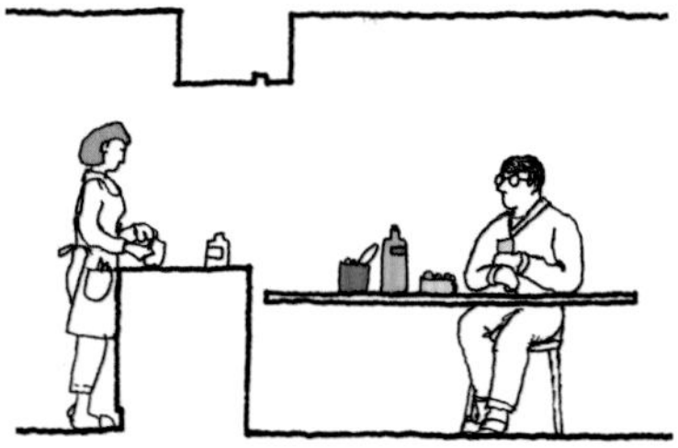

**DK 剖面图（相连）**

和前文提到的名越宅的面对面式厨房一样，这也是一种能够自由地将厨房和餐厅相连、分离的类型。在花房宅中，厨房燃气灶被布局在餐桌旁，这一点与名越宅不同。下厨的母亲或父亲端着平底锅，一边聊着关于食材和调味的话题，一边享受烹饪的乐趣，宫胁先生一定是一边在头脑中描绘这些家庭场景，一边设计的。

但是由于燃气灶台的高度（850 ~ 900 mm）和餐桌的高度（720 ~ 750 mm）有差别，在灶台和餐桌的交界处形成了高 150 mm 左右的台阶，因此站着工作的人和坐着的人的视线高度会不协调，这也是一个缺点。

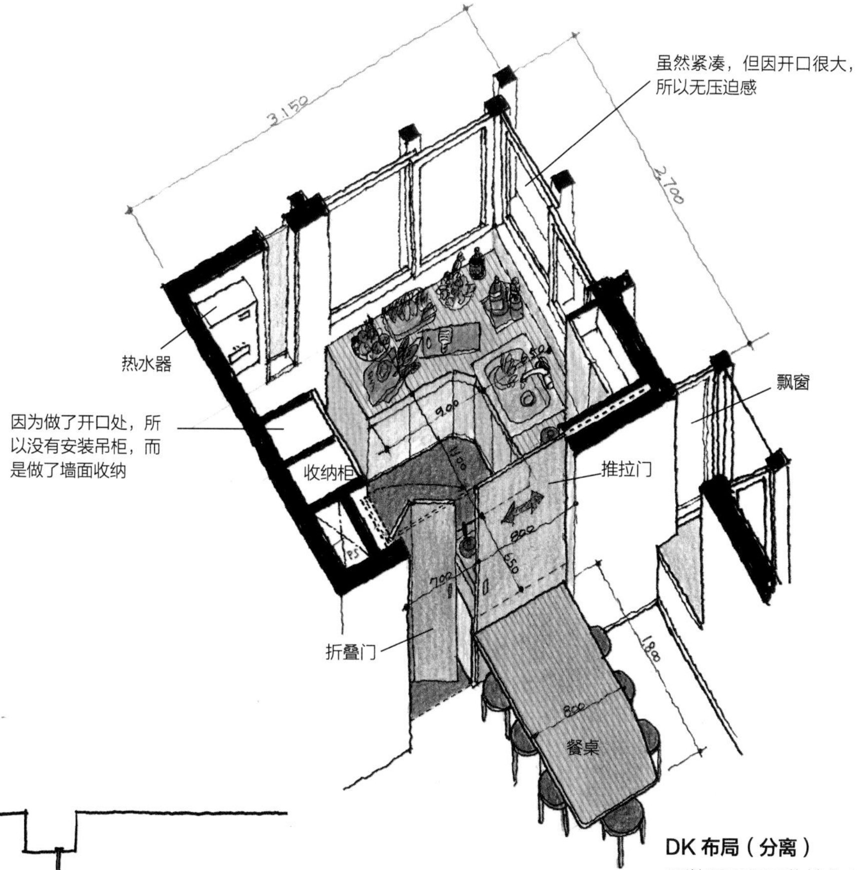
3,150
2,700
虽然紧凑，但因开口很大，
所以无压迫感
热水器
因为做了开口处，所
以没有安装吊柜，而
是做了墙面收纳
收纳柜
推拉门
飘窗
折叠门
900
650
800
700
1,800
800
餐桌

**DK 布局（分离）**

可以看不见要收拾的东西，悠闲地吃饭

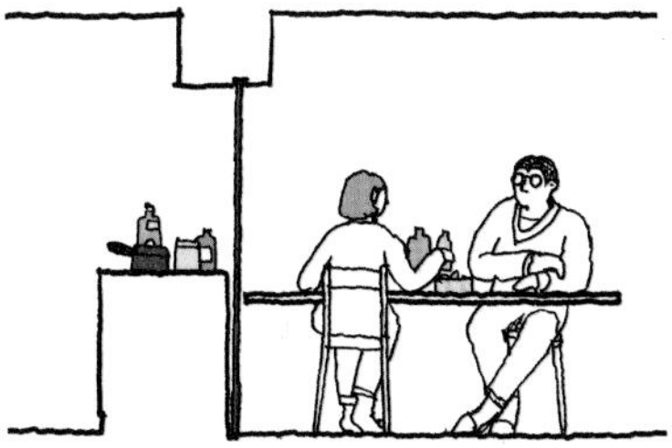

**DK 剖面图（分离）**

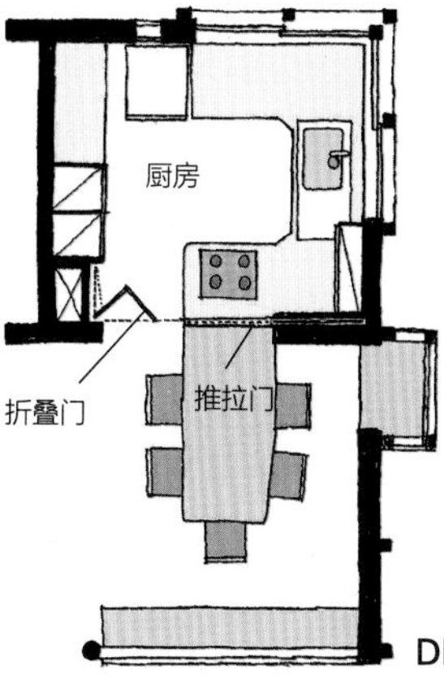
厨房
折叠门
推拉门

**DK 平面图**

最让主妇烦恼的是做饭时的凌乱和做饭后的收拾，像样板间厨房一样一直保持干净是很难的。开放性既是开放式厨房的优点，也是缺点。作为解决办法，在花房宅设计了可以自由连接、分离厨房和餐厅的隔断装置。

花房宅的开关门，厨房和餐厅之间的隔断门是推拉门，餐桌旁出入口的是折叠门。餐桌位置通过拉门、出入口通过折叠门来开关，主妇们对开关的程度可以随意调整，这一点好评如潮。做饭后用餐时，可以不用再受凌乱的厨房的影响，充分享受吃饭和聊天的乐趣，这是能自由分隔的餐厅厨房的优点。

## 墙壁满足舒适感　森井宅

厨房和餐厅

# 20 有意义的灶台前的矮墙

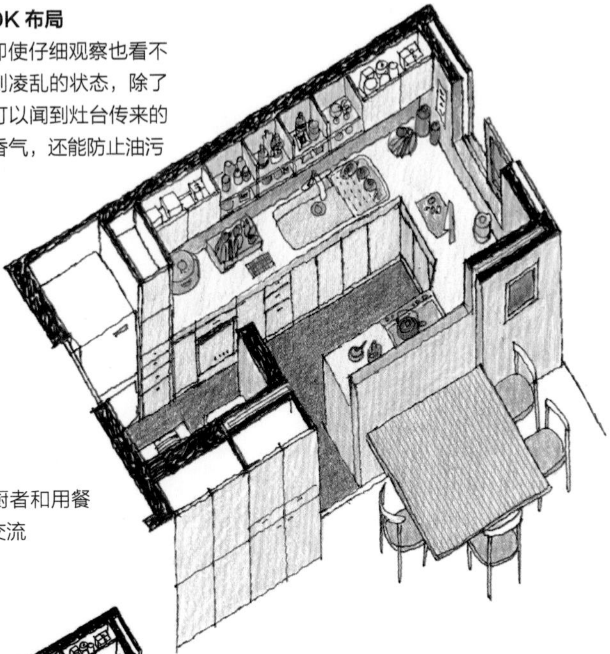

**DK 布局**
即使仔细观察也看不到凌乱的状态，除了可以闻到灶台传来的香气，还能防止油污

**相连**
方便下厨者和用餐者相互交流

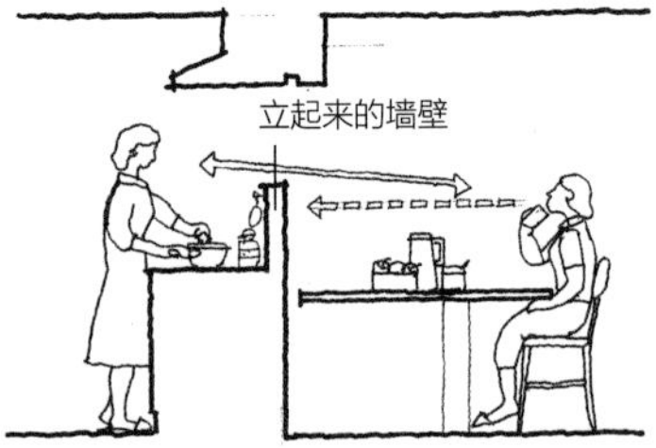


**DK 剖面图（相连）**
虽然厨房旁有遮挡的墙壁，但餐厅和厨房是连通的，方便交谈

和前面提到的花房宅一样，这也是在餐桌旁设置灶台的示例。这类厨房中，因为燃气灶和餐桌存在高度差，所以坐在桌边的人易于观察烹饪时锅和煎锅的状态，这是优点，缺点是油污容易飞溅到桌子上。

森井宅的厨房通过设置矮墙解决了这一缺点。虽然很难看清烹饪者的操作情况，但能够对吃饭的一侧隐藏容易凌乱的燃气灶周围。下厨者和用餐者也可以适当地进行眼神交流，还能享受对话的乐趣。厨房和餐厅的隔断门是将 3 扇大门拉进一边的墙壁里，做饭或吃饭时突然有客人来访，也能瞬间应对，可谓是优秀的餐厅厨房模型。

另外，如果把燃气灶放在桌子一侧的话，抽油烟机的处理就成了问题。要想办法让抽油烟机在餐桌上且尽量不引人注目。

**DK 布局**

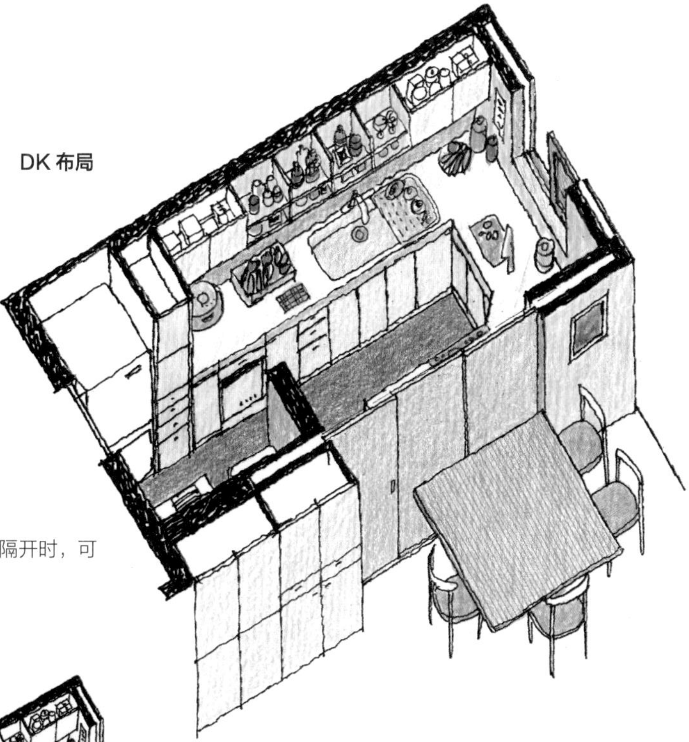

**分离**

将厨房和餐厅隔开时，可以安静地吃饭

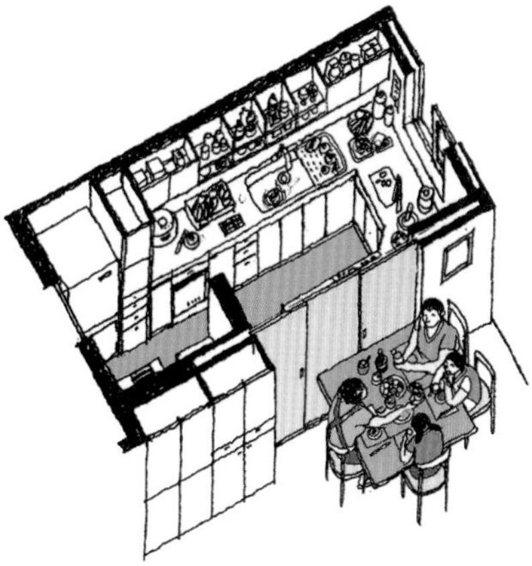

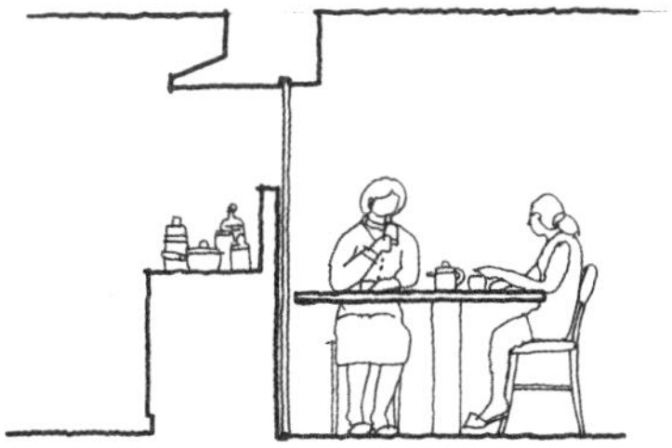

**DK 剖面图（分离）**

关上拉门就变身为独立的餐厅

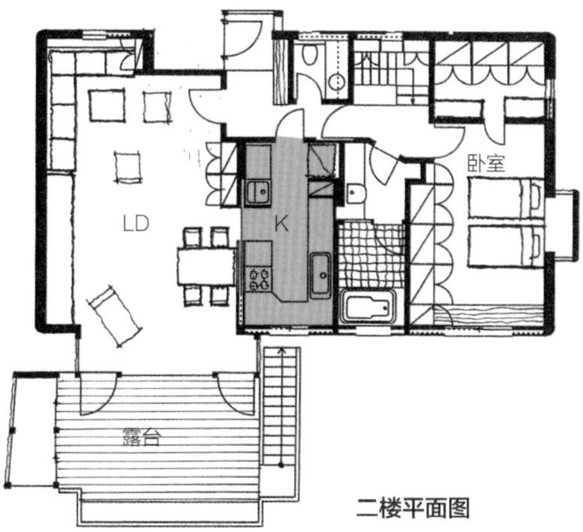


**二楼平面图**

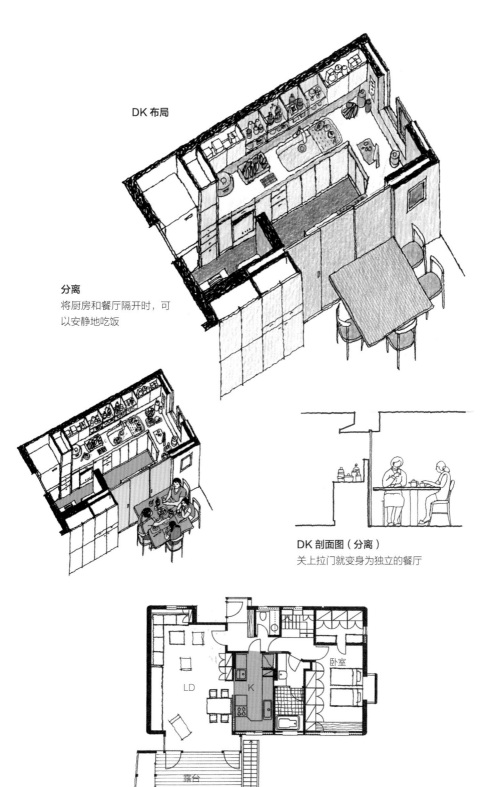

# 21 紧凑型餐厨

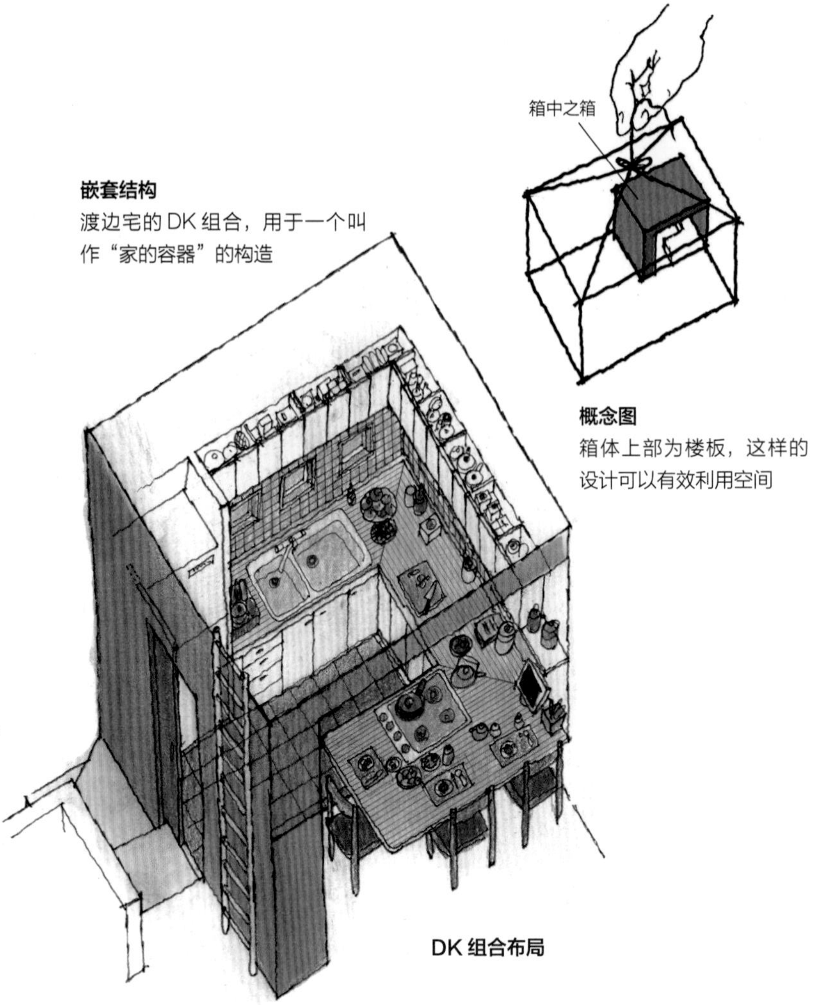
嵌套结构
渡边宅的 DK 组合，用于一个叫作“家的容器”的构造
箱中之箱
概念图
箱体上部为楼板，这样的设计可以有效利用空间
DK 组合布局

如果厨房布局紧凑的话，无论在空间还是工作效率上，都会受到厨房使用频率较高的主妇们的喜爱。渡边宅的厨房就采用这种小型终极版的面对面式餐厅厨房。

## 在家中再放入一个厨房箱体

渡边宅的餐厅厨房，是一个面积约 2.5 $m^2$ 的四方箱子，其中巧妙地收纳着厨灶套装、冰箱、收纳柜和餐桌等。餐厅厨房（DK）组合被进一步收纳在“家的容器”中，这种空间构造被称为“嵌套结构”，非常独特。

DK 箱子上装有梯子，与房子外侧的房顶之间形成的空间可以用作仓库。从冰箱的食材存取开始，到做饭、吃饭都可以在同一区域内完成，是高效的厨房。

## 带梯子的厨房
## 渡边宅

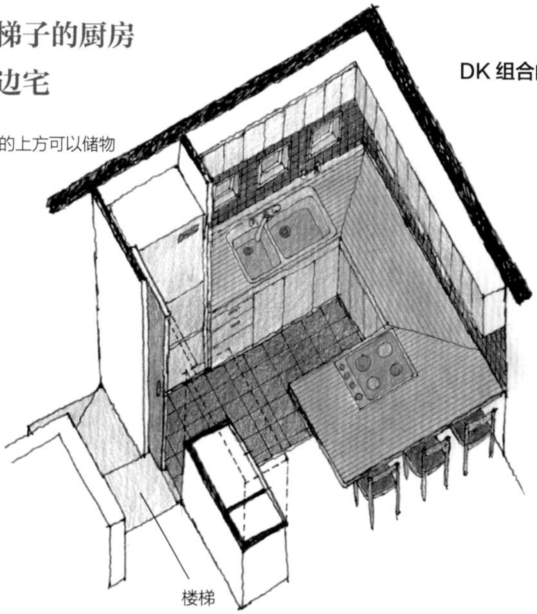
厨房的上方可以储物


**DK 组合的布局**

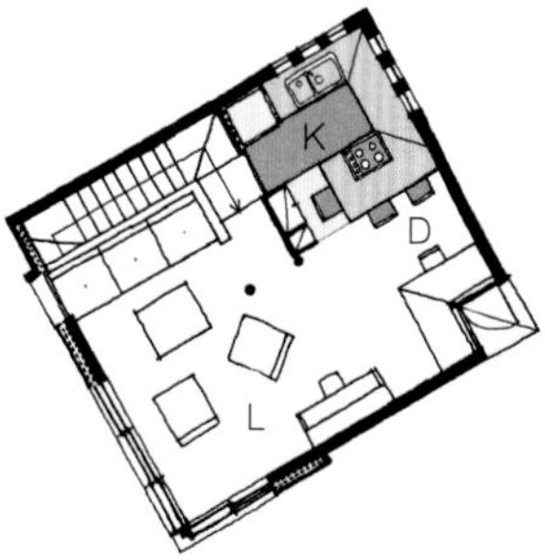


**二楼平面图**

从准备食材，到洗菜、切菜、烹饪、加热，做饭的所有流程均可在同一区域内完成，方便高效。

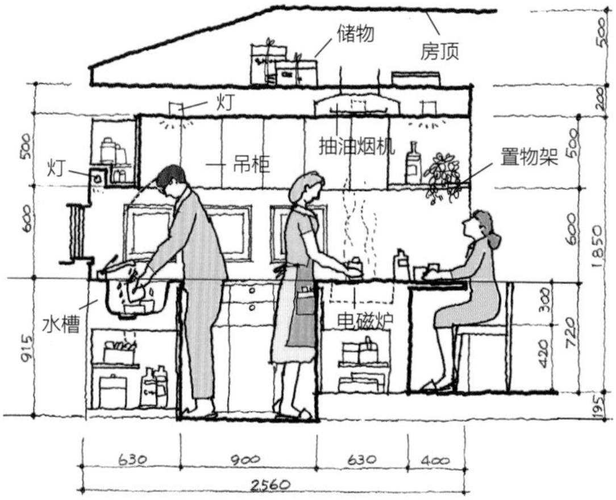


**DK 组合的尺寸**

厨房的尺寸允许两个人同时操作，餐桌和料理台的高度相同

## 所谓好用的厨房

如果试着看向 DK 组合，U 形的料理台与餐桌一体化，操作者站在中心操作，动线是以自己为圆心画圆圈，因此，做饭的效率非常高。

在渡边宅，料理台和餐厅的桌子高度相同，是用集成材料制作的，通过降低烹饪台一侧的地面高度，使料理台和餐桌的台面高度一致。因此，各种形状和重量的烹饪用具和餐具等使用起来很方便，挪动也很顺利且安全。另外，厨房多会出现烫伤、烧伤、切伤等情况，因而此厨房多采用木制集成材料，在设计层面尽量避免发生上述的事故。

由于厨房和餐厅的地面高度不同，出入时要注意台阶，防止跌倒。

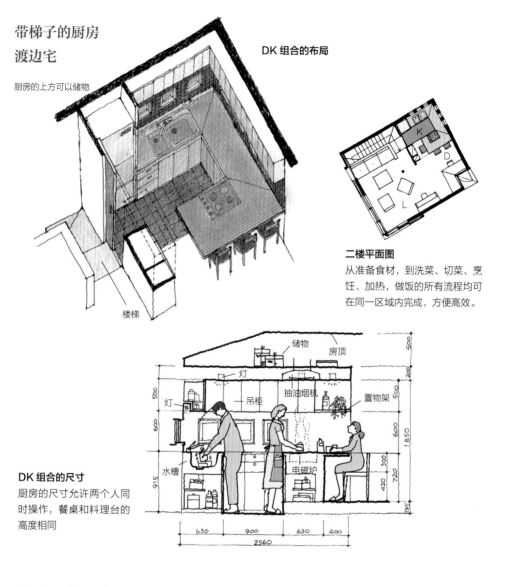

22

厨房和餐厅

# 形似驾驶舱的小厨房

**从客厅看餐厅厨房**

室内装饰整体采用茶色系，圆形窗户用的是船舶用料

如右页平面图所示，横尾宅是典型的小户型住宅。我们从这种小户型狭窄空间细节处的极致设计中可以领会到“宫胁式”的设计原则。

这是一个外观近似立方体的箱体设计，上层以客厅为中心，设有餐厅和厨房，还搭着木格栅棚架的阳台，空间虽然不大，但看起来很舒服。一楼有卧室和卫浴，箱体内凹部分的空间用作车库。

在这狭小的住宅中，总能找到几处刚才提到的“宫胁式”设计，例如箱体的外形，楼上有客厅，还有定制沙发和下沉空间等。

像这种虽然面积小但无微不至的设计让人惊叹，而且此设计手法在厨房中被贯彻得非常彻底。

## 面积小巧，充满创意　横尾宅

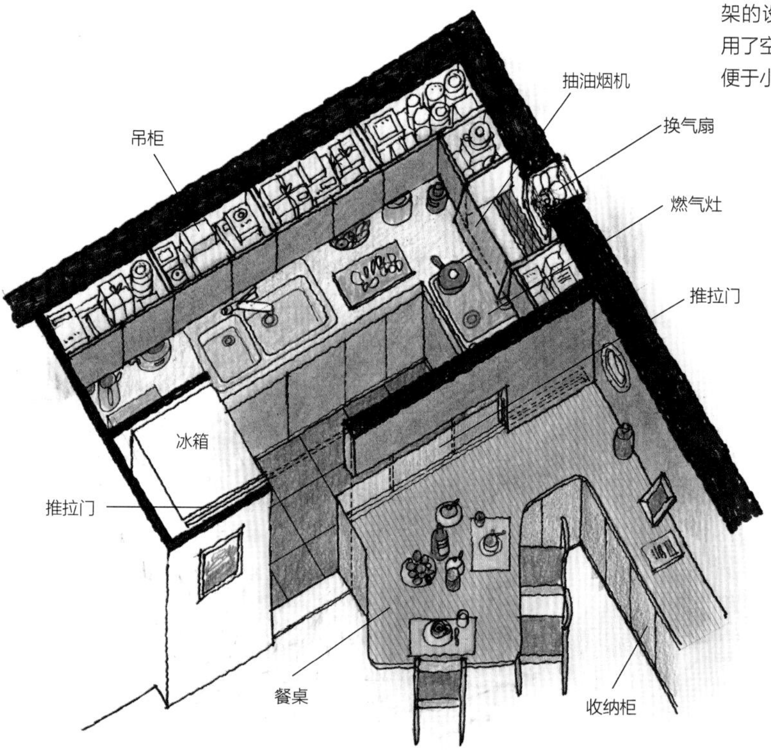
抽油烟机
吊柜
换气扇
燃气灶
推拉门
冰箱
推拉门
餐桌
收纳柜

**DK 布局**

厨房内用品的排放、置物架的设计很实用，有效利用了空间。餐桌倾斜放置，便于小空间容纳更多的人

**外观**

二楼带棚架的阳台里，是宽敞的 LDK

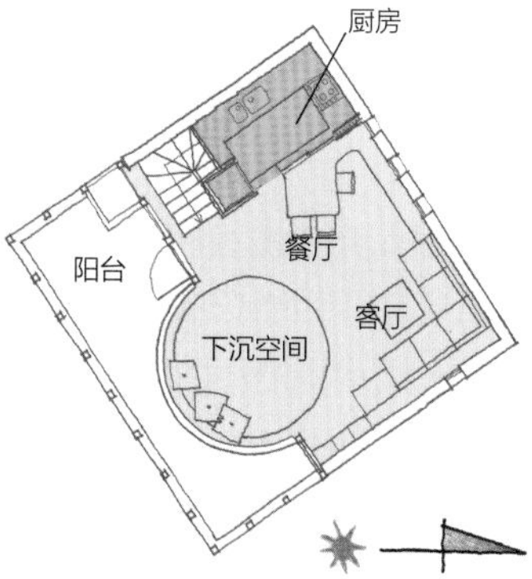
厨房
阳台
餐厅
客厅
下沉空间

**二楼平面图**

二楼是 LDK 的小住宅。面积虽小，但设计得精巧，让人感觉很舒服

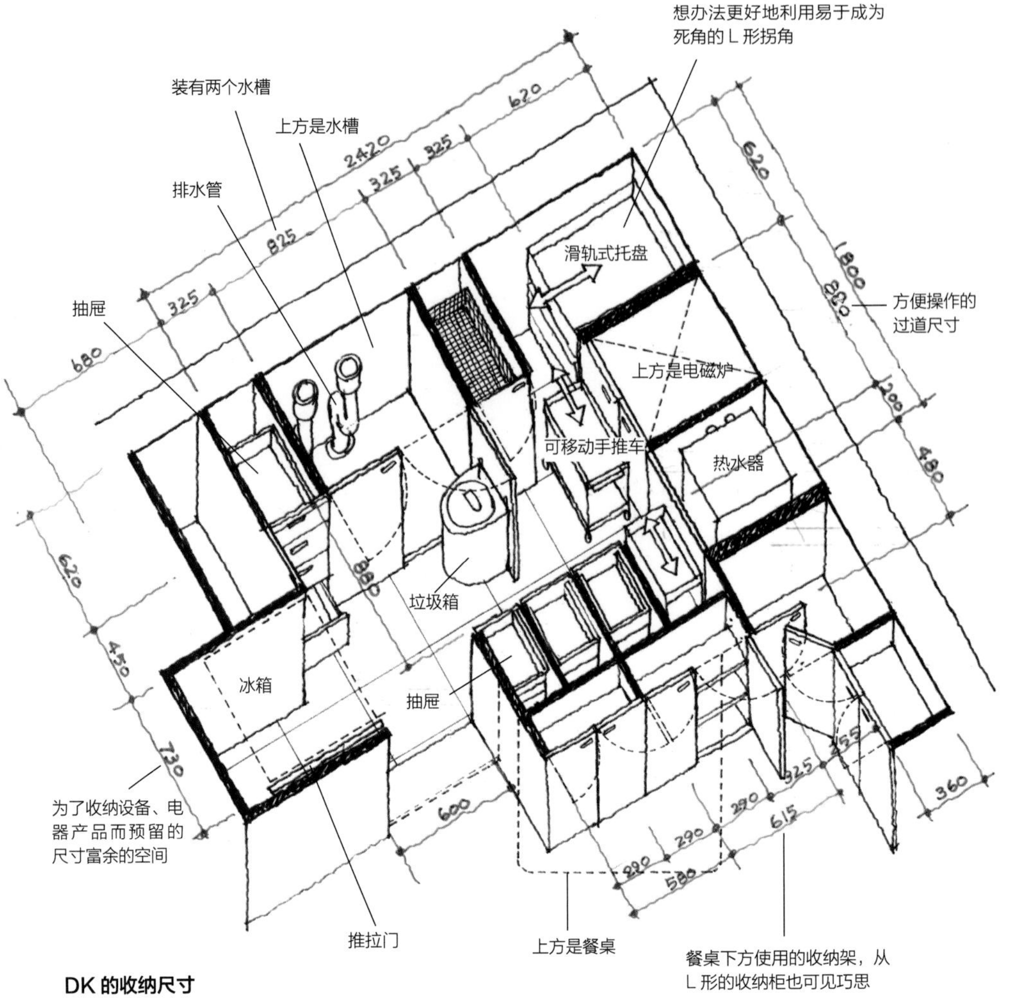

想办法更好地利用易于成为死角的L形拐角
装有两个水槽
上方是水槽
排水管
抽屉
滑轨式托盘
方便操作的过道尺寸
上方是电磁炉
可移动手推车
热水器
垃圾箱
冰箱
抽屉
为了收纳设备、电器产品而预留的尺寸富余的空间
推拉门
上方是餐桌
餐桌下方使用的收纳架，从L形的收纳柜也可见巧思
2420
825
325
325
620
680
325
620
1800
800
200
480
620
450
730
880
600
290
290
290
580
615
325
255
360


**DK 的收纳尺寸**

设计需把厨房用品收纳好

## 精确到毫米的设计

我从没见过在细节处如此用心的住宅设计，不浪费任何一点空间。为了避免空间浪费，实测出需要收纳的物品及其尺寸，在确定收纳位置后进行设计。

二楼由LDK构成，包含客厅、餐厅和厨房。厨房虽然只有6 $m^2$，但是四面墙壁都设有收纳架，储物空间充足。移动手推车的收纳位置也设计得恰到好处，为了节省空间，把垃圾箱安装在水槽下柜门的背面。为了弱化电磁炉和抽油烟机在不使用时的存在感，特意将其与柜门设计在同一平面。

另外，在定制的餐桌下面，安装了从餐厅一侧就可以使用的收纳架，打造了集所有功能于一身的，宛如驾驶舱般的餐厅厨房。

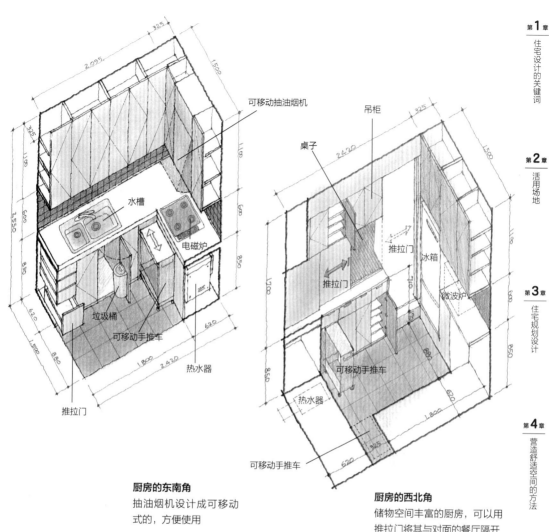

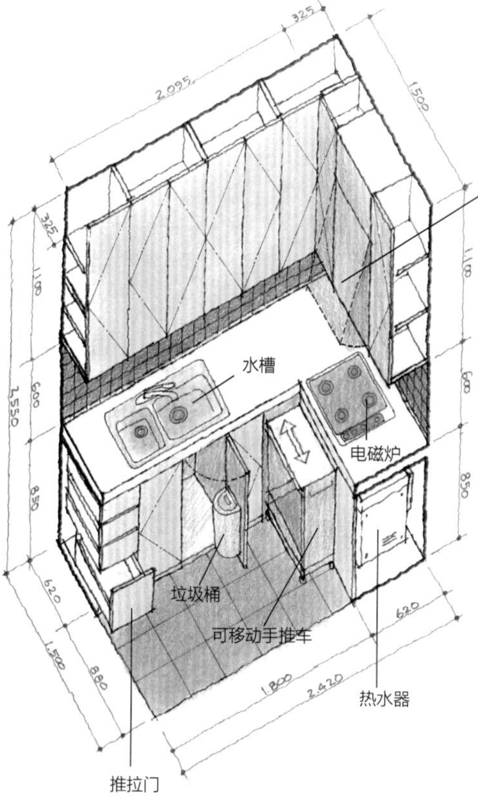
可移动抽油烟机
水槽
电磁炉
垃圾桶
可移动手推车
热水器
推拉门

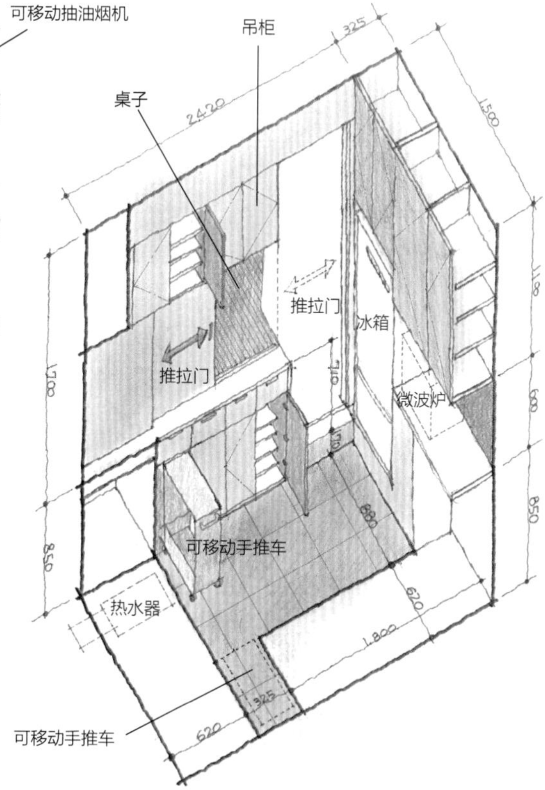
吊柜
桌子
推拉门
冰箱
推拉门
微波炉
可移动手推车
热水器
可移动手推车

**厨房的东南角**

抽油烟机设计成可移动式的，方便使用

**厨房的西北角**

储物空间丰富的厨房，可以用推拉门将其与对面的餐厅隔开

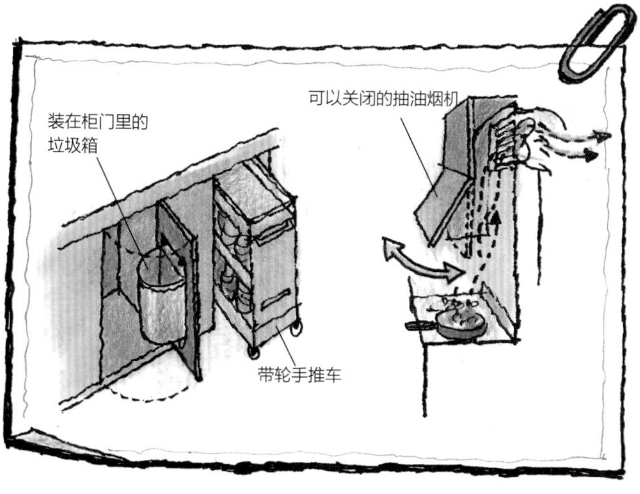
装在柜门里的
垃圾箱
可以关闭的抽油烟机
带轮手推车

**各种巧思设计**

为了有效利用空间，在收纳架的门后面装了垃圾箱，设计了多种用法的手推车。另外，抽油烟机与吊柜在同一平面上，让人感觉是一体的

厨房和餐厅

# 23 从餐厅厨房到客厅的过渡很重要

从客厅看餐厅，天窗下面是楼梯间，再里面是厨房

据说，吃完饭就回到各自房间里的家庭逐渐增多。不可否认的是，在家人之间的联系不再密切的同时，客厅作为家人聚集空间的存在价值也逐渐降低。

个人隐私固然重要，但了解和关心家人，进而培养自己在社会上赖以生存的社交能力也很重要。这也是住宅应具有的重要作用。

“餐厅厨房”这一空间概念，是将做饭和吃饭等一系列活动集中在一个房间里的产物，在这一流程中，能否将合家团圆的景象纳入其中呢？

船桥宅就是将其具象化的实例。厨房面向楼梯的通风空间是半开放式的，到餐厅的距离也刚好合适。餐厅的长椅沿着窗边延伸，毫无阻隔地与客厅的沙发相连。这张长椅成为衔接两个空间的媒介，创造出一家人吃完饭后自然而然地坐在一起的空间。

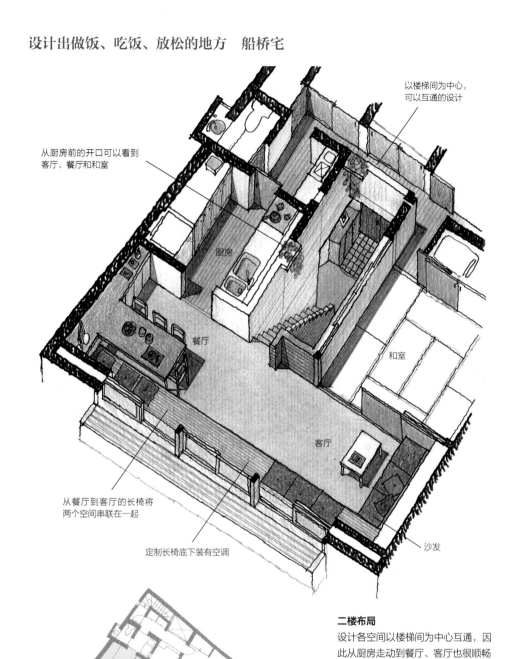

## 设计出做饭、吃饭、放松的地方　船桥宅

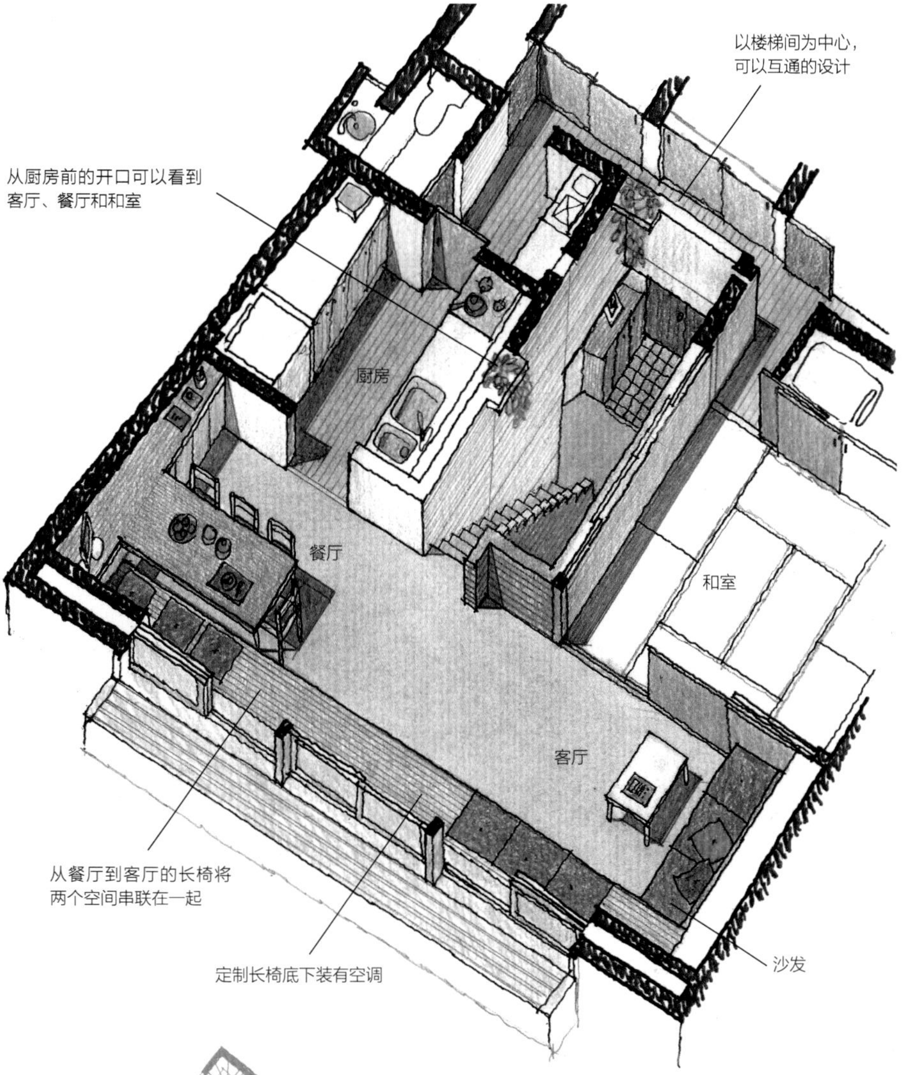
以楼梯间为中心，
可以互通的设计
从厨房前的开口可以看到
客厅、餐厅和和室
厨房
餐厅
和室
客厅
从餐厅到客厅的长椅将
两个空间串联在一起
定制长椅底下装有空调
沙发

**二楼布局**

设计各空间以楼梯间为中心互通，因此从厨房走动到餐厅、客厅也很顺畅

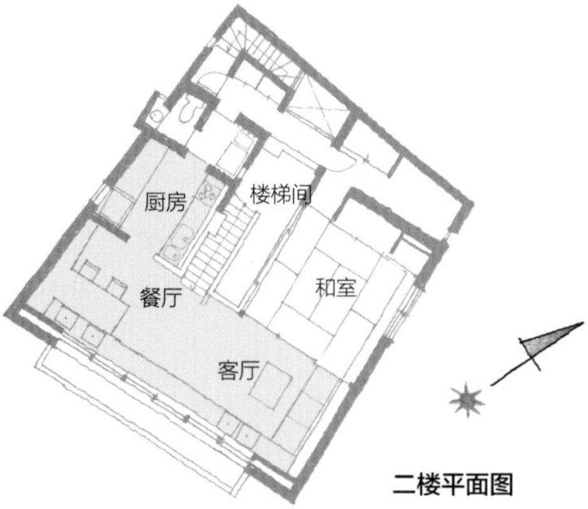
厨房
楼梯间
和室
餐厅
客厅

**二楼平面图**

厨房和餐厅

# 24 以餐桌为中心的LDK空间

## 多功能紧凑 LDK
## 崔宅

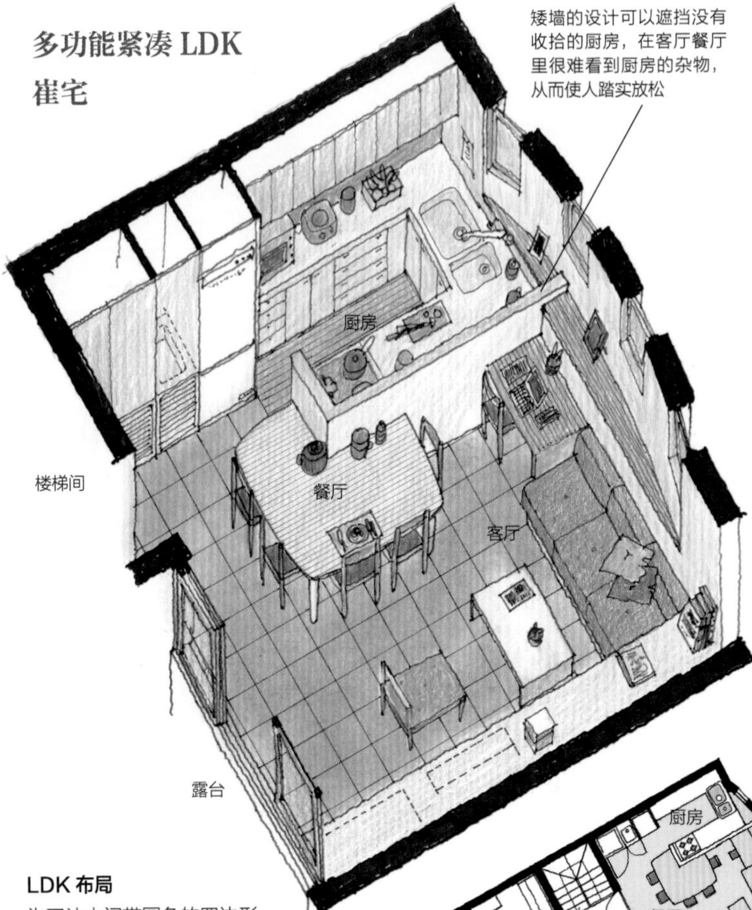
矮墙的设计可以遮挡没有收拾的厨房，在客厅餐厅里很难看到厨房的杂物，从而使人踏实放松
厨房
楼梯间
餐厅
客厅
露台

**LDK 布局**

为了让中间带圆角的四边形餐桌成为生活的中心，在设计时充分考虑了餐桌的位置和形状

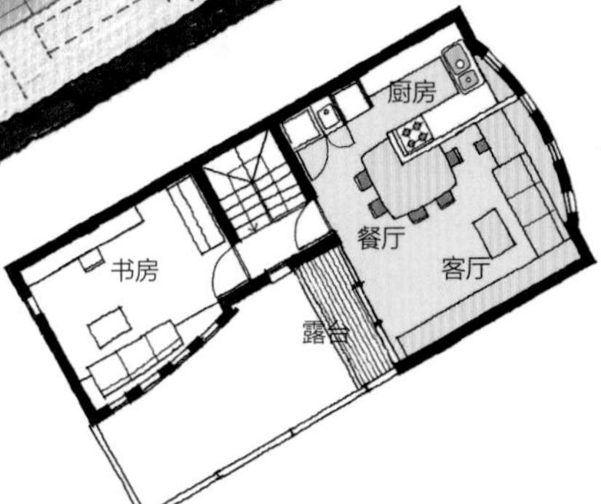
厨房
餐厅
客厅
书房
露台

二楼平面图

崔宅的 LDK 是紧凑型 LDK 的优秀设计作品。面积 5 700 mm × 4 500 mm，约 26 $m^2$，可以说是公寓里常见的 LDK 大小。

U 形的厨房布局，一端是餐桌，料理台、燃气灶台被矮墙围住，餐桌定制成与墙壁相吻合的形状。在加热烹饪的燃气灶前，为了隐藏一侧餐桌和客厅的手边区域，立起了一块墙壁，这面矮墙既解决了厨房凌乱，导致大家不愿待在客厅的问题，又防止了烹饪时油的飞溅。另外，定制沙发和沙发旁边的小桌子，暗示了小巧的 LDK 隐藏着多种使用方法。

在中央的餐桌上，母亲一边准备饭菜一边辅导孩子的作业，吃完饭也能好好聊聊天。可以在旁边的小桌子上用电脑，在沙发上躺着看电视等，形成即便不在各自的房间里也能充分放松下来的空间。

立在餐桌和料理台之间的矮墙，具有消除高度差和隐藏杂乱烹饪器具的功能。此外，在桌子一角突出的抽油烟机上安装了照明设备，方便操作

厨房和餐厅

# 25 餐厅厨房的尺寸很重要

## 燃气灶是全家团圆的中心　崔宅

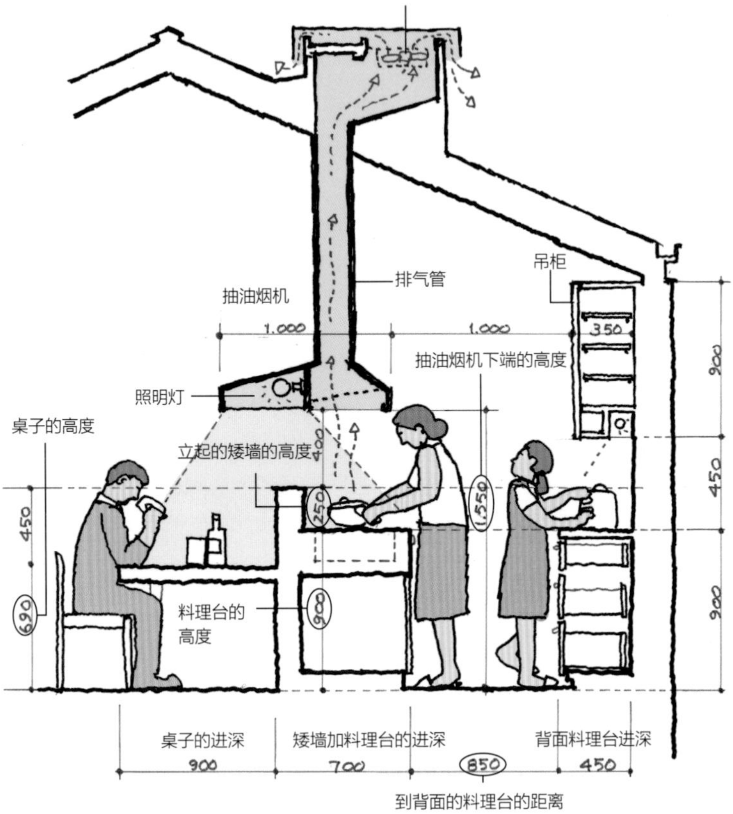


**DK 剖面的详图**

料理台和桌子、矮墙的高度尺寸计算合理。此外，兼具抽油烟和照明功能的抽油烟机尺寸适中，使用方便

燃气灶放在中间最大的问题是换气，换气的管道变长了，而且抽油烟机突兀地垂在房间中央，无论是设计上还是心理上都不讨喜。为了尽量缓和崔宅的这个问题，特别定做了抽油烟机。

这个抽油烟机除了原来的排气功能外，还内置了用于餐桌和厨房照明的灯具，将排气和照明灯整合在一起，视觉上干净整洁。需要特别注意的是，抽油烟机太高的话，不能起到良好的排气作用，太低的话抽油烟机就会碍事。需要先考虑使用的人的身高，再决定最合适的高度。

另外，在料理台、餐桌及燃气灶旁立起的墙壁，使用餐者看不到厨房侧的手边区域，这个高度也可以防止油的飞溅。另外，到背面料理台的距离、吊柜的位置和尺寸也被设计得很细致。是否将厨房设施设计成最便于使用者操作的尺寸，会在很大程度上影响餐厅厨房的使用价值。

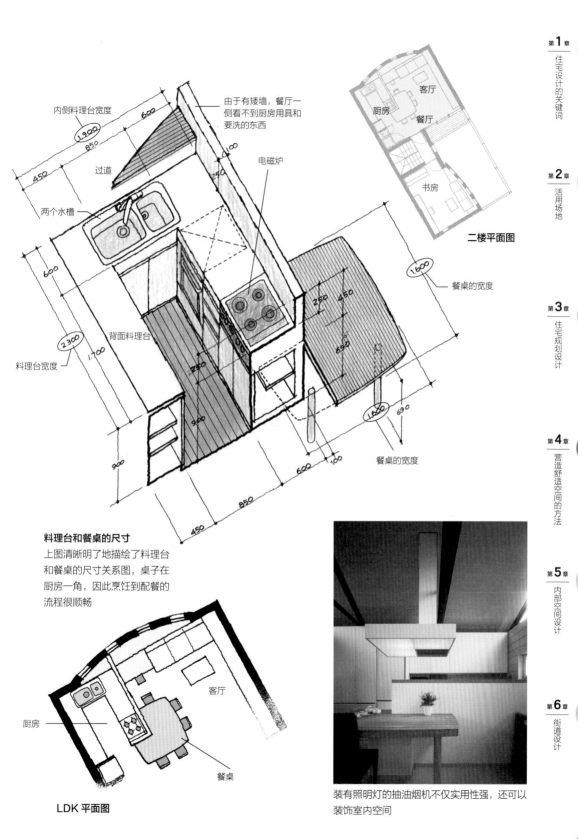

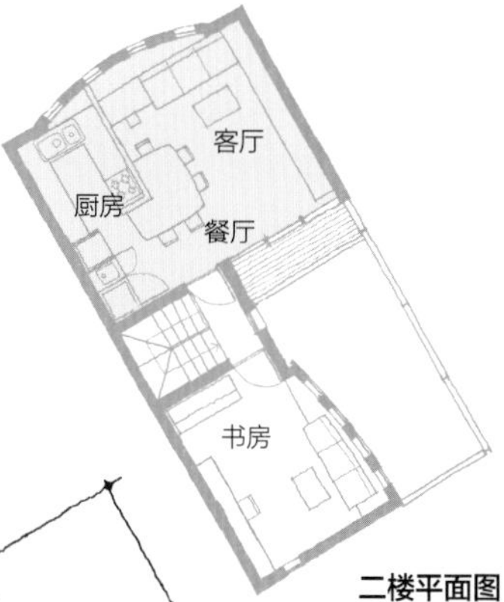
客厅
厨房
餐厅
书房
二楼平面图

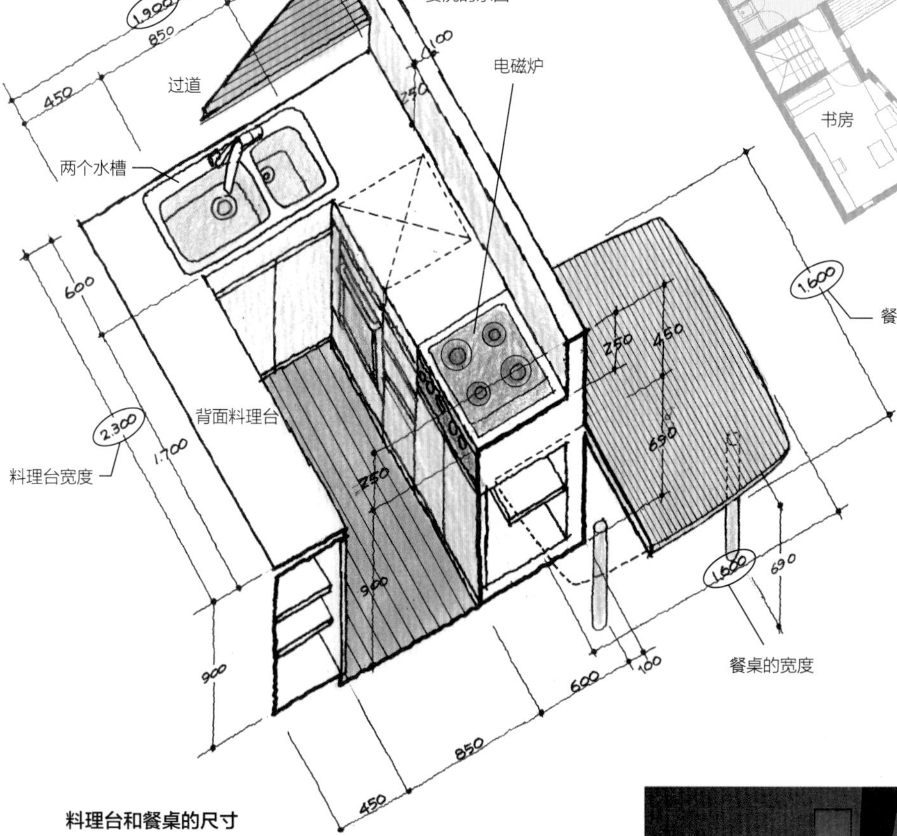
内侧料理台宽度
1,900
600
850
450
过道
由于有矮墙，餐厅一侧看不到厨房用具和要洗的东西
100
250
电磁炉
两个水槽
600
1,600
餐桌的宽度
250
450
背面料理台
2,300
1,700
料理台宽度
690
250
900
1,600
690
900
600
100
餐桌的宽度
850
450

**料理台和餐桌的尺寸**

上图清晰明了地描绘了料理台和餐桌的尺寸关系图，桌子在厨房一角，因此烹饪到配餐的流程很顺畅

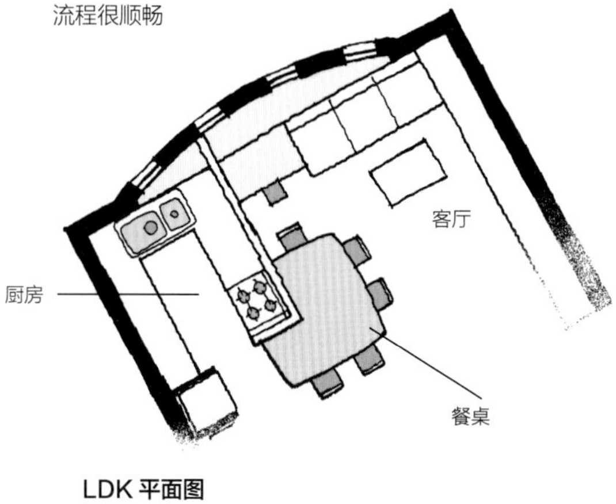
客厅
厨房
餐桌
LDK 平面图

装有照明灯的抽油烟机不仅实用性强，还可以装饰室内空间

# 26 舒适的箱体餐厅

从厨房看餐厅，右侧的黄色区域是盥洗池和卫生间

近来，家人在一起团聚的机会逐渐减少，很多家庭吃完饭后聊天就结束了。随着住宅单间化的发展，很多人都喜欢窝在自己的房间里做自己喜欢的事，作为一家人团聚的场所，客厅的存在岌岌可危。因此，比起客厅，功能丰富的餐厅逐渐成为设计重点。

此处介绍的菅野宅的餐桌，就像西餐馆的包厢一样，是一个让人平静的空间。这是一个比客厅高出半层，呈 45° 角的隔间，该空间的房顶较高，给人一种开阔感。在从上往下能看客厅的位置吃饭，愉悦又舒服。

这张餐桌营造出一个公共场所感，它是家里的中心，无论经过家中的哪个角落，都能与坐在这张桌子旁的家人相遇。

菅野宅餐厅的设计，与其说是住宅，不如说让人想起餐厅有趣的色彩搭配。这正发挥了宫胁檀大胆运用色彩的本领。

# 每天都是西餐馆的气氛
## 菅野宅

**跃层餐厅的布局**

在由水平、垂直线条构成的设计中，拥有多个角度的餐厅，更易于营造每日的新鲜感

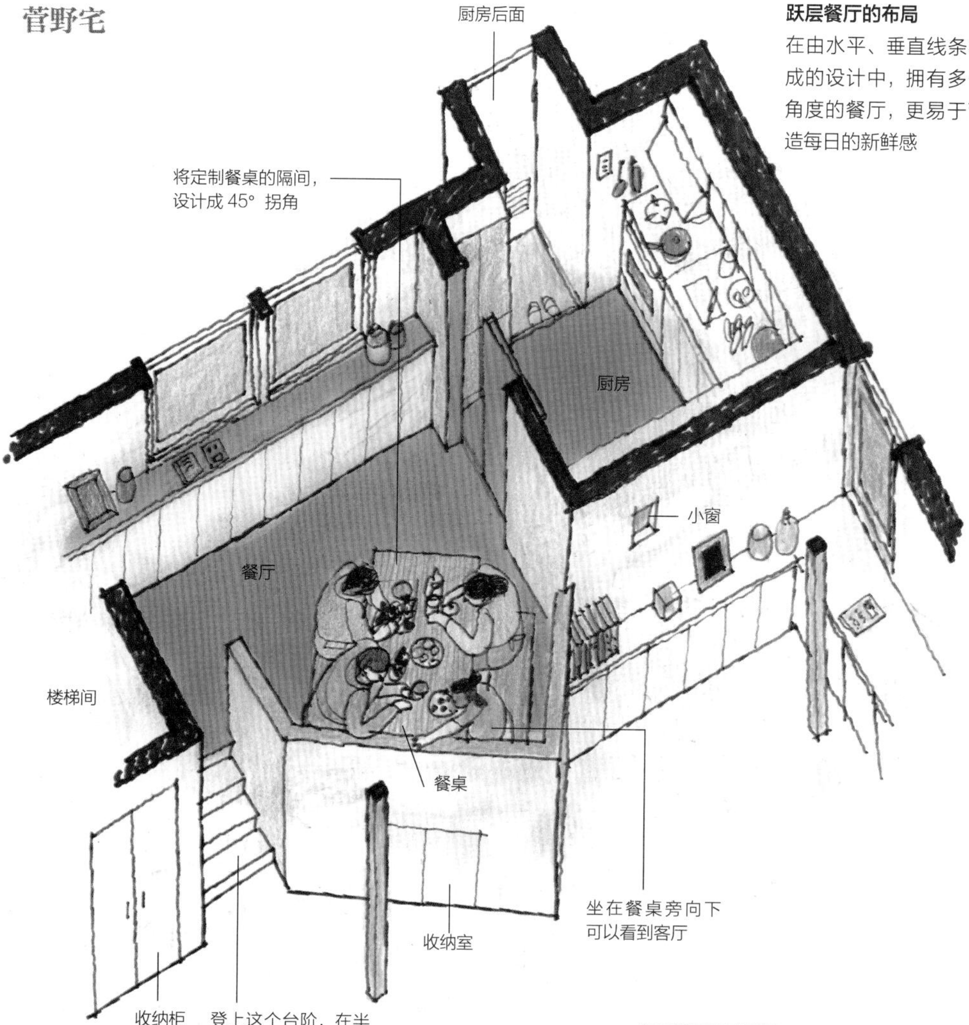
登上这个台阶，在半层的位置设有餐厅


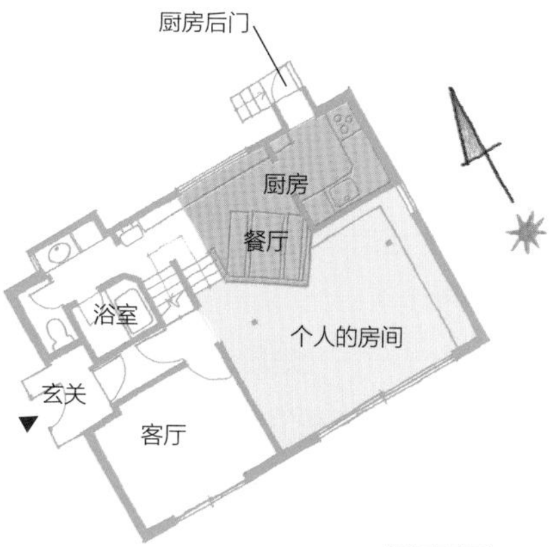


一楼平面图

半层上的客厅，上方是房顶，空间上有种开阔感

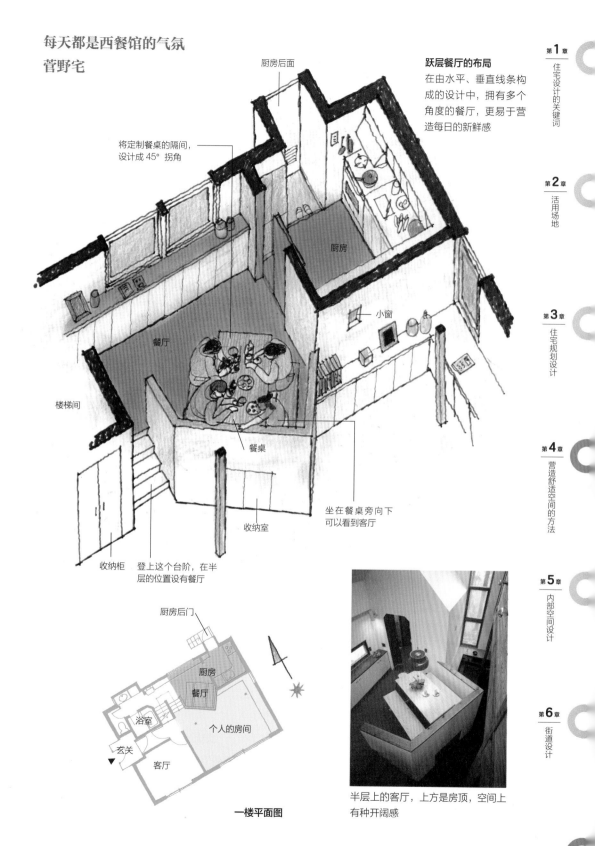

厨房和餐厅

# 27 餐厅和厨房的立体采光

## 白天无须开灯　菅野宅

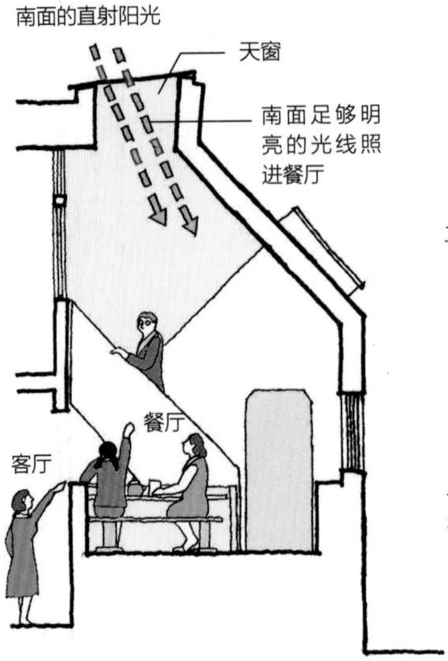
南面的直射阳光
天窗
南面足够明亮的光线照进餐厅
餐厅
客厅

**餐厅的剖面图（B—B'）**

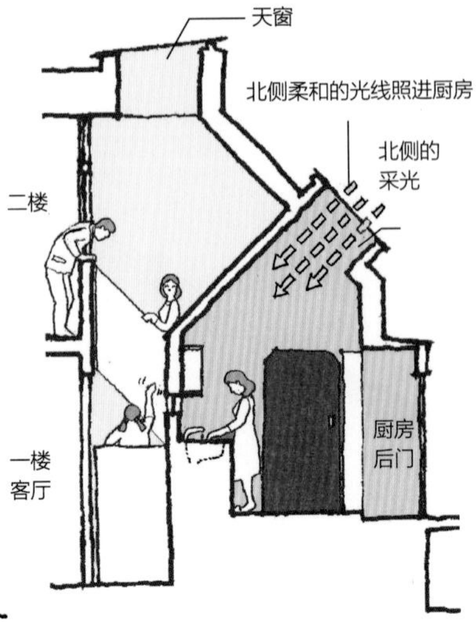
天窗
北侧柔和的光线照进厨房
北侧的采光
二楼
一楼客厅
厨房后门

**厨房剖面图（A—A'）**

**房顶**
天窗进来的光线可以抵达左边的餐厅

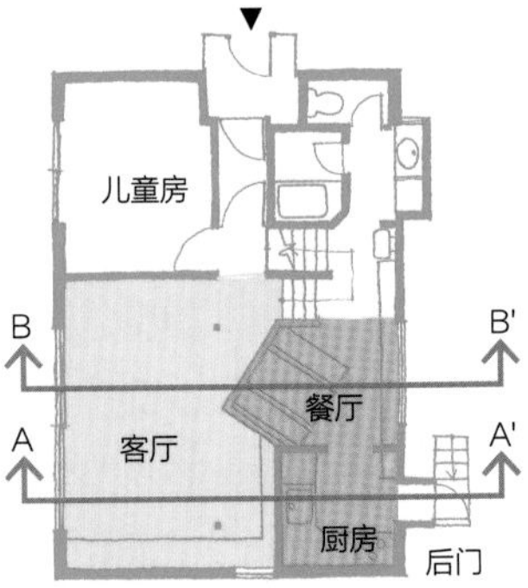
儿童房
B
B'
餐厅
A
A'
客厅
厨房
后门

**一楼平面图**

在考虑整体的平面结构时，日常生活中受到重视的客厅和客房等，大多优先被安排在南侧。为此，从很久以前开始，厨房就被安排在北面，主妇们的工作环境也不太友好。

像这种在优先采光的设计中，不可避免地会产生正面（南侧）和背面（北侧）的关系，作为解决这个问题的对策，可以采用有效利用天窗采光的方法。

菅野宅厨房和餐厅的采光手法有很多值得学习的地方，如剖面图所示，餐厅和厨房的采光来自不同的天窗。厨房利用北侧稳定柔和的光线，通过在餐厅房顶上设计天窗，获得充足的光线。

这种巧妙的设计，打造出白天不需要照明的餐厅和厨房。天窗的位置和形状都不一样，厨房和餐厅的采光氛围不同，非常有趣。

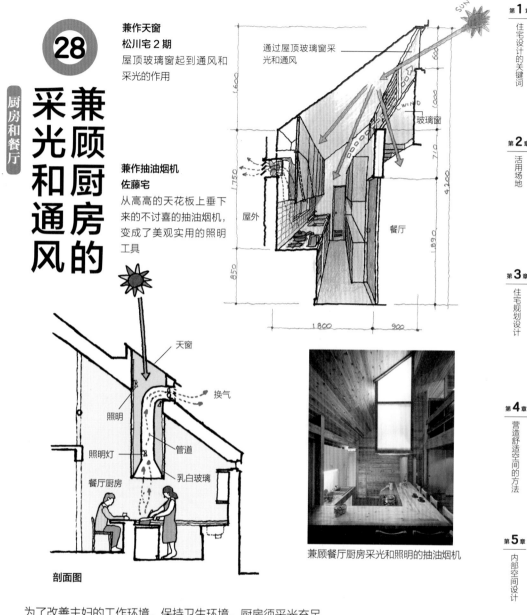

厨房和餐厅

# 28 兼顾厨房的采光和通风

**兼作天窗**

**松川宅 2 期**

屋顶玻璃窗起到通风和采光的作用

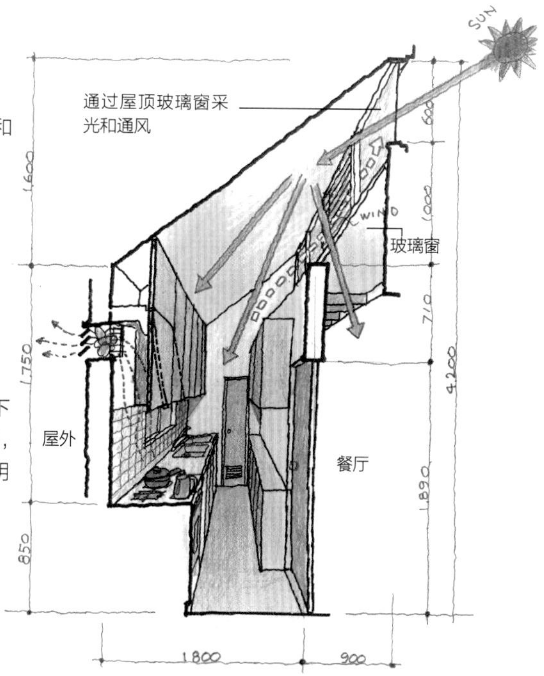
SUN
通过屋顶玻璃窗采光和通风
WIND
玻璃窗
屋外
餐厅
600
1600
1000
710
1750
4200
1890
850
1800
900

**兼作抽油烟机**

**佐藤宅**

从高高的天花板上垂下来的不讨喜的抽油烟机，变成了美观实用的照明工具

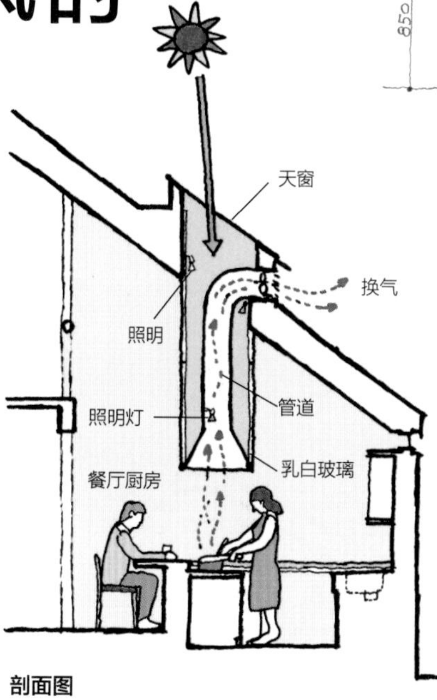
天窗
换气
照明
照明灯
管道
乳白玻璃
餐厅厨房

**剖面图**

兼顾餐厅厨房采光和照明的抽油烟机

为了改善主妇的工作环境，保持卫生环境，厨房须采光充足。

松川宅的厨房可从高窗采光，屋顶的玻璃门利于室内通风。虽然在图中看不到，但室内还有一个天窗，可以看出采用两处采光这一设计的巧思。倾斜的高天花板通风效果良好，使照进来的光漫反射，通过倾斜的玻璃让光也照进隔壁餐厅。

照片中的佐藤宅是“第二住宅”，在开放式、面对面式厨房的燃气灶上方，安装了特殊的抽油烟机。如剖面图所示，抽油烟机排气管周围安装了乳白色的玻璃箱，内部安装了照明灯。抽油烟机往往容易被视为碍事的东西，为了消除其存在感，将抽油烟机变成了照明工具，实现了像灯笼一样柔和的间接照明，构思巧妙。

# 29 厨房的双重采光

厨房和餐厅

## 分享光线　前田宅（汽缸屋）

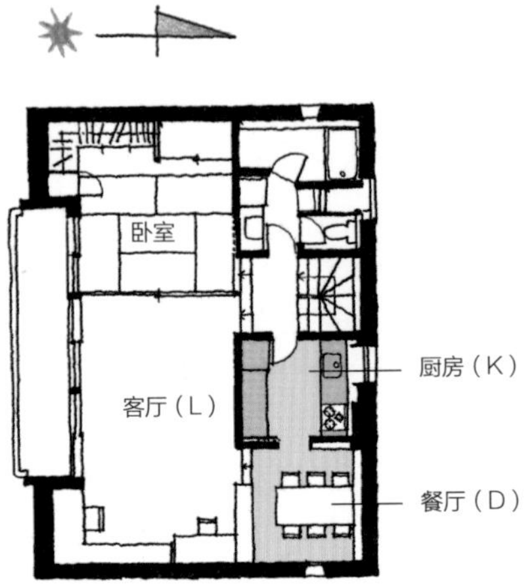
卧室
客厅（L）
厨房（K）
餐厅（D）

**二楼平面图**

从客厅往下两阶就是DK的地面。D和K通过拉门隔开，D和L通过台阶分开

**厨房**

照片左上角是室内天花板。从北侧的高窗照进来的光分散在客厅和厨房

这个被称为“汽缸屋”的住宅，有着圆筒形的屋顶。屋顶的北侧设计了高窗，从这里照进的光线分成两部分，被引入客厅和厨房。厨房照明利用北侧普通窗户照进来的光和从圆形天花板漫反射来的光，保持着足够的亮度。

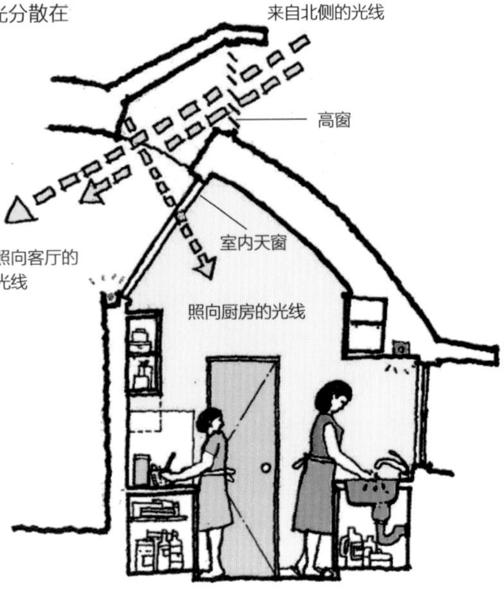
来自北侧的光线
高窗
室内天窗
照向客厅的光线
照向厨房的光线

**厨房剖面图**

# 30 餐桌和料理台高度差的处理

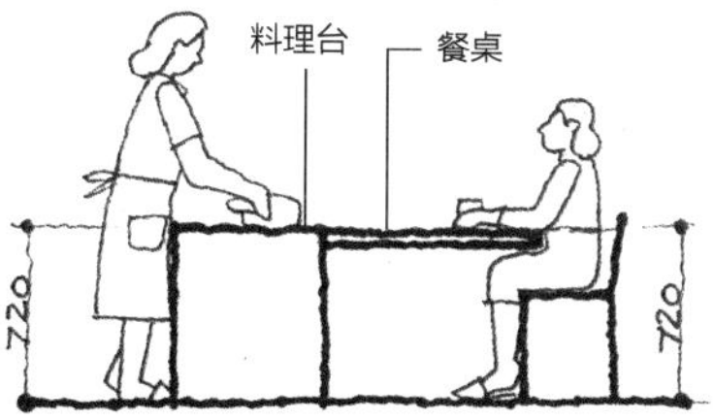


地面、餐桌和料理台高度一致的话，料理台就会偏矮

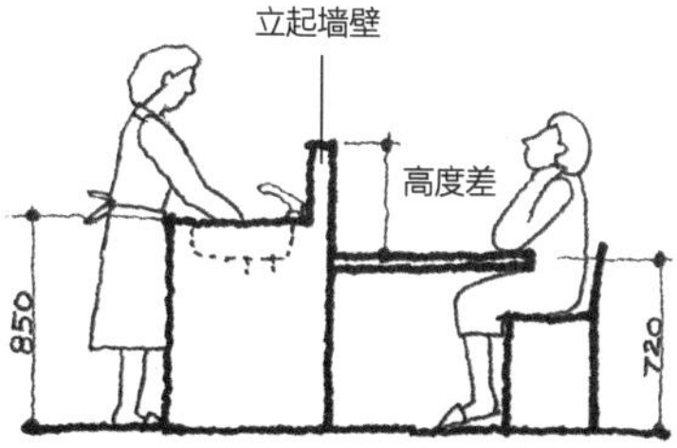


地面高度相同，料理台的墙壁与餐桌之间的高度差可通过立起矮墙消减存在感

地面高度一致，料理台和桌子之间就会有高度差

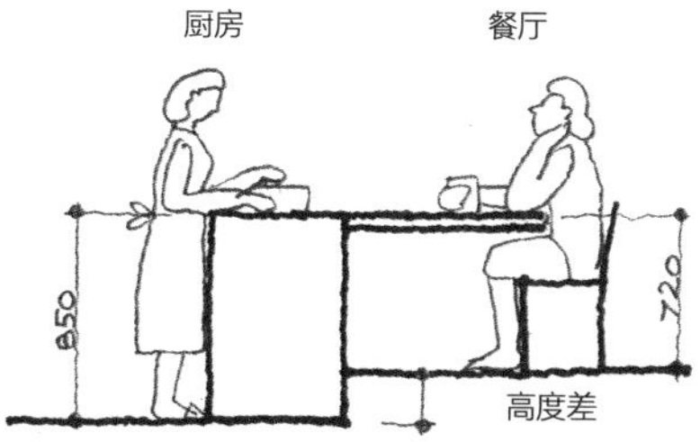


地面做出高度差，料理台和餐桌高度一致

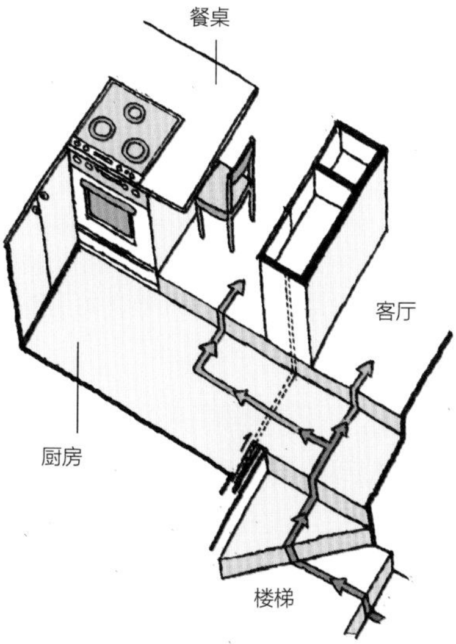


**渡边宅餐厅和厨房的高度差处理**

通常，料理台和餐桌的高度差约为 150 mm 左右，这个高度差被处理成一节向上的台阶

餐桌和料理台的高度不同，并列的话会出现高度差（约 150 mm）。为了消除这个高度差，介绍一下如何巧妙利用台阶。

左图中的渡边宅，就是利用 1 层台阶处理料理台和餐桌高度差的实例。如果上台阶后有餐厅厨房的话，可使用这一技巧。设计时，需要将台阶的高度定为 150 mm，如左图所示，与楼梯相连的厨房地面比二楼低了 1 阶，这一点充满创意。

厨房和餐厅

# 31 视野开阔、令人心情愉悦的厨房

## 让洗碗变成快乐的事情 伊藤明宅

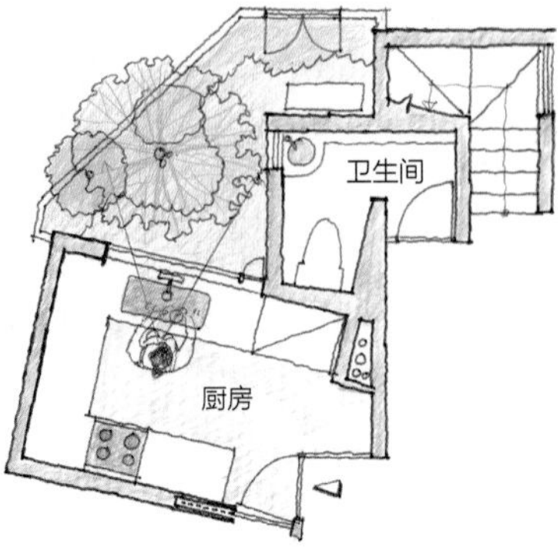


**厨房平面图**
如果面向庭院开一个大窗户的话，即使做家务时也能看到植物和季节的变化

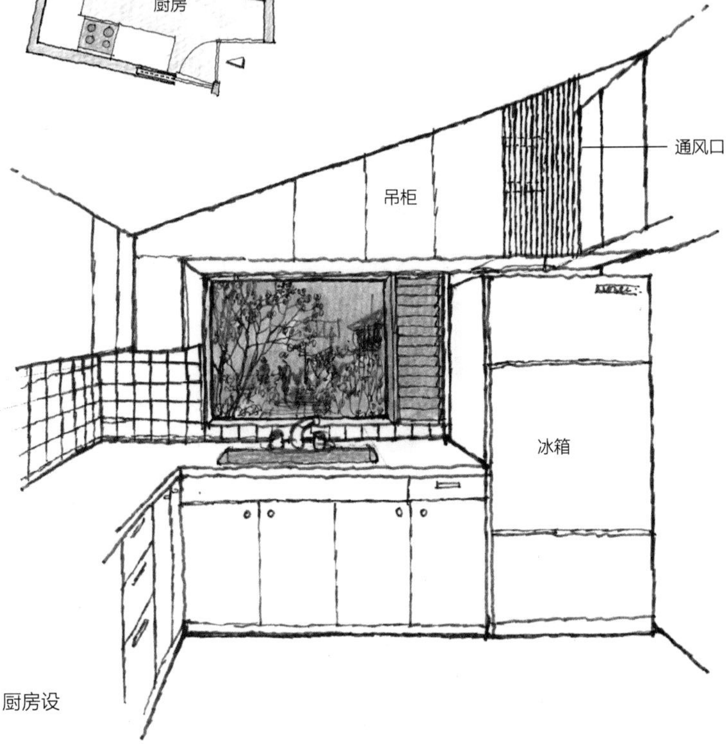


**厨房内部图**
像眺望窗一样的厨房固定窗户。厨房设计了天窗，有助于采光和通风

厨房满是各种烹饪工具和餐具，容易成为令人窒息的空间。如果只重视并追求厨房的工作效率的话，很容易营造出封闭的气氛。

说起厨房的窗户，大家一定会想到吊柜下面嵌着的小格子、不够美观的窗户。在旧时代，主妇们使用较多的厨房，大多被排挤到昏暗角落。若是减少收纳空间，在水槽前面开一扇大窗的话，既开拓视野，也使烹饪和洗碗变得有趣。

近来重视厨房和餐厅的家庭，把窗户设在东南方的情况也不少。沐浴着朝阳做饭和吃早餐，能让一家人神清气爽地迎接一天的开始。住宅中餐厅厨房的功能已经超越了做饭和吃饭的范畴，厨房餐厅作为主妇（主夫）的重要活动场所，越来越多的人对其加以重视的时代已经到来。饮食

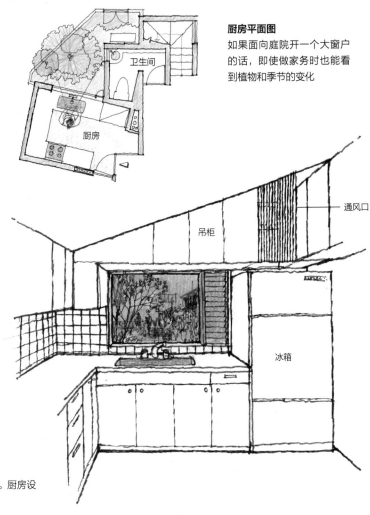

## 边照顾家人
## 边做家务
## 船桥宅

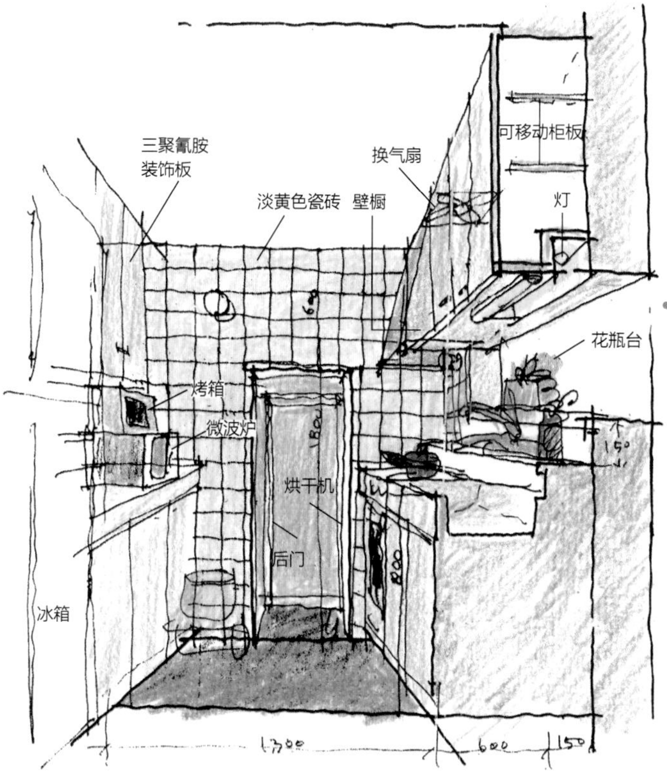

三聚氰胺
装饰板
淡黄色瓷砖
壁橱
换气扇
可移动柜板
灯
花瓶台
烤箱
微波炉
烘干机
后门
冰箱
1300
600
150


从天窗可以看到楼梯间、和室、客厅

**厨房的剖面透视图**

从料理台前的开口可看到内部空间，楼梯间天窗的采光营造出户外的氛围，眺望和室和客厅的视野开阔

和室
客厅


**厨房的视野**

水槽上的横向窗户可以看到客厅和和室，可以一边做饭一边和家人聊天

和通风睡眠一样，是人类生存不可缺少的，只有在舒适的环境里，才能做出美味的料理。

伊藤明宅的厨房在水槽上方开了一扇像眺望窗一样的大窗户，朝向庭院，打开了视野。大大的落地窗不仅提升了室内的亮度，还可以在这里眺望欣赏美景，一边感受庭院的季节变化，一边随时观察植物的状态，优点多多。

上图船桥宅的厨房窗户，取景的方式很特别。住宅建在人口密集的地区，即使特意设计了开口处，现在和将来也很难观赏外面的景色，反而有可能陷入隐私被侵犯的境地。于是把住宅内部视作景色，设计了窗口。穿过有天窗的楼梯间眺望和室和客厅，随着太阳的移动，光影交错，一天中的光线随之变化。从厨房望和室仿佛亭子一般，连在客厅里休息的人也成为风景的一部分。另外，由于厨房位于住宅的中心位置，方便环视全家，可以说是理想的视野。

厨房和餐厅

# 32 与和室打通的餐厅

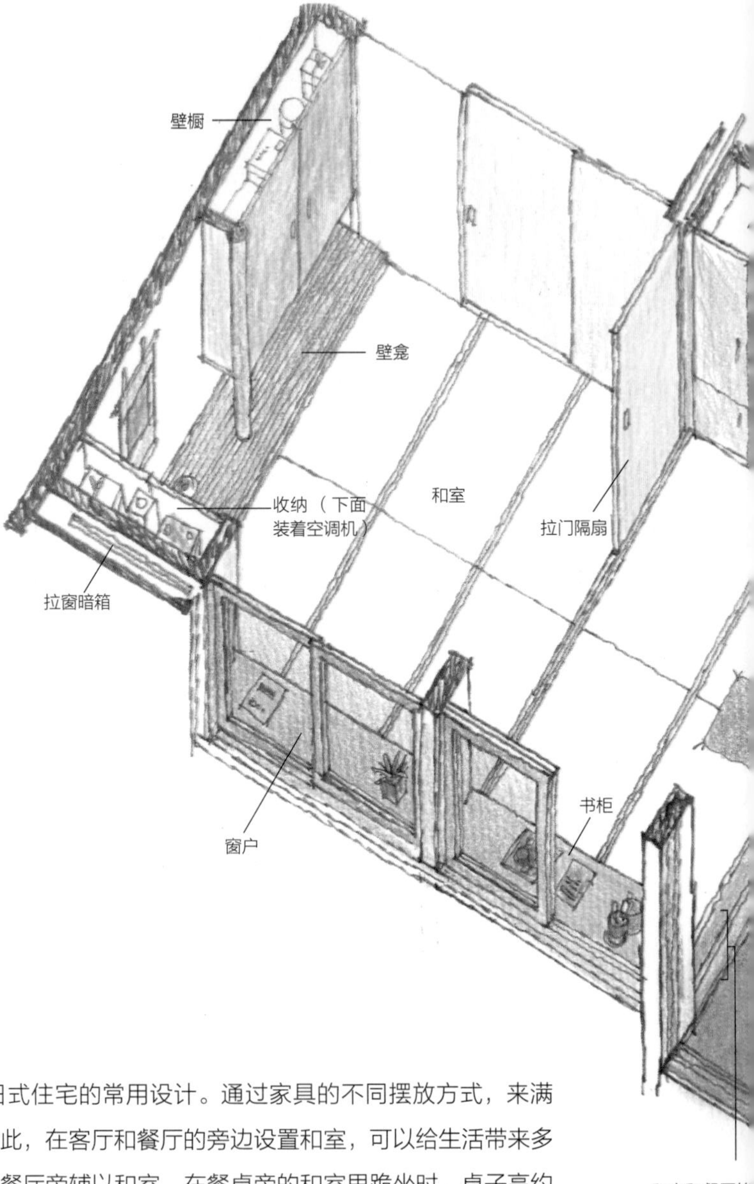
和室和餐厅的地面高度不同


铺着榻榻米的和室，是日式住宅的常用设计。通过家具的不同摆放方式，来满足会客、用餐等不同用途。因此，在客厅和餐厅的旁边设置和室，可以给生活带来多元的变化。这里介绍的林宅的餐厅旁辅以和室，在餐桌旁的和室里跪坐时，桌子高约300 mm，坐椅子的话，座面和桌子的高度差也是300 mm。利用这一常规的尺寸，具体的方法是，使和室的地面高度与餐厅的椅子和沙发座面的高度保持一致。

和室只有10张榻榻米大小，用餐时拉上隔扇，就可以分割成6张榻榻米和4张榻榻米大小的两个房间。此外，通过开关厨房和餐厅之间的拉门，可以与厨房连通或隔开。餐厅厨房的组合用途广泛，可大可小，且能自由变换。

## 大胆设计高度差　林宅

为了坐在和室的一边在餐桌上吃饭，和室的地面高度与餐厅的椅子座面高度一致。

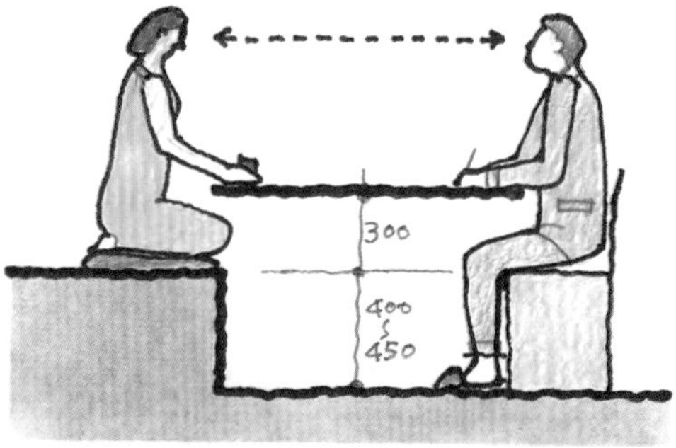
300
400
~
450

**榻榻米、椅子和餐桌的高度**

餐桌可跪坐使用也可坐座椅使用

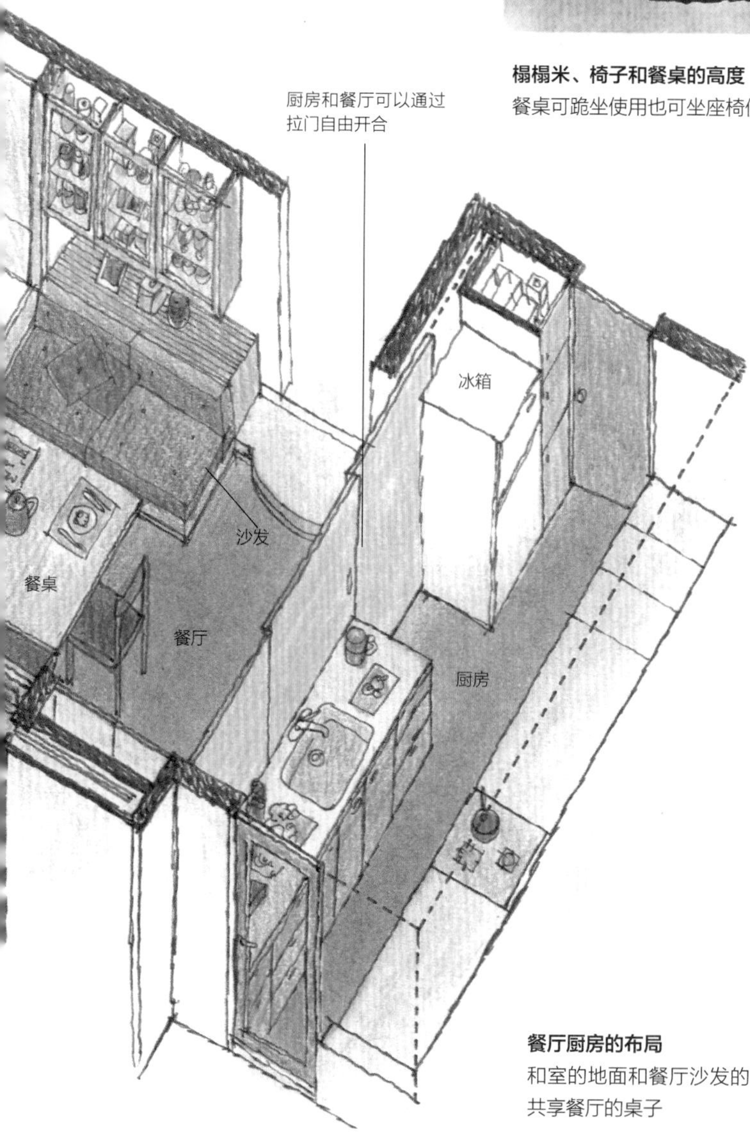
厨房和餐厅可以通过拉门自由开合
冰箱
沙发
餐桌
餐厅
厨房

**餐厅厨房的布局**

和室的地面和餐厅沙发的座面高度相同，可以共享餐厅的桌子

卧室

# 33 拥有舒适小书房的卧室

## 通过书房和衣帽间消除杂音 富士道宅

以卧室的走廊为书房，隔出一个单间

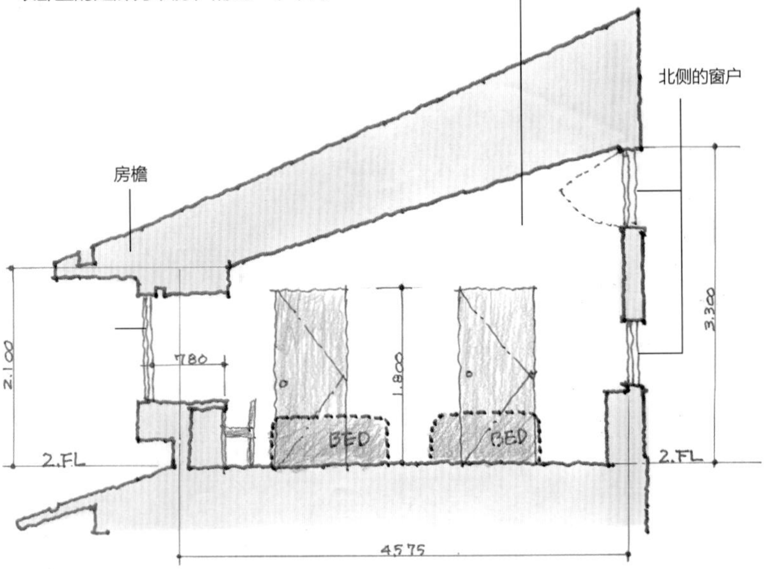
卧室里，来自北面均匀的光线让人感觉很舒服


**卧室剖面图**

从北侧的高窗照进柔和的光。南侧窗户由于屋檐很宽，阳光无法直射

卧室是度过人生三分之一时间的重要空间。因此，不能疏忽。卧室除了是睡觉换衣服的地方，对女性来说也是化妆整理仪容的空间，所以卧室需要衣柜和床品等。富士道宅的一楼是客厅等公共空间，二楼是卧室等私人空间，这是住宅中常见的格局。如右页图所示，私人空间中书房和卧室呈 L 形布局。这个设计的独特之处在于，卧室门口设有单独的书房。

即使是夫妻关系，也能很好地保护彼此的隐私。一般住宅因受面积的限制，书房多安排在卧室的一角，富士道宅在卧室门口设计前置式的书房，并用门将其与卧室隔开。如此一来，既有了让人静下心来的书房，卧室也有视野开阔的大窗户，通过单面屋顶，还可以保证良好的通风和采光。

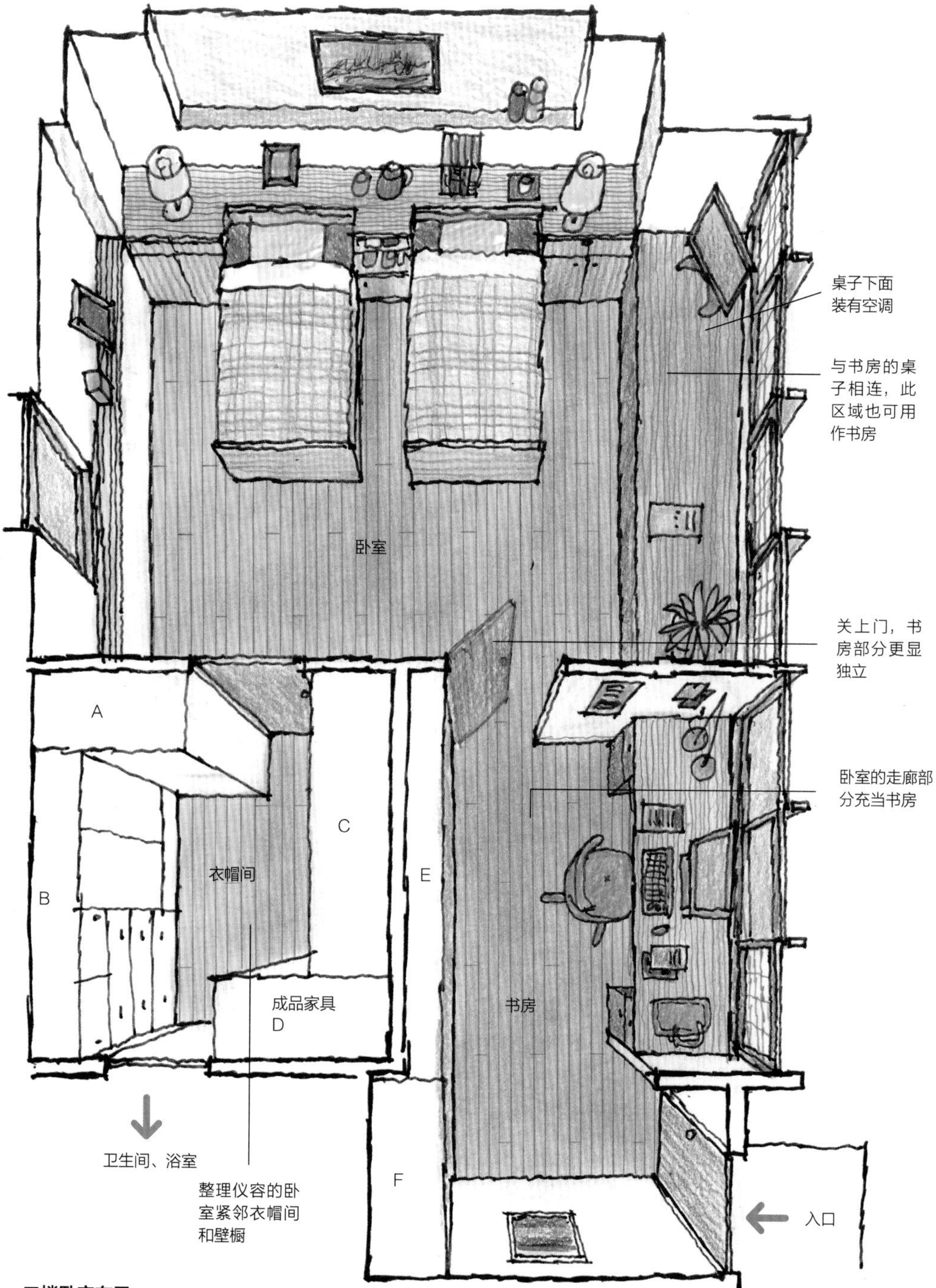
桌子下面
装有空调
与书房的桌
子相连，此
区域也可用
作书房
卧室
关上门，书
房部分更显
独立
A
卧室的走廊部
分充当书房
C
衣帽间
B
E
成品家具
D
书房
卫生间、浴室
F
整理仪容的卧
室紧邻衣帽间
和壁橱
入口

**二楼卧室布局**

衣帽间和书房中的成品柜体标有 A~F 的标签，方便查收与使用。为了日后柜体的高效利用，设计时应事先确定好摆放位置

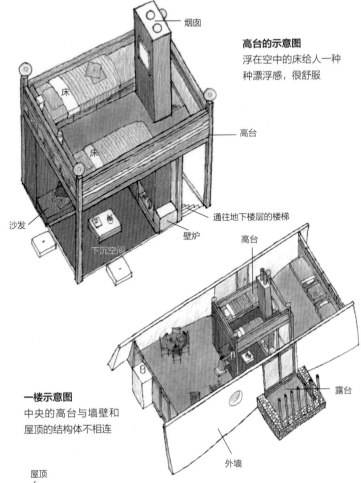

卧室

# 34 悬空卧室赋予舒适睡眠

## 回归童心　石津别墅

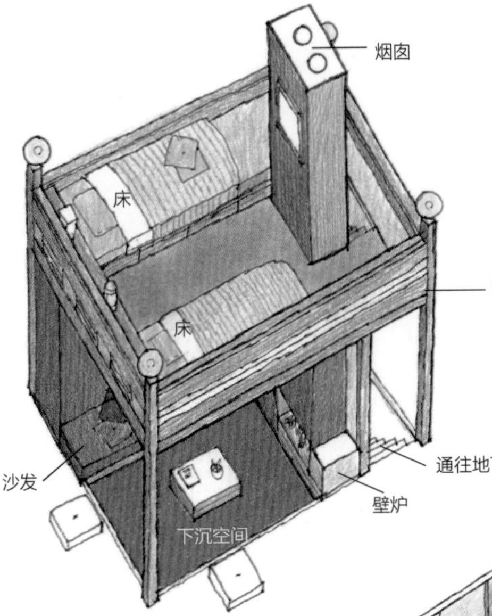
烟囱
床
床
高台
沙发
通往地下楼层的楼梯
壁炉
下沉空间

**高台的示意图**
浮在空中的床给人一种种漂浮感，很舒服

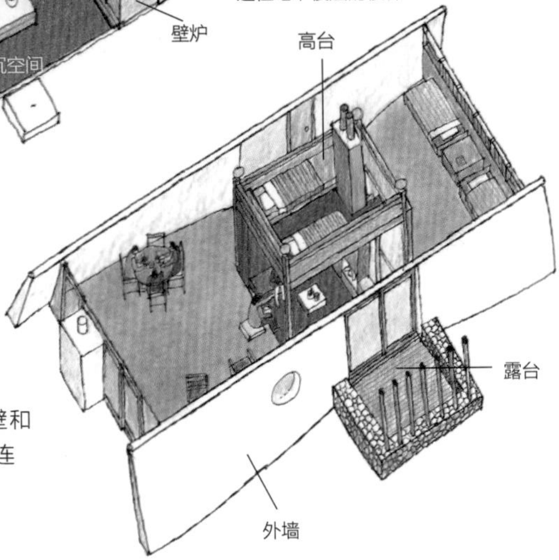
高台
露台
外墙

**一楼示意图**
中央的高台与墙壁和屋顶的结构体不相连

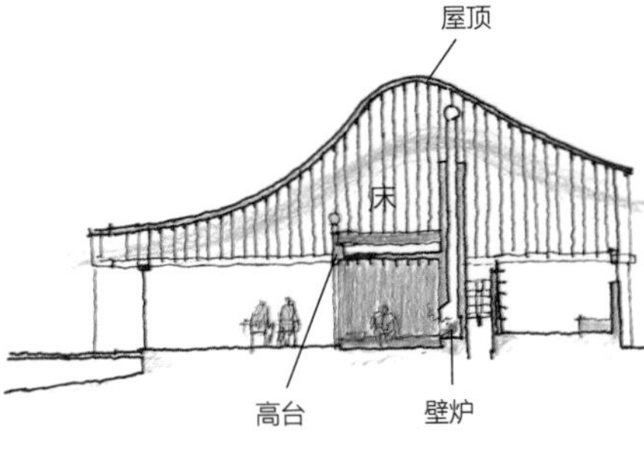
屋顶
床
高台
壁炉

**剖面图**
载有床铺的高台既不挨屋顶也不临墙壁，是悬空漂浮的卧室

石津别墅是“第二住宅”。因此，卧室也需要营造出区别于日常生活的别样乐趣。这间卧室是放在高台上的，床如同悬浮在空中，被仿佛倒扣过来的船底似的大屋顶包裹着，一看就知道是不同寻常的空间。那种不同寻常感即使睡着了也不容轻视。醒来时能体会到舒适的漂浮感，以及别样空间所带来的惊喜，非常刺激。决定卧室环境的不仅是入睡时的感觉，起床时的舒适度也很重要。

**35** 卧室

# 设有衣橱和洗手台的卧室

## 在卧室里准备好一切　崔宅

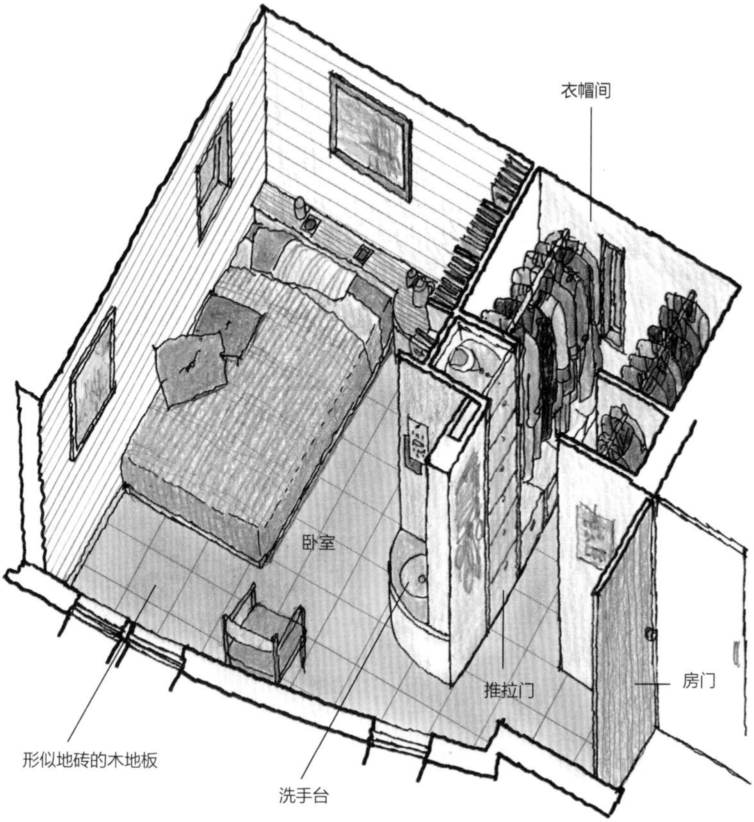
衣帽间
卧室
推拉门
房门
形似地砖的木地板
洗手台

**卧室布局**

面向床一侧的墙壁上设有书架和洗手台，卧室不仅仅是睡觉的空间

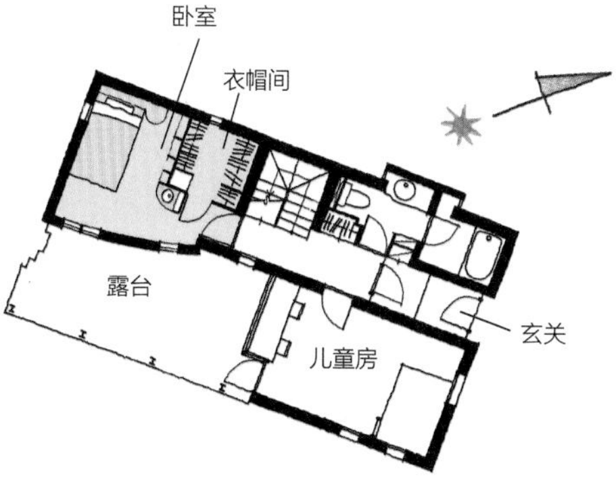
卧室
衣帽间
露台
玄关
儿童房

**一楼平面图**

私人空间集中在一楼的设计，相对较为封闭的卧室而言，露台是儿童专属的户外空间

这间卧室是女医生的私人空间。卧室里配有洗手台，恰好满足有医生职业性洗手习惯的需求。这样一来，早上洗漱时就不用和孩子们挤在一起了，还可以用来备茶或清洗茶具，非常方便。此外，还准备了便于就寝时阅读的书架和方便使用的衣橱，功能非常强大。

卧室

# 36 小卧室也不忘留白

**丰富的小户型**

**横尾宅**

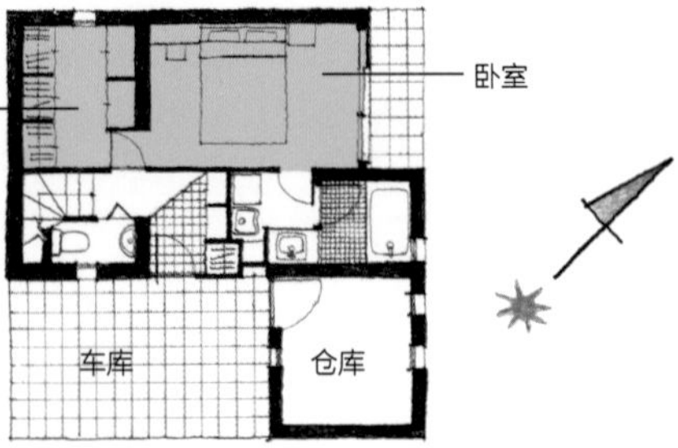
衣帽间
卧室
车库
仓库

**一楼平面图**

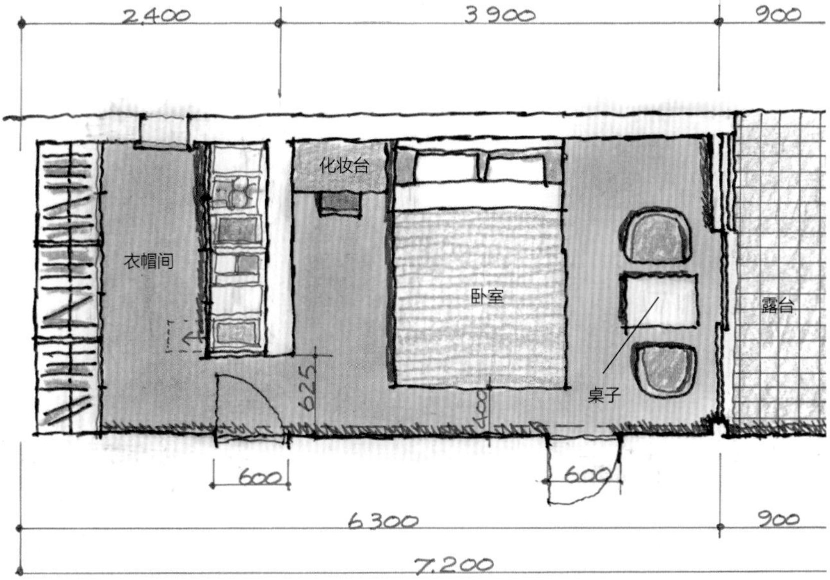
2 400
3 900
900
化妆台
衣帽间
卧室
露台
桌子
625
400
600
600
6 300
900
7 200

**卧室平面图**

空间虽然不大，却设有露台和衣帽间。出入口和门等都设计成最小的宽度

近年来，由于日本土地价格高涨，住宅用地不断缩小，小户型住宅也随之增加。这样一来，无论怎样减少空间浪费，都难免对各个房间的面积产生影响。但住宅的舒适性虽不完全由面积决定，应尽可能不添置多余的物品，并在小户型精致生活上下功夫。

小户型不再限定空间的使用方法，白天是茶室，晚上铺上被褥变成卧室，这种多元用途的日式房间是常见的解决方法。如果采用西式房间的布置方式，放床的话，本就狭窄的空间会令人感觉更加逼仄，靠墙的床铺也很难整理。有时我们需要根据空间来改变生活方式。

图中的横尾宅虽是典型的小户型住宅，但是卧室有露台，有衣帽间和梳妆台，甚至桌子可变身为夫妻交谈用的茶桌。即使卧室再小也要考虑适当留白，这是一个不错的实例。

37

卧室

# 设有衣柜和书房的小卧室

**想好好睡一觉**
**森井宅**

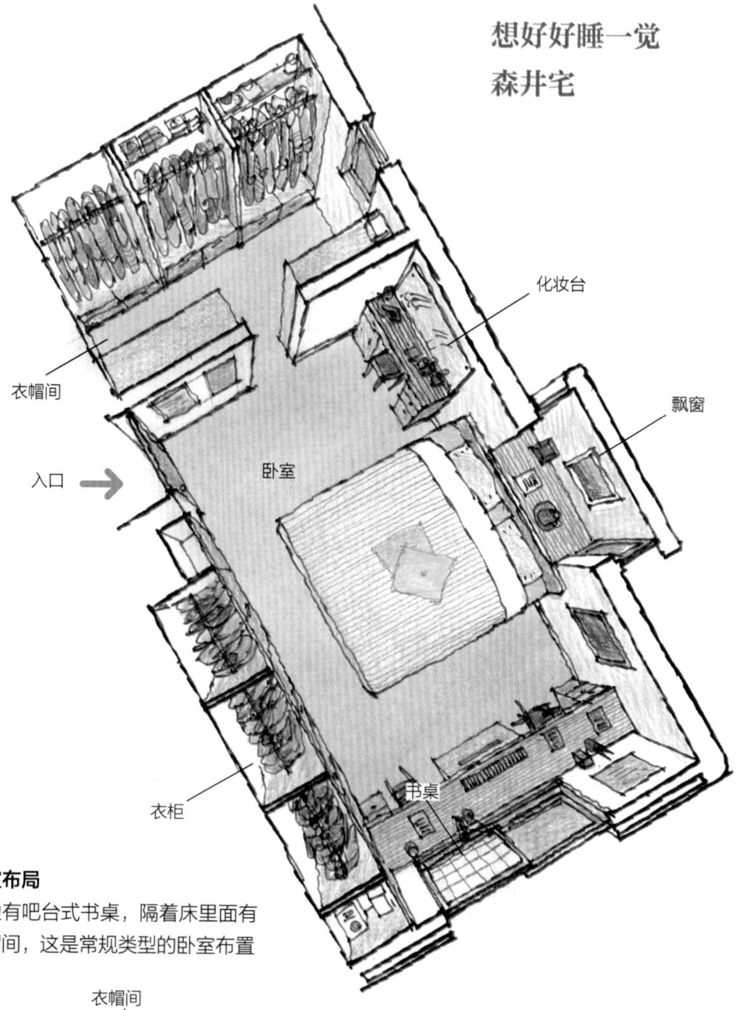


**卧室布局**
窗边有吧台式书桌，隔着床里面有衣帽间，这是常规类型的卧室布置

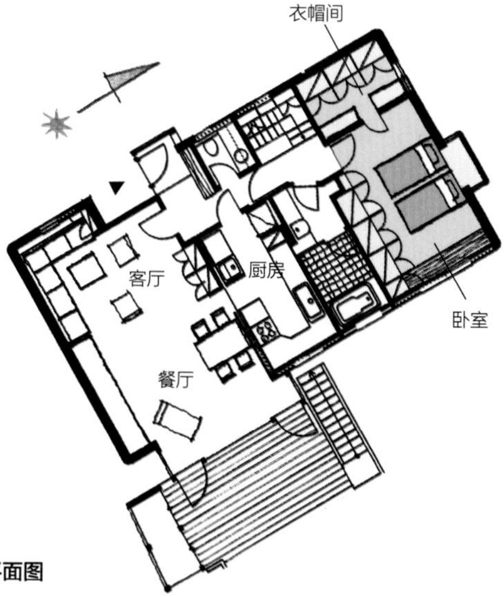


**一楼平面图**

卧室太大会让人感觉不踏实，睡不安稳。森井宅的卧室既不太小也不太大，可以说是面积适中，使用方便的标准型卧室空间。除了相邻的衣帽间之外，卧室还配备了收纳日常衣物的衣柜，窗边是主人的书房角。另外，床头一侧还设计了保护隐私的飘窗，可提升卧室的采光和通风。

卧室

# 38 带有书房、衣柜、卫浴的卧室

## 在家如同住酒店 吉见宅

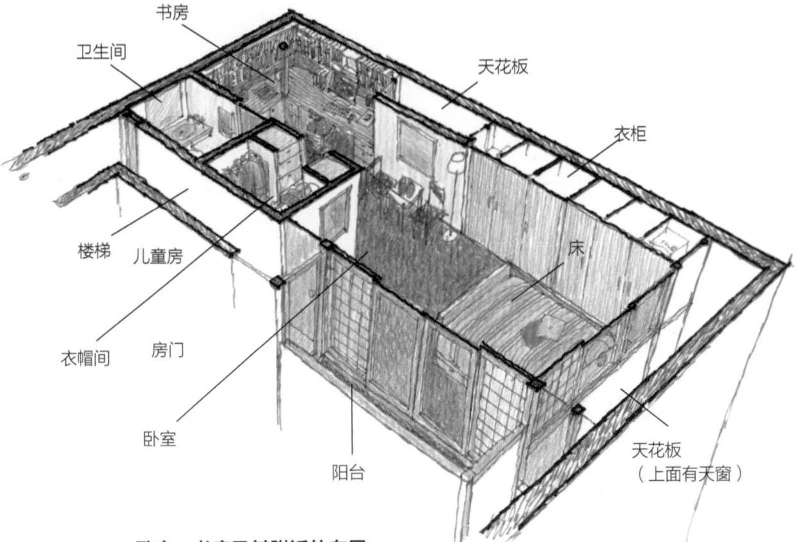
书房
卫生间
天花板
衣柜
楼梯
儿童房
床
衣帽间
房门
卧室
阳台
天花板
（上面有天窗）

**卧室、书房及其附近的布局**

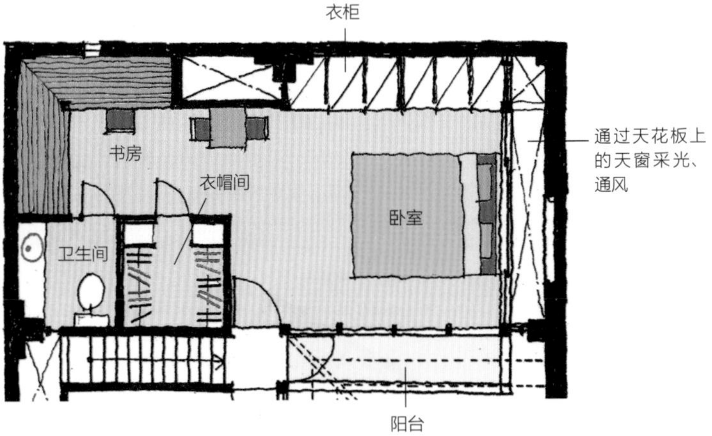
衣柜
书房
衣帽间
卧室
卫生间
通过天花板上的天窗采光、通风
阳台

**卧室、书房周围平面图**
这是一个三面被墙壁包围的房间，在东面室内天花板设置了天窗，确保了采光和通风

吉见宅这座私人住宅，可以说是一种理想空间。L形布局，一边是儿童房，另一边是夫妻卧室。不，与其说是卧室，不如说是夫妻俩的生活空间更合适。如右图所示，卧室有阳台，有充足的衣柜空间，还有书房角，甚至还有卫生间。

该住宅大量采用了挑高天花板和天窗，确保了采光和通风，同时也保护了个人隐私，设计非常巧妙。

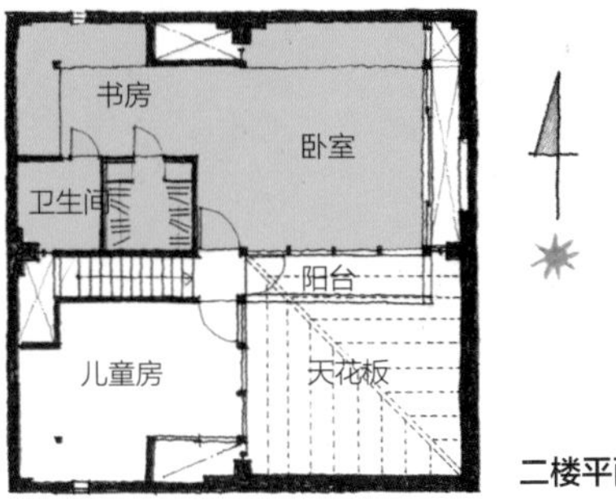
书房
卧室
卫生间
阳台
儿童房
天花板

**二楼平面图**

# 39 卧室 老人房宜靠近卫浴区

## 也靠近玄关的话更好
## 船桥宅

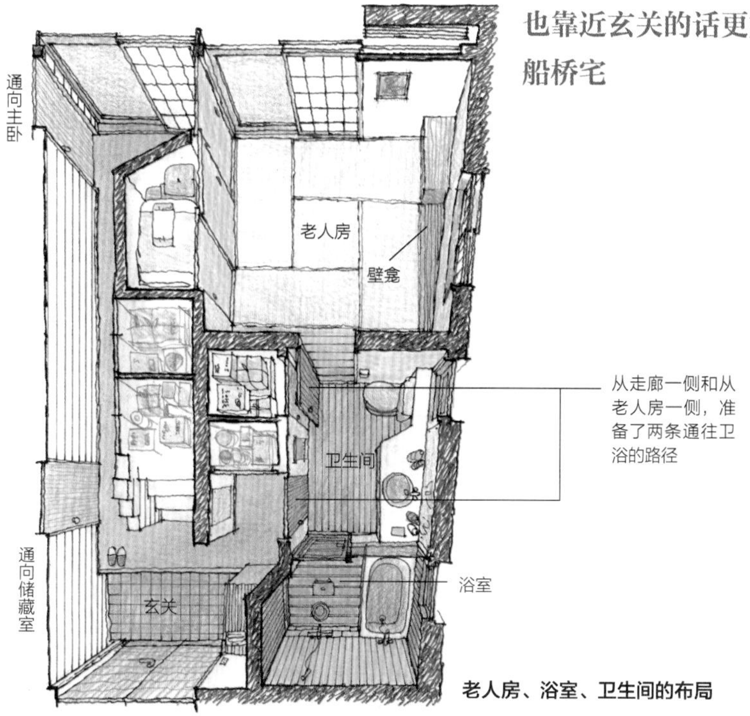
通向主卧
老人房
壁龛
从走廊一侧和从老人房一侧，准备了两条通往卫浴的路径
卫生间
通向储藏室
玄关
浴室
老人房、浴室、卫生间的布局

左侧是主卧，右侧和楼梯下是老人房的入口

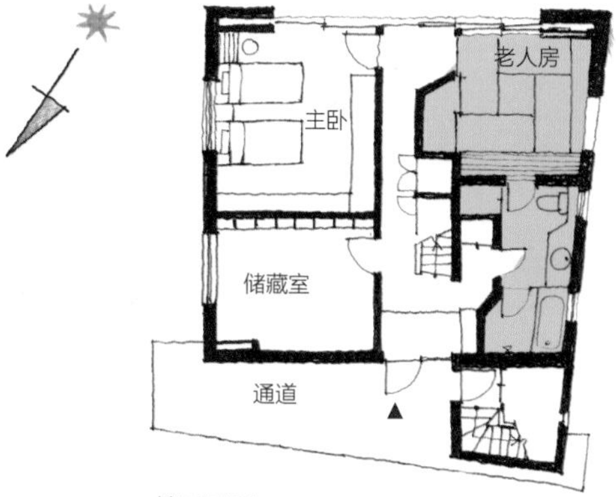
老人房
主卧
储藏室
通道
一楼平面图

谁都会老去，这是命中注定的，老人们的心情，或许只有等自己老了才会理解。既然无法等到那个时候，就要尽可能站在当事人的立场考虑。每个人的擅长和喜好都不一样，因此在设计房间时必须准确地分辨出这一点。

让我们来考虑一下卫浴，随着年龄的增长，上厕所越来越频繁，行动也变得迟缓，因而卫生间最好离老人房近一些。浴室也最好离得近一些，因为洗完澡容易感冒。如果上下楼不方便，最好把卫浴区和老人房就近安排，把一楼当作活动中心区域。

船桥宅将老人房设在一楼的卫浴区附近。通常浴室和卫生间都是从玄关旁进出，但也可以从老人房一侧直接出入。对于经常起夜的老人来说，考虑到走动时的危险性，这是必要的做法。

# 40 儿童房 活用空间挑高的儿童房

## 灵活利用垂直空间
## 长井宅

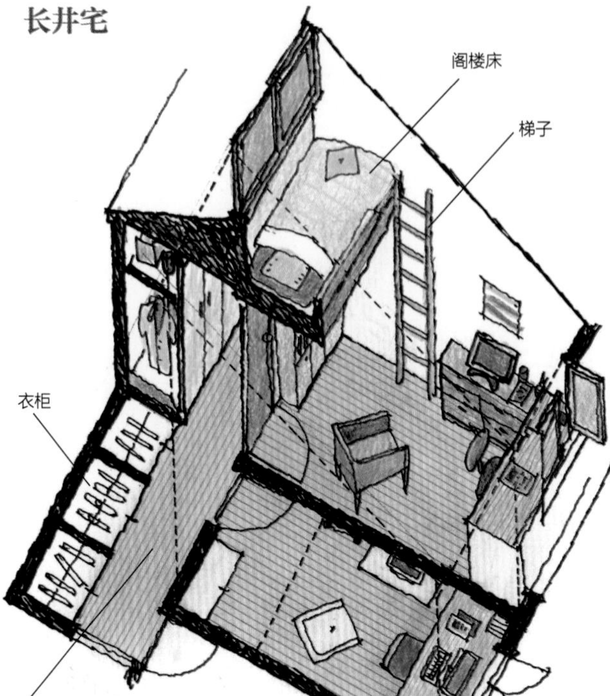
在公共走廊里安装衣柜，这里是兄弟姐妹交流的场所


**儿童房示意图**
这幅图立体地描绘了长井宅的儿童房布局。各儿童房的面积最小化，床放在阁楼上

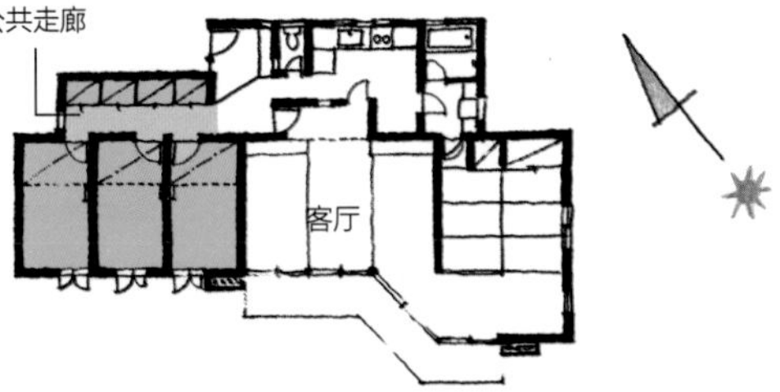


**一楼平面图**
3 个孩子的房间是独立的，有衣柜的走廊是共享空间

孩子们都爱玩，好奇心和冒险心有助于孩子成长。因此，不能把儿童房设计成学习室。好好学习固然重要，但是与兄弟姐妹一起生活、培养亲情也同样重要。想给孩子布置一间漂亮的学习室，让他们考进好大学无可厚非，但如果把他们培养成不顾他人的人，那就毫无意义了。

给孩子们设计了采光好、免受干扰、舒适的儿童房，结果却常常出现孩子把自己关在房间里，对家人漠不关心，家人间缺少交流的情况。

宫胁檀的观点是，儿童房面积小一点儿更好，兄弟姐妹应该拥有共享的空间。长井宅，有收纳空间的公共走廊是孩子们的共享空间。岛田宅的隔断收纳还没有完成，因为设计方案是随着孩子的成长继续增加收纳架。

面积狭小的话，可以灵活利用垂直空间。阁楼的狭小空间对孩子来说充满趣味性。

# 用收纳柜分隔儿童房
## 岛田宅

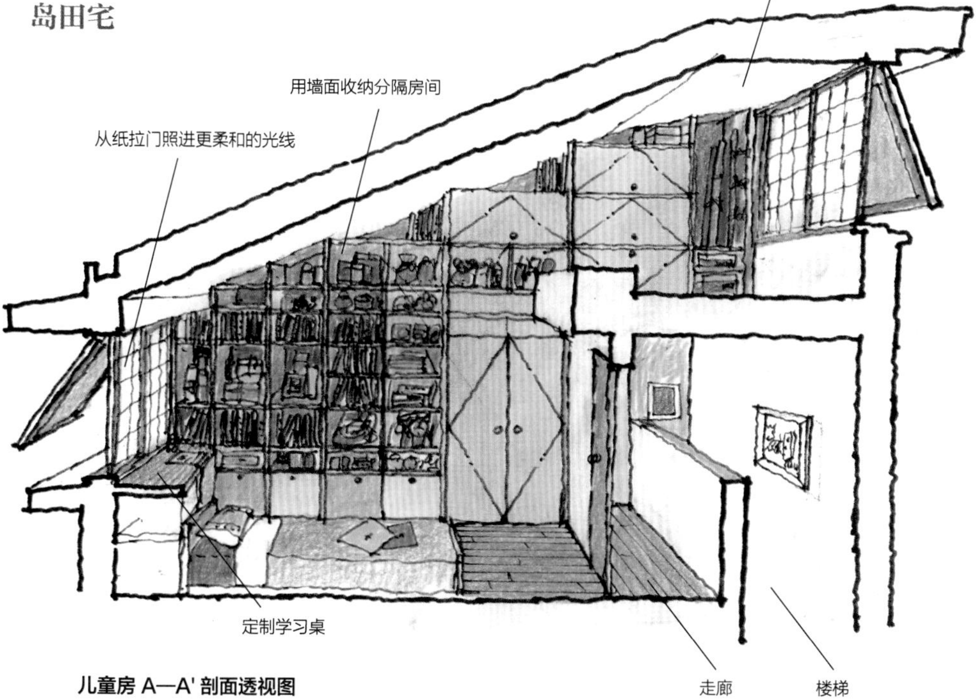

阁楼
用墙面收纳分隔房间
从纸拉门照进更柔和的光线
定制学习桌
走廊
楼梯


**儿童房 A—A' 剖面透视图**

设计时，规划了如上图所示的收纳方案，但实际施工只完成了阁楼的收纳，其他未完成

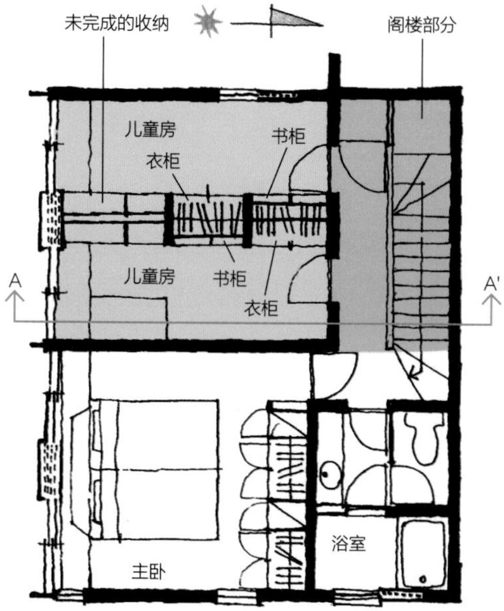

未完成的收纳
阁楼部分
儿童房
书柜
衣柜
儿童房
书柜
衣柜
A
A'
浴室
主卧


**二楼平面图**

中间的隔断收纳还未完成。随着孩子的成长，逐渐变成独立的房间

儿童房

# 41 培养手足情的别样双层床

## 巧妙地共享同一个房间
## 早崎宅

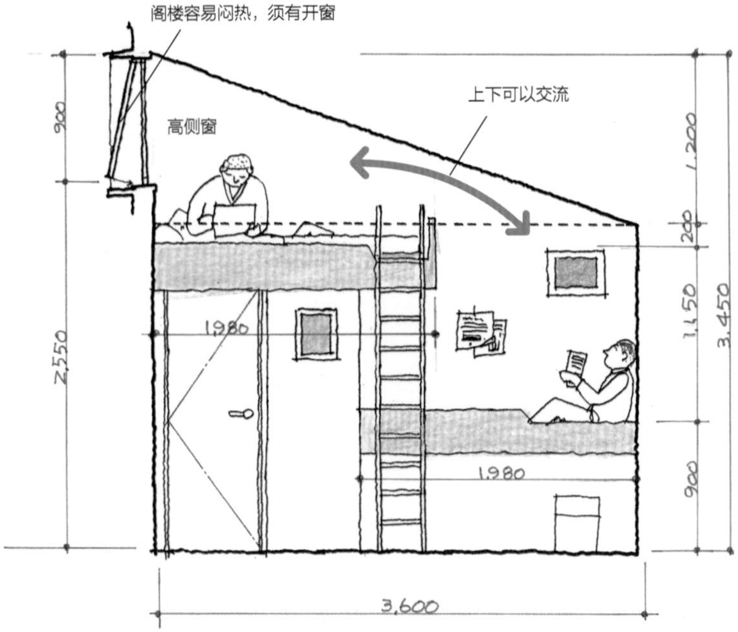
阁楼容易闷热，须有开窗
上下可以交流
高侧窗
900
2,550
1,980
1,980
1,200
200
1,150
3,450
900
3,600

**儿童房剖面图**

阁楼部分做床是典型的宫胁檀设计。将双层床横向错开，使上下产生联系

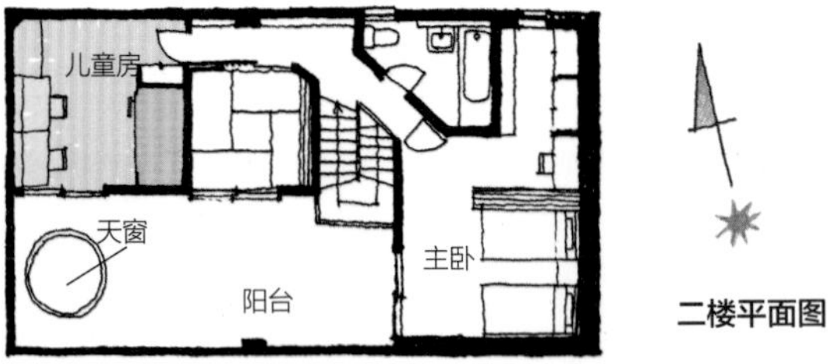
儿童房
天窗
阳台
主卧

**二楼平面图**

早崎宅的儿童房，是为小学高年级的兄弟俩设计的，该设计灵活利用了单面屋顶的坡度和棚顶下空间。如果两人共用一个狭小的房间，那么自然而然就会采用两层床。但是在上下垂直重叠的双层床上很难进行交流，所以采用错开床架来解决问题。从剖面图上可以看出，兄弟俩就寝后，对话似乎仍在继续。

如果在单面天花板的高处安装窗户，就能有效地通风。而且北面设有高侧窗，采光充足。

儿童房随着孩子的成长，收纳量和房间的布局也会发生变化。另外，根据孩子性别相同或不同，考虑是完全独立好呢，还是模糊不清好呢？这一切取决于父母的教育方针。早崎宅的儿童房里住的虽然是两个男孩儿，但儿童房随着孩子的成长，还是需要一些隔断的，不过宫胁先生似乎并不希望将儿童房完全变成单间。

**儿童房布局**
部分重叠、相互错开的床铺让两兄弟可以交流

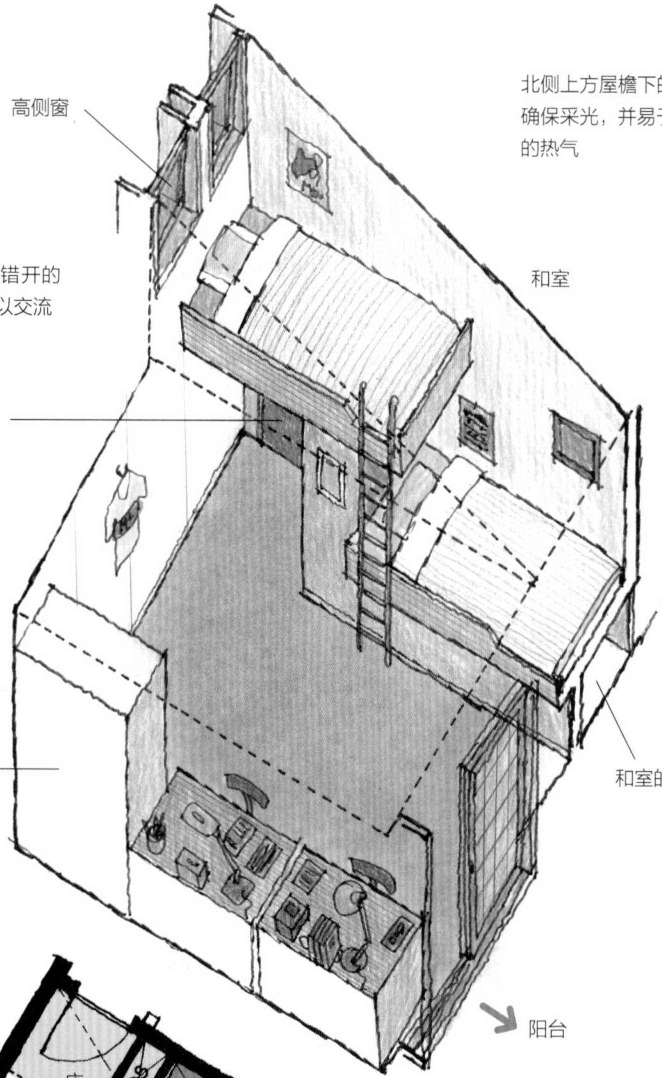
北侧上方屋檐下的高窗，可确保采光，并易于排出上铺的热气
房门
衣柜
和室的壁橱


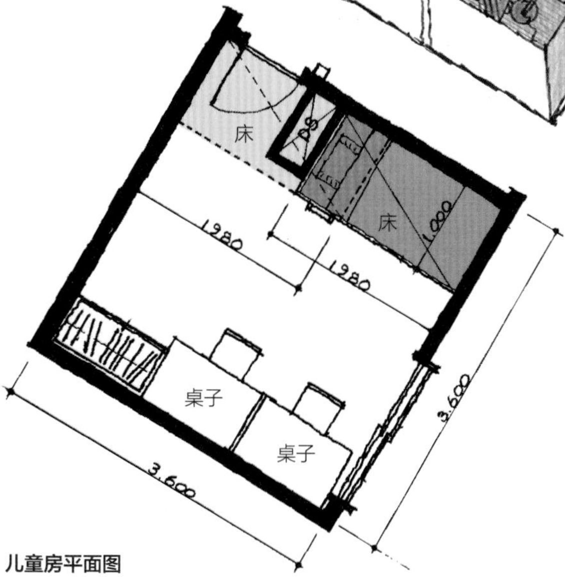


**儿童房平面图**

**不同结构的双层床**
下铺的下面是相邻和室的壁橱

采用轻隔断的儿童房　三宅宅

42

儿童房

# 游戏角是增进手足情的共享空间

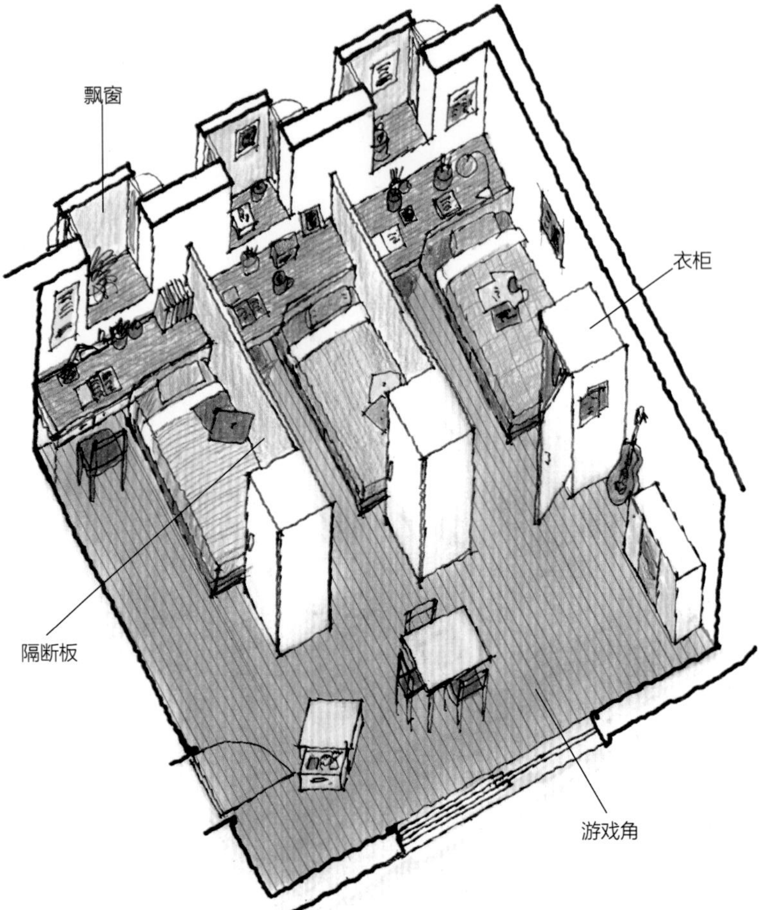


3 个人共用一间儿童房，各自的私人领域用收纳柜和矮壁板隔开

为了方便孩子学习而把儿童房设计成封闭的单间是不可取的，儿童房是培养孩子共同生活能力，形成赖以生存的社会型人格的场所。据说比起儿童房，孩子们学习的地方多半是客厅或餐厅。坐在餐厅的孩子，一边和在厨房做饭的母亲沟通作业，或是请教一些解题的具体步骤，一边学习。

三宅宅和植村宅儿童房的共通之处，是都有 3 个孩子的共享空间。三宅宅在一间房间内安装轻隔断，以扩大共享空间，作为孩子们的游乐场。

孩子们长大后，最终都会独立、离开家。随着孩子的成长，房间的隔断方式也会发生改变，为了应对这种变化，隔板要轻，衣柜也建议做成可移动的，以方便使用。

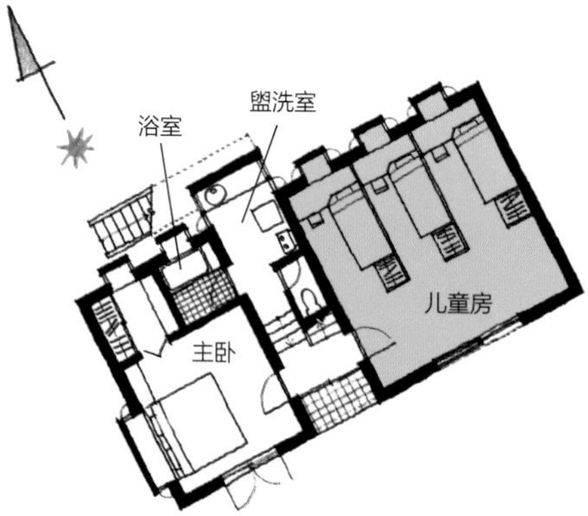
浴室
盥洗室
儿童房
主卧

**三宅宅　二楼平面图**

三宅宅北侧外观，一楼飘窗的位置对应儿童房

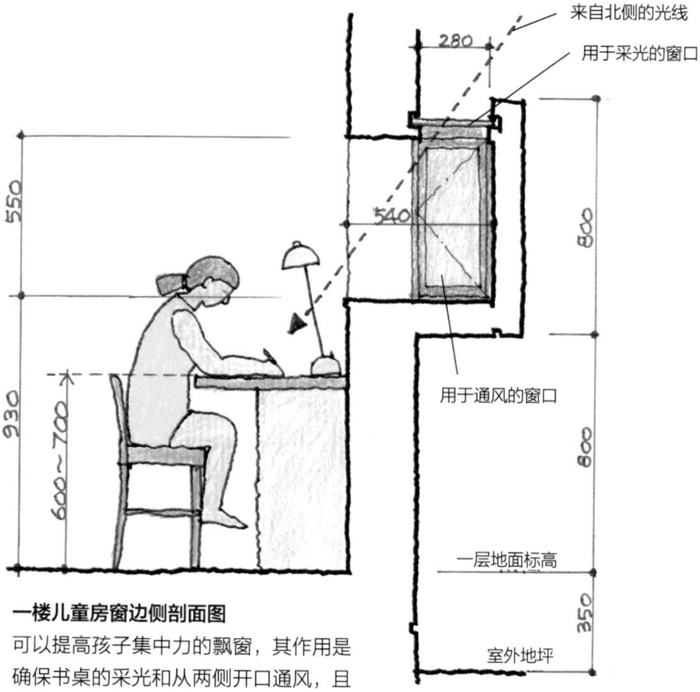
来自北侧的光线
280
用于采光的窗口
550
540
800
930
600～700
用于通风的窗口
800
一层地面标高
350
室外地坪

**一楼儿童房窗边侧剖面图**

可以提高孩子集中力的飘窗，其作用是确保书桌的采光和从两侧开口通风，且能兼顾隐私和安全

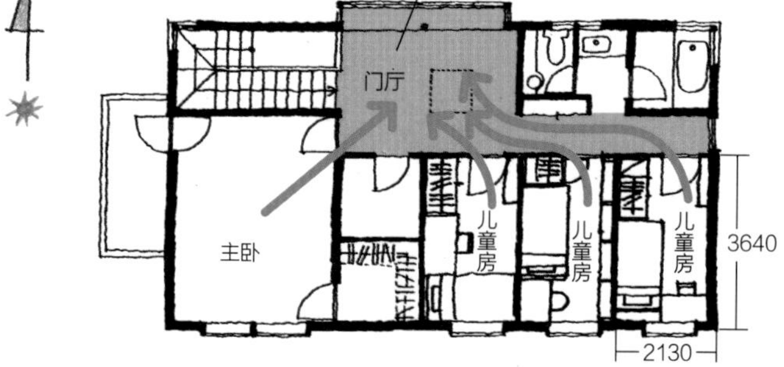
游戏角
门厅
主卧
儿童房
儿童房
儿童房
3640
2130

**植村宅　二楼平面图**

门厅到各个房间都很方便，该设计不仅仅对孩子们友好，也是包括父母在内的全家人的共享空间

儿童房

# 43 可在此并肩学习的双人儿童房

**开放感强的儿童房**

从儿童房望向露台，面前是用于两个孩子并排学习的桌子

崔宅的儿童房虽然在一楼，但面向露台，居住环境良好。偶尔活动一下身体，对孩子来说很有必要。运动不仅能健体，在精神方面，对孩子的成长来说也不可或缺。学习桌面朝露台，学习累了，可以挥动球拍或跳绳，可轻松改变心情。养育花草、饲养动物的经验，对孩子们学习生命的重要性也是必需的。面向儿童房的露台不仅可用于采光、通风，还可以陶冶情操。

另外，这个儿童房有一张宽大的桌子，面朝窗户。这张桌子足够两个人同时使用，这可以让孩子体会到分享的意义。

我认为在培养兄弟之间事事互相帮助、互相谦让的感情上，儿童房可起到重要作用。崔宅的儿童房，让人联想到哥哥在书桌上帮弟弟做作业，以及兄弟俩在露台上玩投接球游戏的场景。

# 美丽的儿童房　崔宅

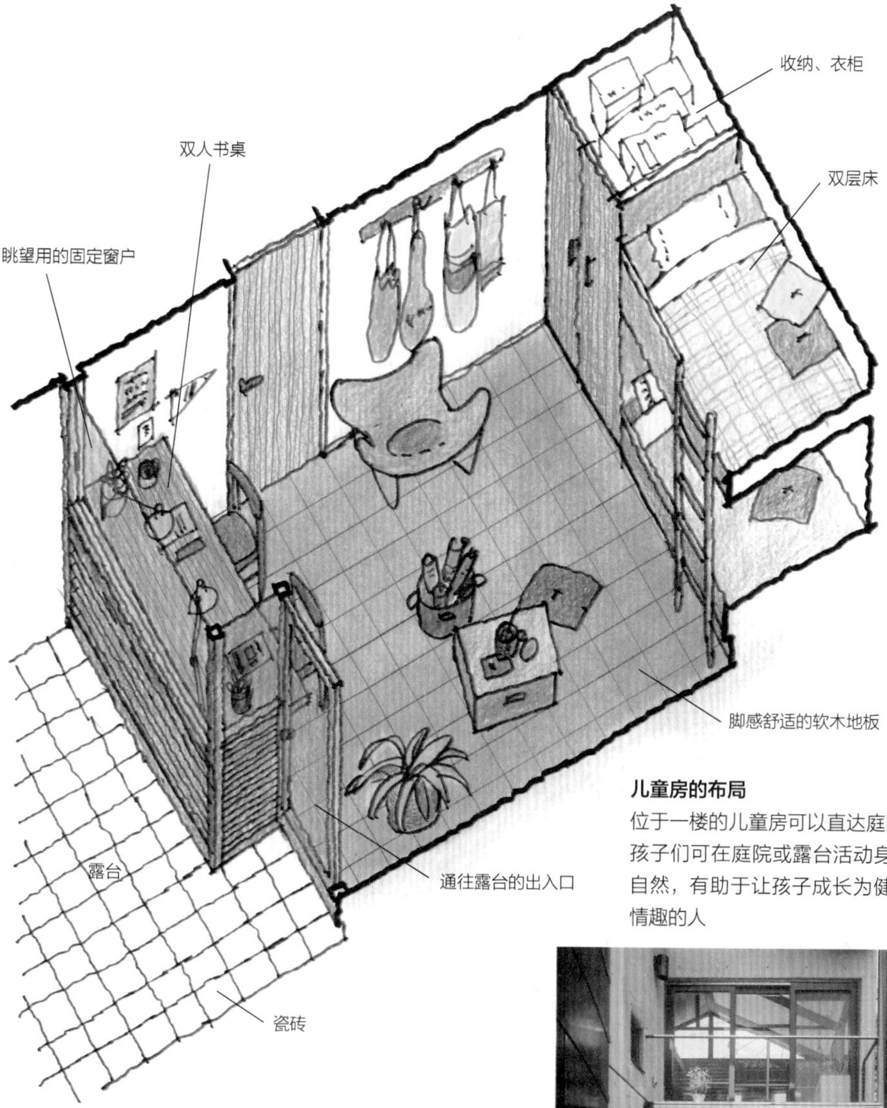
收纳、衣柜
双人书桌
双层床
眺望用的固定窗户
脚感舒适的软木地板
露台
通往露台的出入口
瓷砖

**儿童房的布局**

位于一楼的儿童房可以直达庭院或露台，孩子们可在庭院或露台活动身体、接触自然，有助于让孩子成长为健康、富有情趣的人

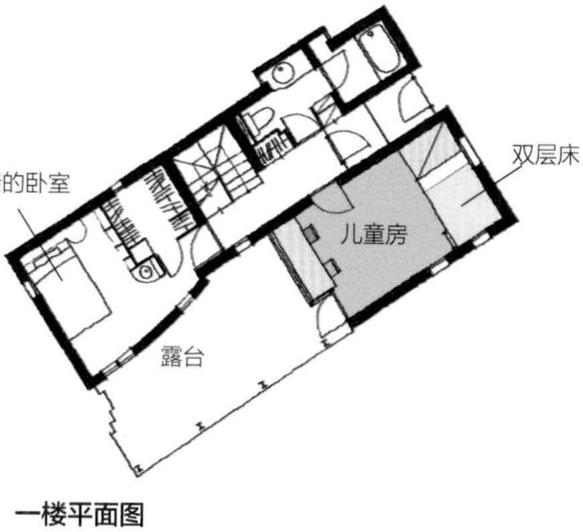
双层床
母亲的卧室
儿童房
露台

**一楼平面图**

从露台看儿童房，露台作为孩子们调节心情的场所意义重大

书房、主妇房

## 家务之余休息一下 佐川宅

# 44 与厨房同在的主妇休憩空间

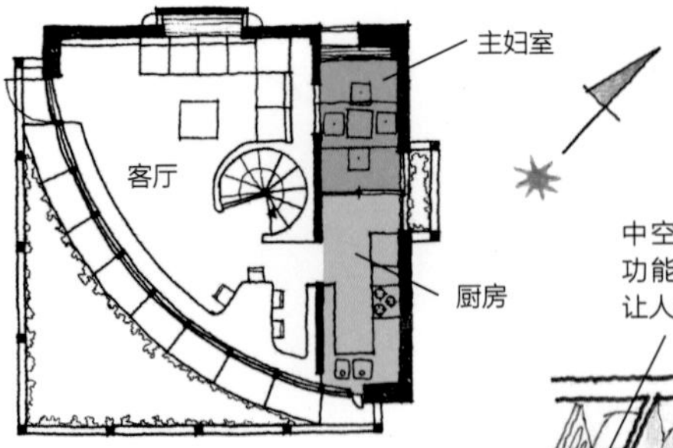


二楼平面图

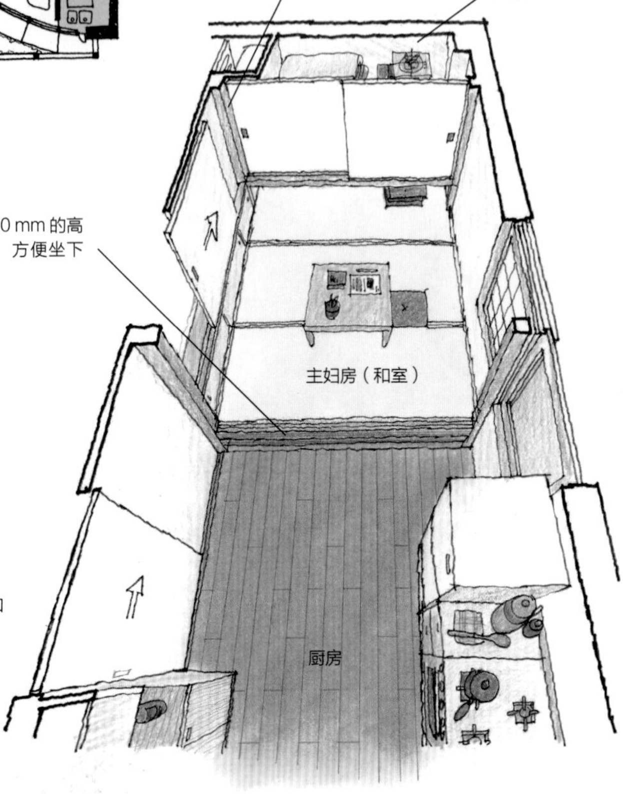
中空，且具备通风功能的窗户，不会让人感到狭窄
壁橱
约 400 mm 的高度差，方便坐下休息
出入口


**厨房、主妇房的布局**

主妇房本身是和室，有多种用途，方便主妇利用做家务的间隙午休

留给主妇的空间如果只有厨房的话，那么主妇就太可怜了，这并不是为了提高在主妇群体中的好感度，就像男主人需要书房一样，主妇也需要一个可以悠闲度过自己时间的空间。

主妇的工作从准备饭菜开始，从日常家务到负责家庭收支，从接送孩子到养育孩子，样样都马虎不得。虽然有些工作可以在餐桌上完成，但如果需要利用碎片时间推进的话，那么就不适合占用餐桌，而需要专用的地方。

佐川宅是小户型住宅，厨房旁设有 2 张半榻榻米大小的和室。拉开门，视觉上与客厅相连，这里主要是为主妇准备的空间。因为是和室，使用方法多样，不仅可以做家务，还可以和孩子、家人一起吃火锅，累的时候还可以躺下休息。置身于这样隐秘的空间里，就像卸下了肩上的重担一样让人感到轻松，这可能是人类的本能吧。

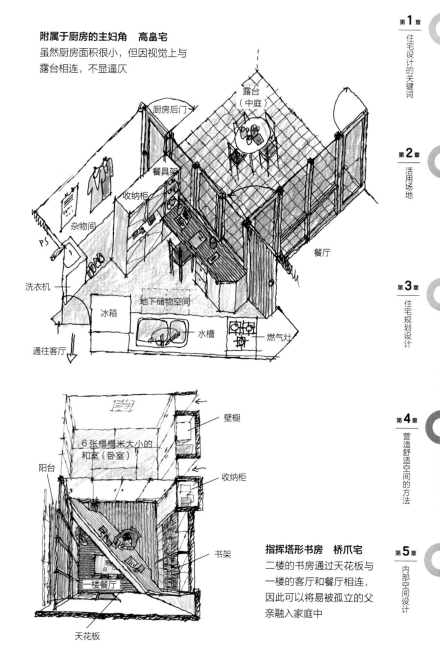

45

书房、主妇房

# 面向庭院的敞亮书房

**附属于厨房的主妇角　高畠宅**

虽然厨房面积很小，但因视觉上与露台相连，不显逼仄

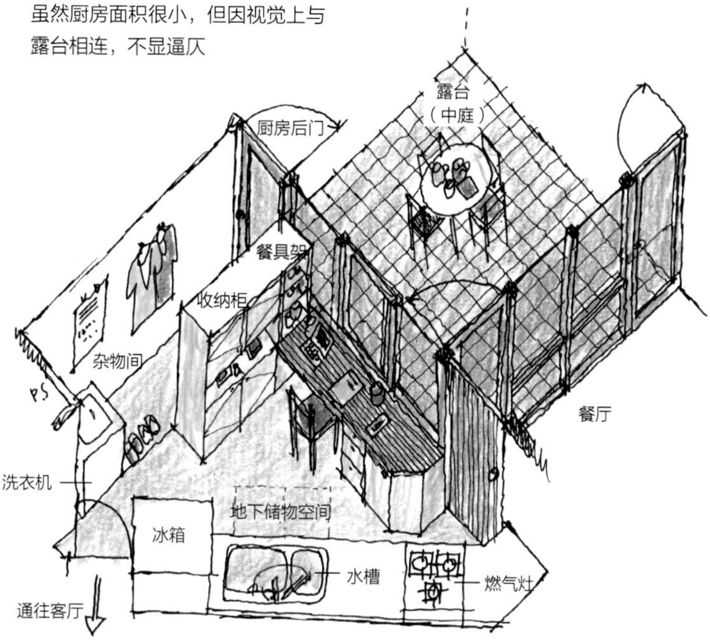
露台
（中庭）
厨房后门
餐具架
收纳柜
杂物间
PS
洗衣机
地下储物空间
冰箱
水槽
燃气灶
通往客厅
餐厅

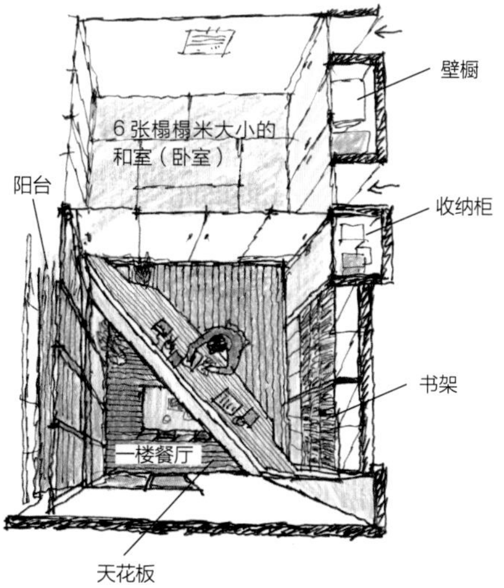
壁橱
6 张榻榻米大小的
和室（卧室）
阳台
收纳柜
书架
一楼餐厅
天花板

**指挥塔形书房　桥爪宅**

二楼的书房通过天花板与一楼的客厅和餐厅相连，因此可以将易被孤立的父亲融入家庭中

高畠宅的厨房，正如前文所述，平面呈三角形。一侧窗户处设有吧台，穿过杂物间到达中庭，便是主妇们的空间。中庭是户外用餐的场所，同时也承担着杂物间的作用。

桥爪宅的书房正对着餐厅上方的天花板，这间书房用扶手的吧台代替书桌，背后设有书架。拉门背后是和室，坐在书桌前可以了解全家人的情况，这一点很适合一家之主。

# 46 沙发秒变床的独立书房

书房、主妇房

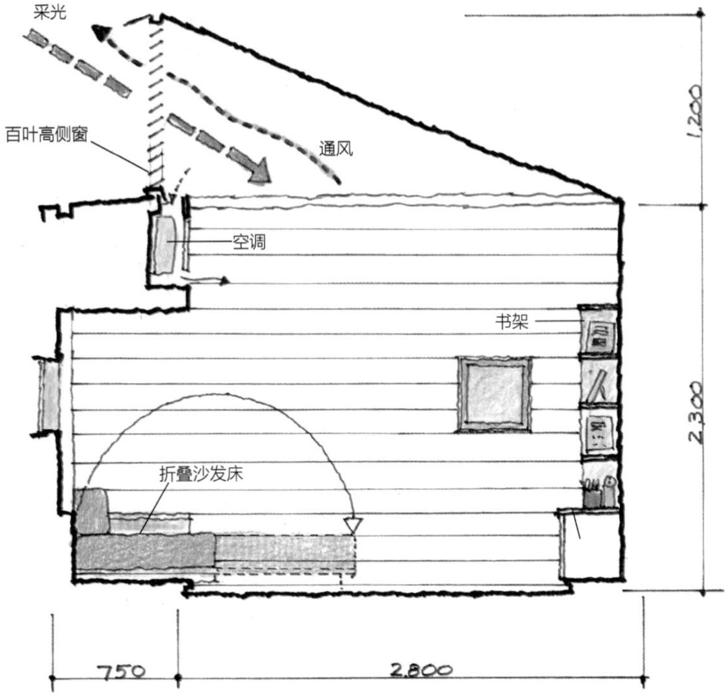
采光
百叶高侧窗
通风
空调
书架
折叠沙发床
1,200
2,300
750
2,800

**隐蔽的书房窗户很小**

如上图所示，采光、通风由墙上的小窗户和百叶高侧窗调节

崔宅的主人是一位女医生。因为工作的关系，必须经常学习新的医疗知识，所以日常需收集信息和发布信息。一味地忙于工作，精神会吃不消，所以须偶尔享受一下闲暇时光。即使时间很短，也可以读书、弹喜欢的钢琴曲，悠闲地享受时光，这对业主来说必不可少。沉迷音乐感到疲劳的时候，把沙发翻过来就能迅速变成床。

如上图所示，墙壁上的窗户很小，但有高侧窗采光和通风换气，室内环境始终良好。供暖方式采用地暖，地板选用了炕纸，光脚踩在上面的触感非常舒适。

主妇房不仅是书房，也是给主人留出的娱乐空间，设计时还设想了在沙发床上躺成“大”字形。对营造舒适空间的考虑既周到，又能治愈身心，可以说这是为职业女性设计的空间。

## 既可以享受兴趣，又可以小憩的书房

### 崔宅

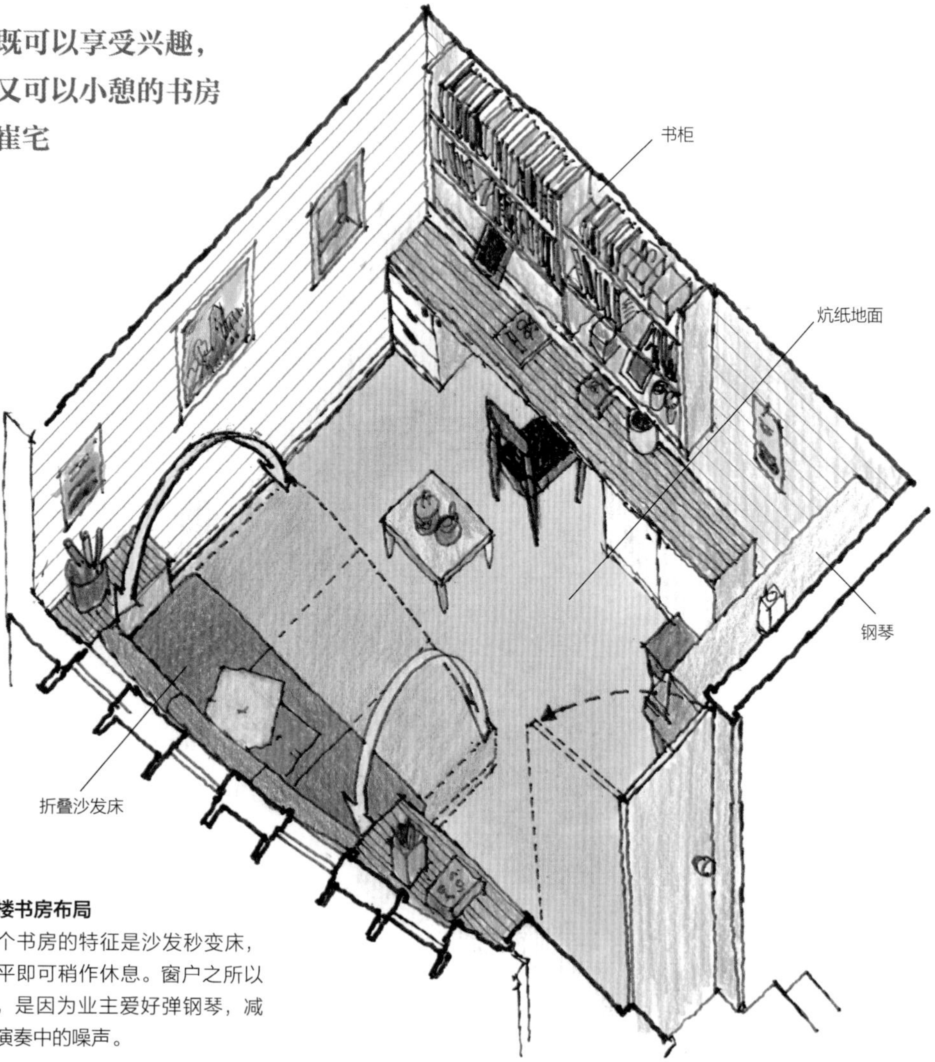

书柜
炕纸地面
钢琴
折叠沙发床


**二楼书房布局**

这个书房的特征是沙发秒变床，躺平即可稍作休息。窗户之所以小，是因为业主爱好弹钢琴，减小演奏中的噪声。

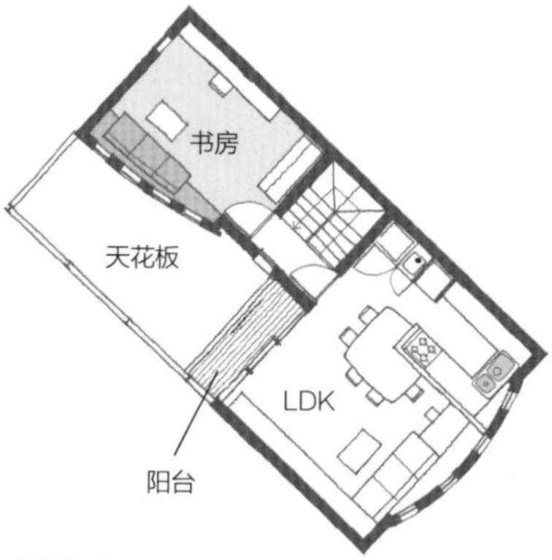

书房
天花板
LDK
阳台


**二楼平面图**

从门口可以看到折叠式沙发床，眼前是楼梯间的天窗

47

浴室、卫生间

# 体验开放感十足的浴室

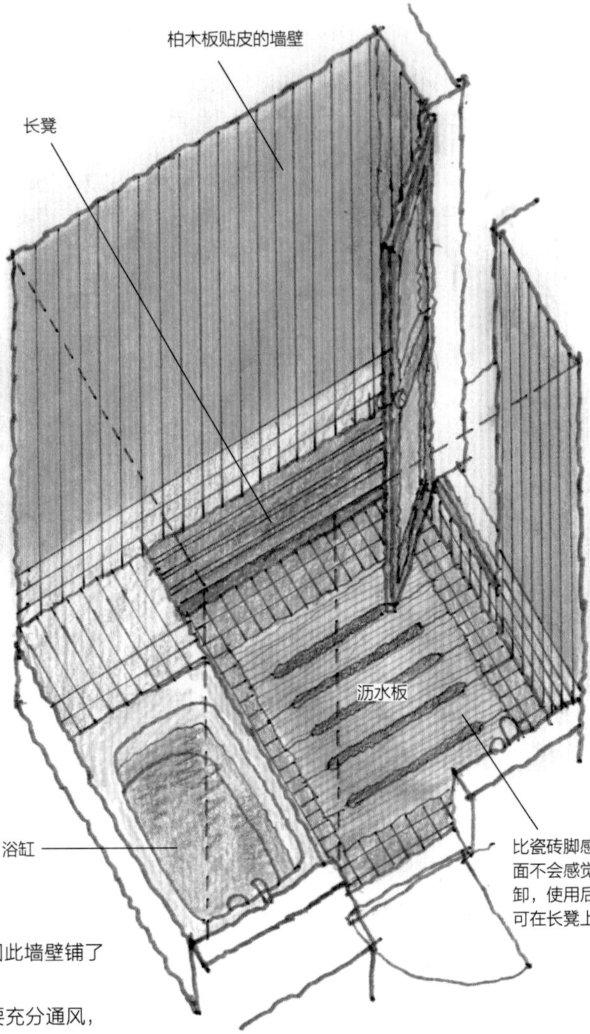
比瓷砖脚感更好，踩在上面不会感觉冰凉。可以拆卸，使用后要靠在墙上。可在长凳上稍事休息


**富士道宅的浴室**

浴室必须是对身体有益的环境，因此墙壁铺了柏木板，地面上铺了沥水板。

考虑木质材料的长久保存，浴室要充分通风，要让浴室保持干燥

对我们来说，洗澡不仅可以清洁身体、有益健康，精神方面还具有治愈的功效。生活在温暖多雨地区，经常被令人不适的湿气困扰的日本人，非常重视洗澡的习惯，并将其作为一种文化，甚至到了被称为“世界上最喜欢洗澡的民族”的程度。有的地方的人们只要用淋浴把身体冲洗干净就足够清爽了，与生活在这些国家的人不同，日本人习惯泡澡，认为泡澡能促进血液循环、治愈身心。

正因如此，在浴室的装修中，比起冰冷的瓷砖，我更喜欢散发着令人心旷神怡香气的柏木。当然，这也与柏木耐水的特性有关，但时间久了腐蚀是不可避免的，维护也很费事。尽管如此，我还是坚持给浴室铺上柏木板，因为我想让泡澡的时间充实起来。在日本，说浴室是让人体验开放感的另一个客厅也不为过。

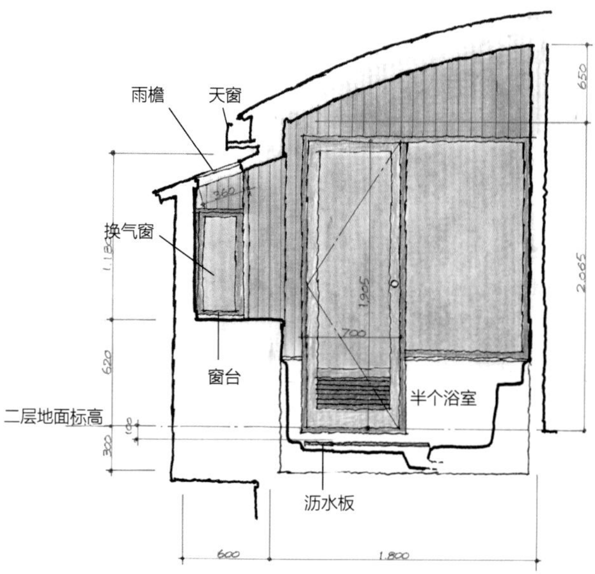
雨檐
天窗
换气窗
窗台
半个浴室
二层地面标高
沥水板

**下功夫保证木质材料干燥的浴室**
**桥爪宅**
为了防潮，充分考虑采光和通风

**富士道宅浴室剖面图**
对于喜欢泡澡的人来说，在浴室里的长椅上休息是再好不过的享受了吧

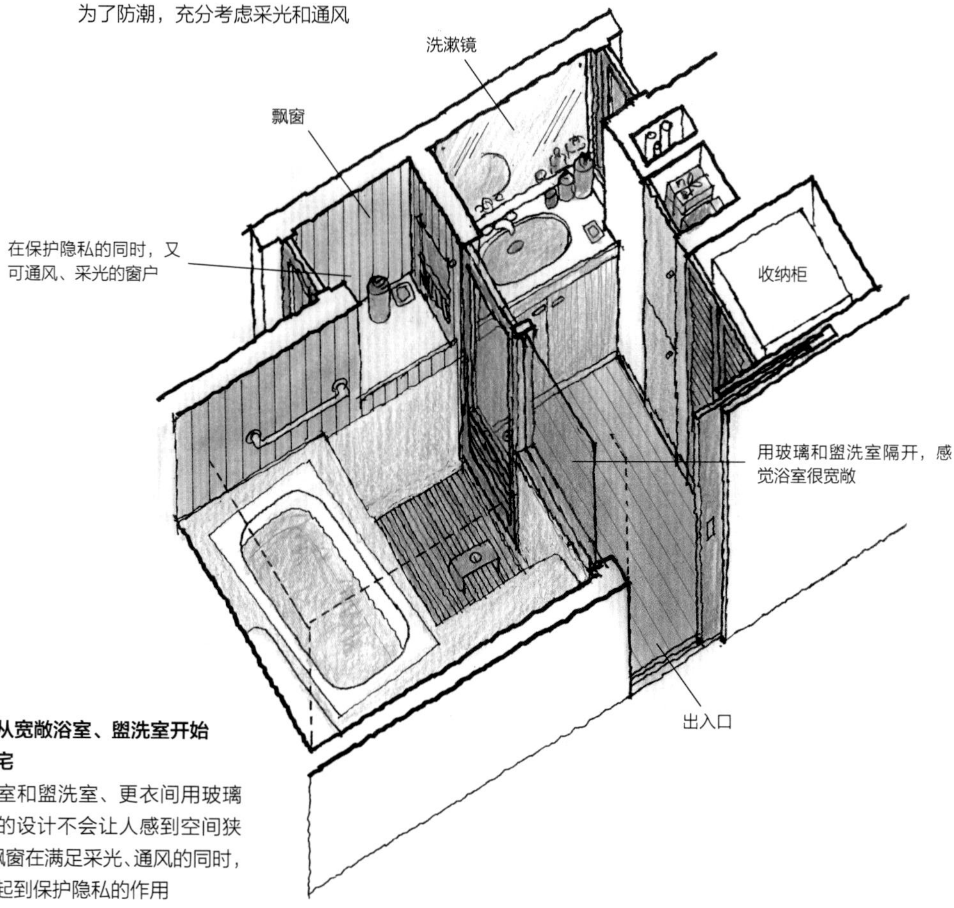
洗漱镜
飘窗
在保护隐私的同时，又可通风、采光的窗户
收纳柜
用玻璃和盥洗室隔开，感觉浴室很宽敞
出入口

**放松从宽敞浴室、盥洗室开始**
**桥爪宅**
将浴室和盥洗室、更衣间用玻璃隔开的设计不会让人感到空间狭小。飘窗在满足采光、通风的同时，还能起到保护隐私的作用

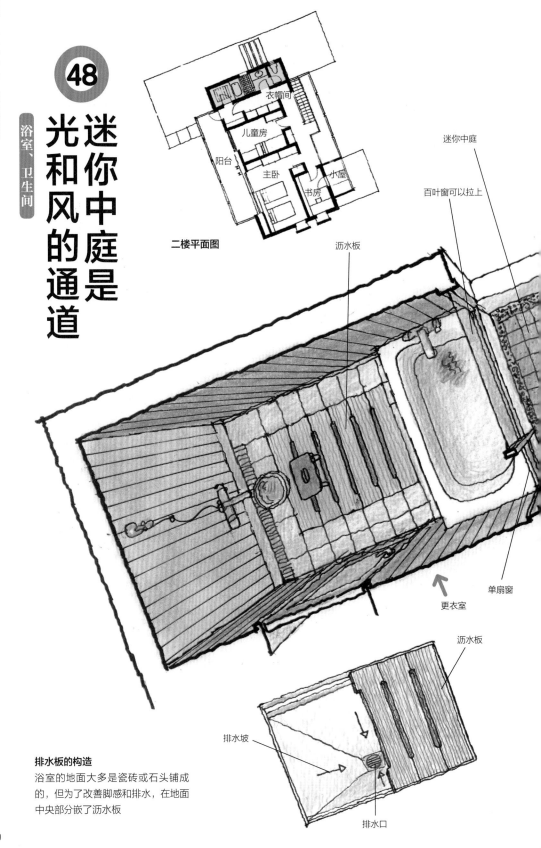

浴室、卫生间

# 48 迷你中庭是光和风的通道

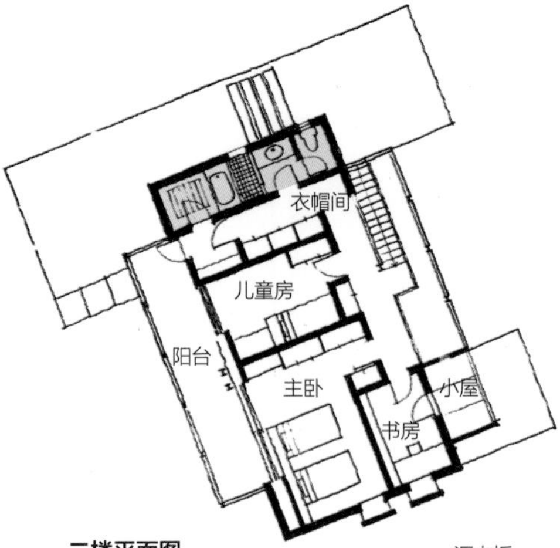
衣帽间
儿童房
阳台
主卧
小屋
书房

二楼平面图

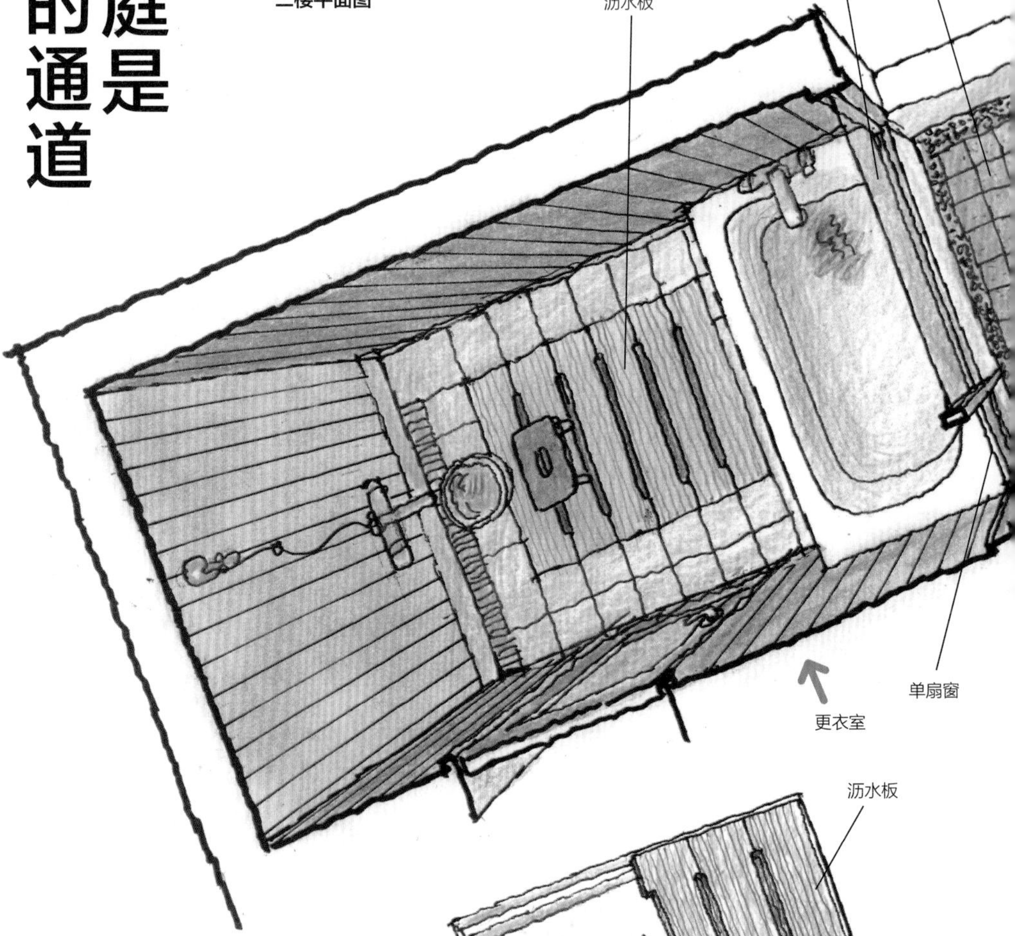
迷你中庭
百叶窗可以拉上
沥水板
单扇窗
更衣室

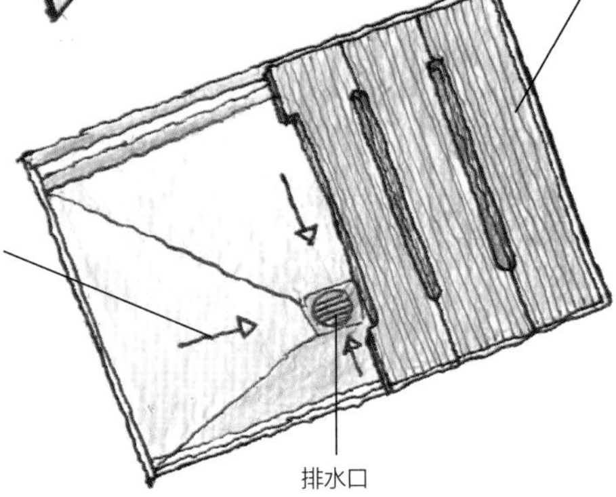
沥水板
排水坡
排水口

**排水板的构造**

浴室的地面大多是瓷砖或石头铺成的，但为了改善脚感和排水，在地面中央部分嵌了沥水板

## 开放舒适的浴室
## 名越宅

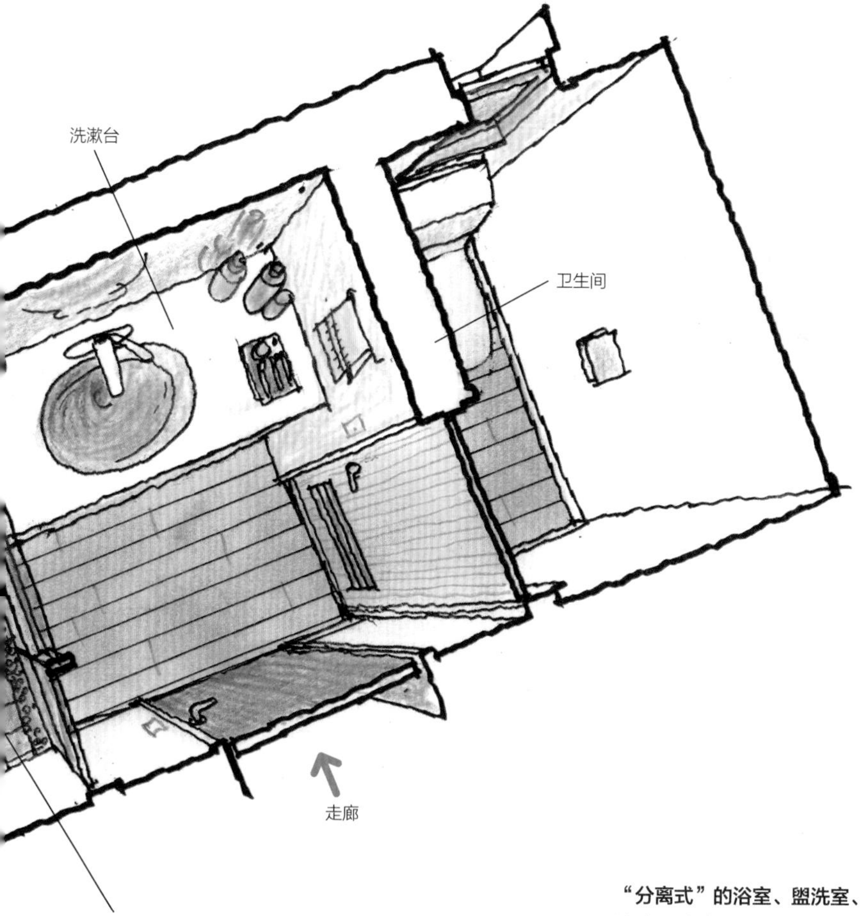
迷你中庭在确保私密性的同时，可增强采光、通风，浴室和盥洗室也不会让人感到空间狭小


**“分离式”的浴室、盥洗室、卫生间布局**
这个设计中盥洗室、卫生间由中庭和浴室分开，根据中庭位置的不同，也有不同的方案

浴室和盥洗室、卫生间是高度私密空间，因此被固定的设计放在最里面，而且窗户是带格子的小窗，环境昏暗，通风不畅，由于用水量大，这里成了容易滋生霉菌和白蚁的地方，对居住的人来说也是烦恼的来源。

名越宅的浴室和盥洗室、卫生间虽然狭小，但通过引入户外空间，克服了卫浴的这些问题。如图所示，在盥洗室、卫生间和浴室之间设计了一个小中庭。如果可以的话，希望这里能放下一个摇椅，以便泡完澡后单手拿着啤酒坐在上面休息。

这个中庭在墙面上开了一个窗口，上方是通的，风和光均可进入卫浴空间。在开口处挂上浴帘，或拉上浴室大扇玻璃上的百叶窗，就能轻松达到保护隐私的目的。

# 49 营造露天温泉般的浴室

浴室、卫生间

夏天在棚架上搭苇草或帐篷，既可抵御强烈的阳光，也利于藤蔓植物攀爬，可赋予空间季节感
棚架通过大玻璃隔断与阳台一体化
阻隔来自外部的视线


**浴室、阳台的剖面透视图**
窗户对着用墙壁围起来的阳台，窗户很大，形成了明亮通透的浴室

浴室是对隐私要求较高的空间，但另一方面也有很多人希望体验开放感而喜欢露天温泉。有趣的是，裸体进入公共浴场和露天温泉也是日本独有的入浴文化。人们总是穿着死板的衣服忙于工作，自然会有人想回归人类本来的姿态，自由自在地行动。也许正因如此，最近像露天浴池一样的浴室也进入了城市住宅。木村宅的这个浴室可以让你在享受开放感的同时，保护私密性。

木村宅的二楼，是以浴室为中心的布局。浴室朝向二楼阳台，但从同样朝向阳台的儿童房和主卧来看是死角，阳台用高墙隔开，从外面看不见浴室。

不用担心外界的视线，可以一边眺望天空一边泡澡，是真正具有露天温泉感觉的浴室。

## 阳台和浴室一体化　木村宅

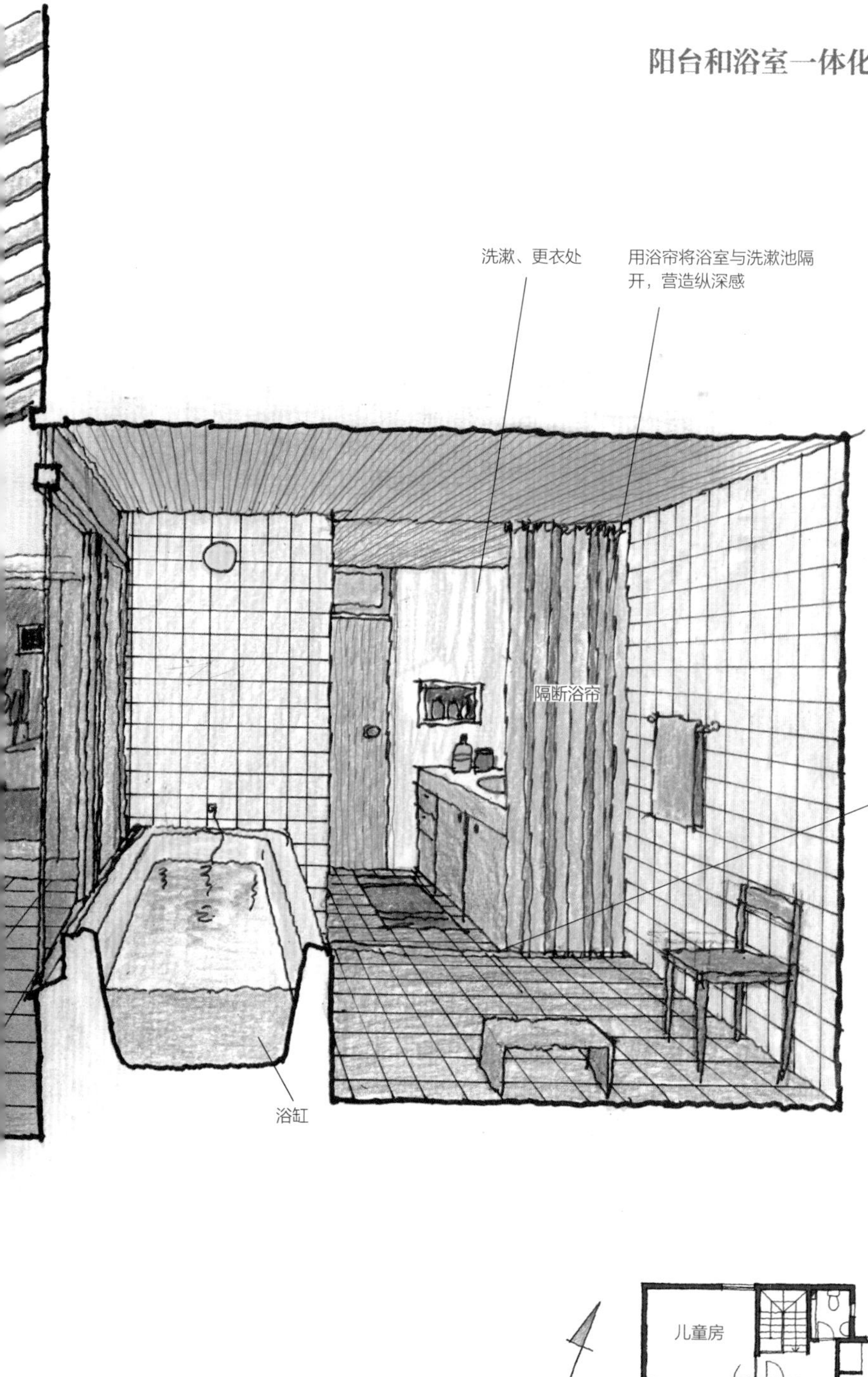
没有高低差的无障碍设计，需要想办法避免废水流入盥洗室


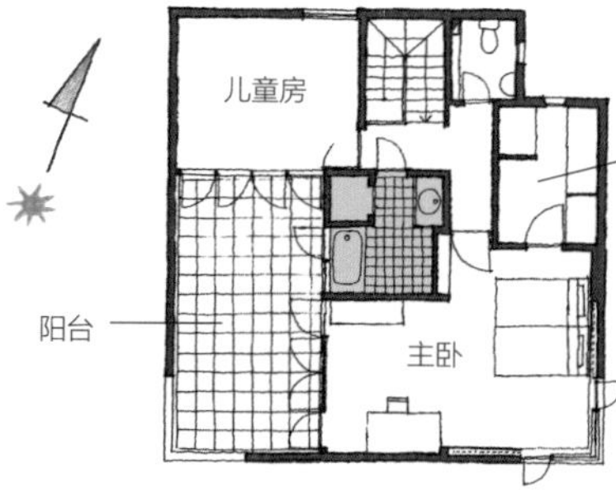
储藏室


**二楼平面图**

儿童房、主卧、浴室都朝向同一个阳台，却各自独立

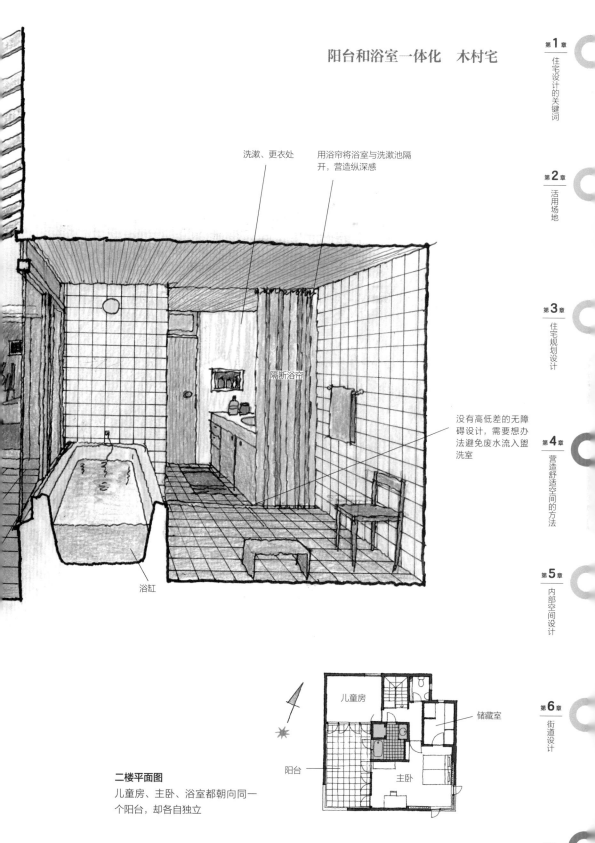

玄关

# 50 玄关处藏露适当

**明亮的玄关**

打开玄关和大厅之间拉门的话，可享受外面的气息

入口，即玄关，不再单纯地被认为是住宅的出入口。玄关是迎接重要客人的场所，也是居住者上班上学时整理仪容的场所。对于客人来说，玄关是居住空间的门面，应给人留下好印象。宫胁檀认为玄关须向内打开，以便迎接来客。宫胁先生不喜欢拒人于门外的封闭玄关，设计时考虑玄关要让人能从外面看到内部，或从内部看到外面。

吉见宅的玄关正是这样，在住宅箱体里附带像玻璃房一样的玄关间，走近一看，透过玻璃缝隙可窥见里面，但无法看清住宅的内部。玄关间的墙壁安装了玻璃窗和门，居住者可以一边欣赏窗户对面的庭院，一边进出住宅，心情非常舒畅。

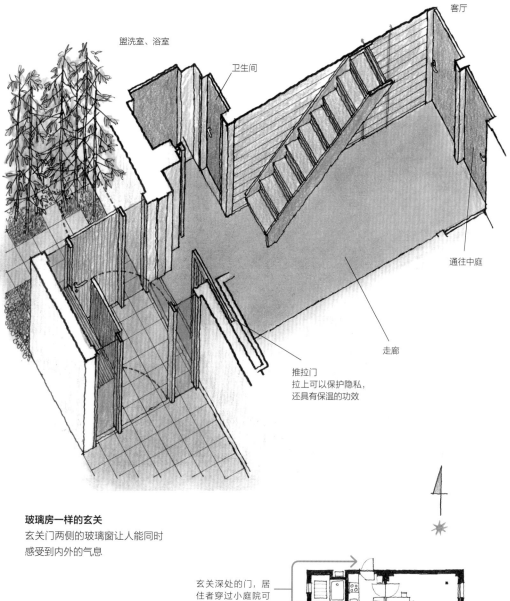

# 在玄关创造层次　吉见宅

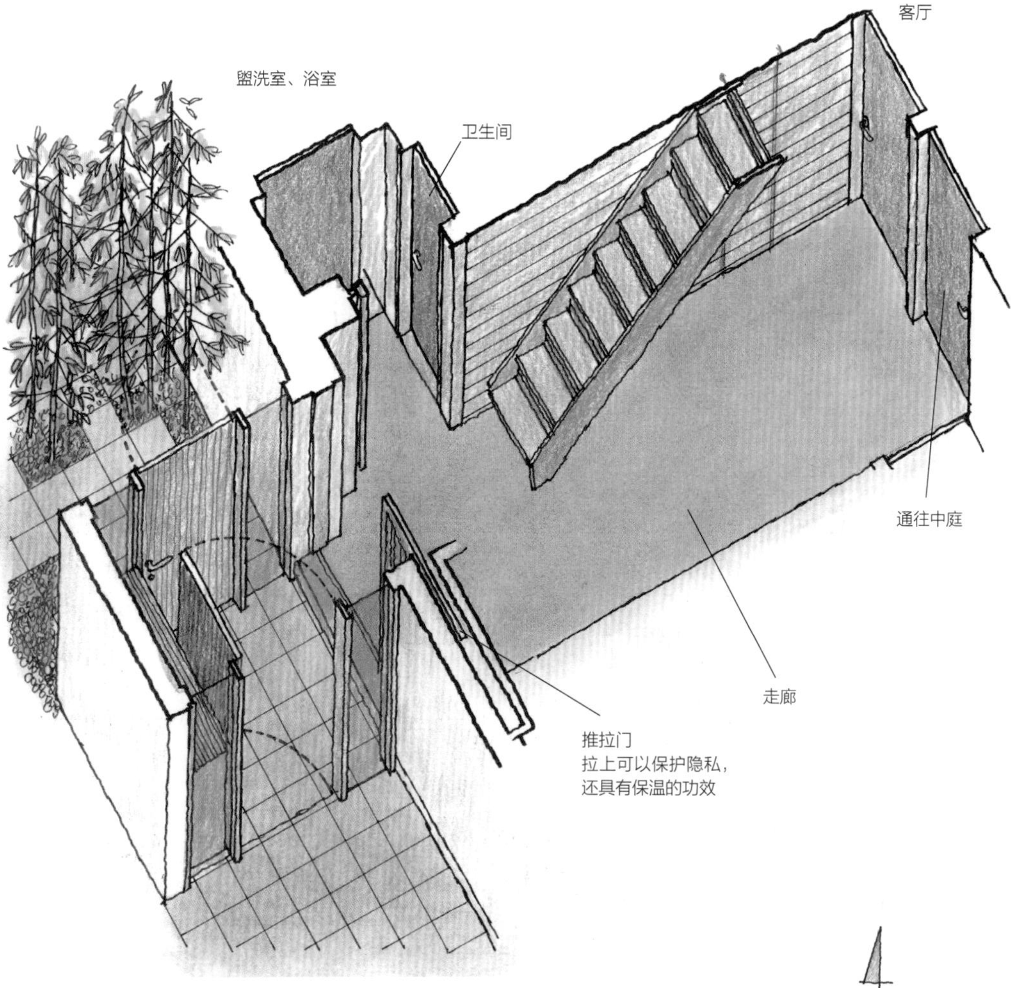

盥洗室、浴室
卫生间
客厅
通往中庭
走廊
推拉门
拉上可以保护隐私，
还具有保温的功效


**玻璃房一样的玄关**

玄关门两侧的玻璃窗让人能同时感受到内外的气息

玄关深处的门，居住者穿过小庭院可进入厨房的后门

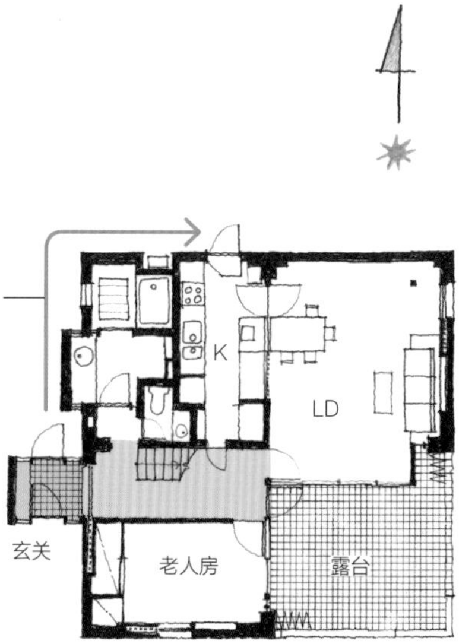

K
LD
玄关
老人房
露台


**一楼平面图**

住宅附带玻璃房玄关的结构，通过大厅和玄关交界处推拉门的开合，既能保护隐私，又能防止冷暖气的流失

51 玄关

# 观景窗是迎宾画

在设计玄关时，须注意开灯的建筑内部和充满阳光的户外在亮度上有本质区别。因此，从外部进入玄关的话，不管开灯方式如何，亮度给人的印象也会有很大差异。为了避免出现这种情况，中山宅玄关在门上开了一个小窗口，并在门的两侧设计了窄窗，便于吸收自然光。

之所以认为玄关应该尽可能明亮、舒适，是因为玄关是一个家的脸面。中山家在日本是古老的名门望族，将中山宅建造在宽敞的用地上，还设计了中庭等户外空间，采光通风良好，十分舒适。特别是一进玄关，迎面有一扇画框一样的窗户可以通览中庭，宛如一幅美丽的自然画卷。作为住宅迎接来客的“脸面”，氛围营造得无可挑剔。

# 观景玄关 中山宅

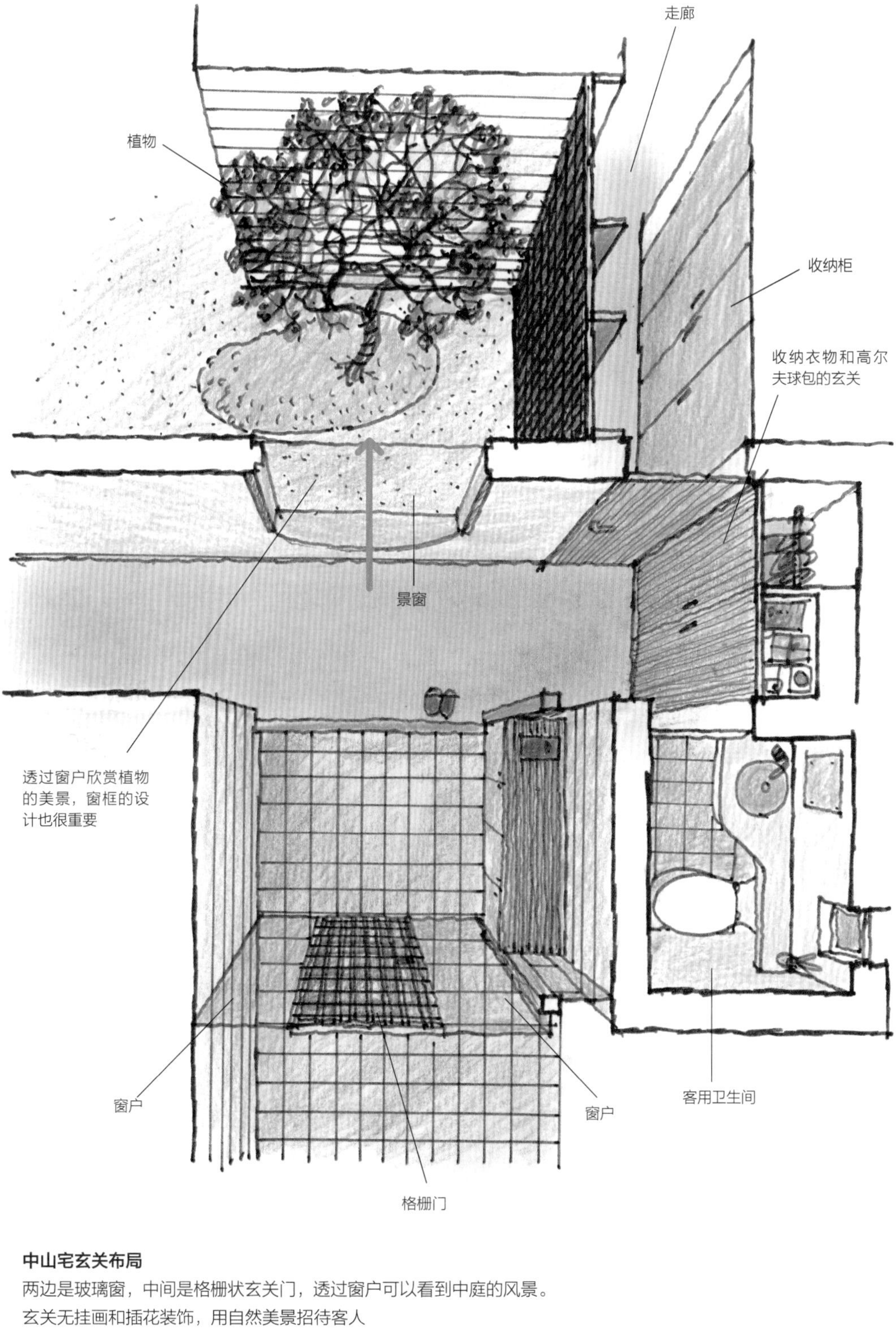
走廊
植物
收纳柜
收纳衣物和高尔夫球包的玄关
景窗
透过窗户欣赏植物的美景，窗框的设计也很重要
窗户
窗户
客用卫生间
格栅门

**中山宅玄关布局**

两边是玻璃窗，中间是格栅状玄关门，透过窗户可以看到中庭的风景。

玄关无挂画和插花装饰，用自然美景招待客人

玄关

# 52 访客和主人均可看到美景的玄关

光线从二楼上方照进来，经过墙壁反射后更加柔和。木制墙壁也给光线增加了温度

## 豪宅的玄关 有贺宅

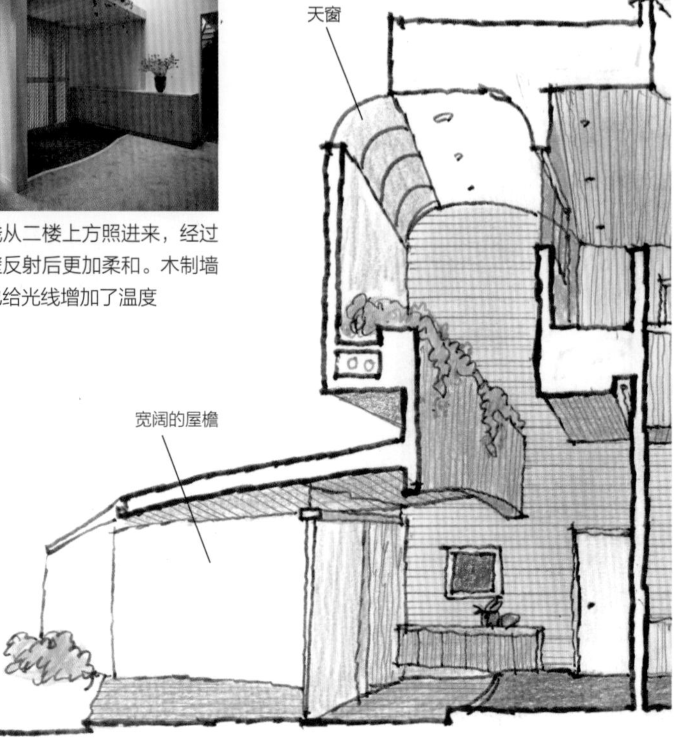


**宽阔的屋檐彰显出住宅的档次**

**玄关、门厅剖面透视图**

通过位于二楼天花板的天窗采光，消除初进玄关时住宅给人的昏暗印象，让住宅看起来也更漂亮

前面已经说过，玄关是住宅的脸面，采光要明亮通透。除此之外，玄关还需兼作收纳空间，提供装鞋、放伞，以及为客人准备挂外套、放拖鞋的地方，有些家庭可能还需放高尔夫球袋、滑雪板等运动装备。

鉴于此处会来回穿脱户外鞋和拖鞋，所以必须留意地面的高低差，需要细致入微地考虑，例如方便穿脱鞋的坐椅、暂时挂湿大衣之处等。

有贺宅的玄关美观大方，是稳重的日式风格，面积也足够大。从天窗照射到玄关深处的阳光，使原本就宽敞的屋顶空间更引人入胜。这的确是与家庭脸面相称的空间，也不愧是决定访客第一印象的场所。正因如此，一看玄关就能大致了解这家人的模样。

无论是访客还是迎接的人，在玄关柔和的光线下会被映衬得更好看，这一设计独具匠心。

# 专栏

# 在旅行中增长见识

宫胁老师喜欢旅行，关于建筑的著作不胜枚举，关于旅行的著作数目也很多。

对于建筑从业者来说，旅行的重要意义是体验。旅行不仅能让身心得到休息，还能增长见识，其优点数不胜数。接触异国的建筑和文化，可以获取不少新的设计灵感和启发。他如果看到能激发灵感的空间，就会速写记录下来，有卷尺的话就用卷尺测量，不凑巧没有的话，就目测记下尺寸。

当然他也喜欢拍照，相机对他来说是必需品，素描本也不忘放在背包里。通过素描可以理解建筑的细节和结构。另外，他还会对酒店进行实地测量，这也是为了提升自己的素养吧。

宫胁先生去世前的几年，我们去尼泊尔旅行，在加德满都的酒店同住一个房间，到了房间后，尽管已经很累了，他还是拿出素描本和卷尺开始对房间进行实测，这让我很吃惊。然后他说“这家酒店很不错”，我现在还能回忆起他一边用卷尺测量照明灯的位置、方便孩子使用的低矮洗手池的高度，一边说话的画面。

**旅行目的地酒店的实测图**

为了记录旅行和培养尺度感，在宫胁老师的教导下，我旅行时一定会测量酒店房间，不仅要仔细观察格局和尺寸，也要细致留意家具和照明设施等

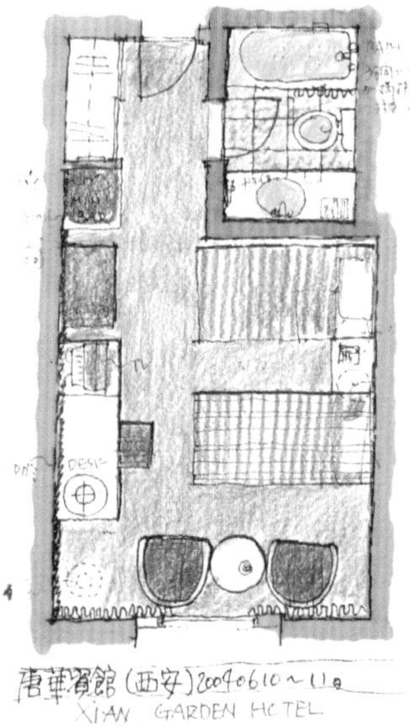


中国西安的酒店房间平面图

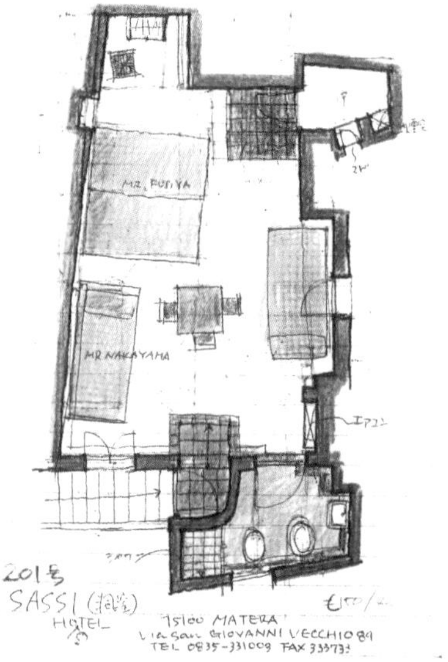


意大利马泰拉洞穴酒店平面图

**专栏**

# 宫胁檀透视图——虫视图

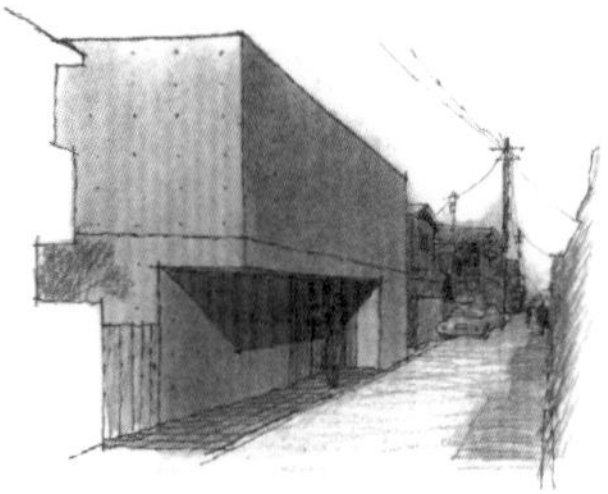

**一点透视人视图**

符合人视线的高度，地面和后面的风景会进入视野，范围大

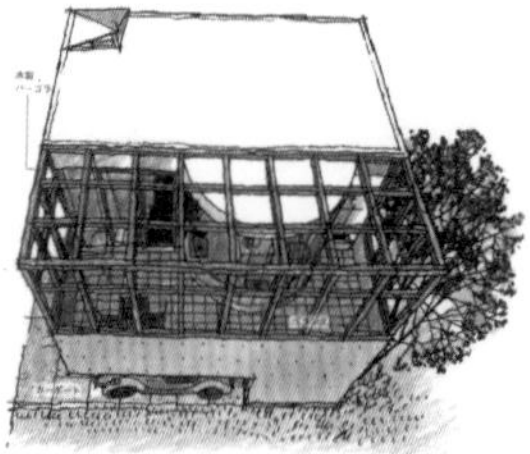

**鸟瞰图**

从鸟的视角来描绘，俯瞰建筑

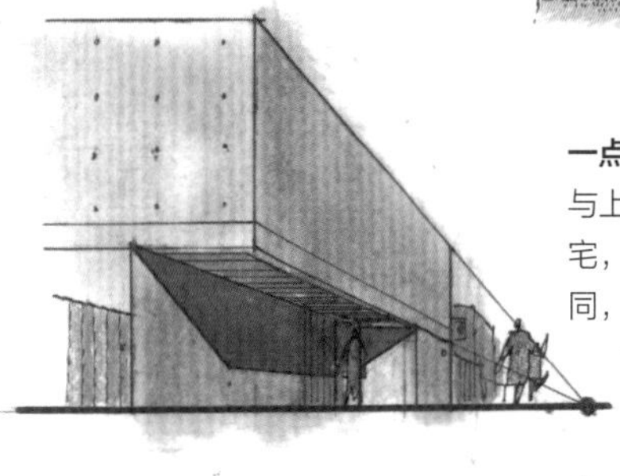

**一点透视虫视图**

与上面的一点透视图一样是船桥宅，虫视图消失点与地面高度相同，描绘的范围小

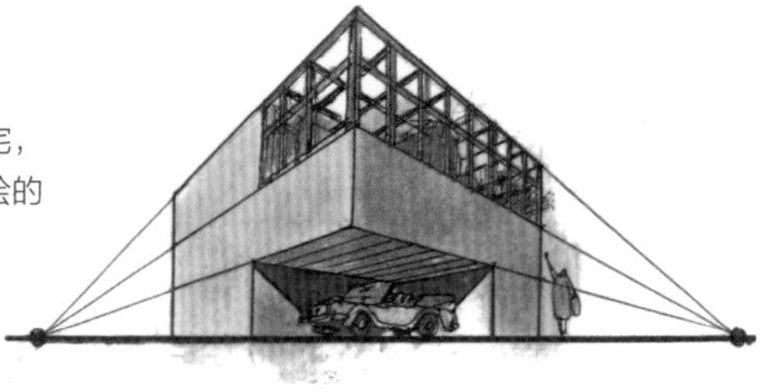

**两点透视虫视图**

与上面的鸟瞰图一样是横尾宅，虽是两点透视图，虫视图描绘的范围更小

在透视图中，以在上空俯瞰角度绘制的立体图被称为鸟瞰图（bird's eye view），如字面意思，这是鸟类飞行时看到的构图。虫视图是虫子在地面上爬行时所看到的构图，是人进入街道的窨井，用与地面齐平的视线看到的状态。鸟瞰图的“瞰”有从上面俯瞰的意思，所以虫视图用的是“视”字。虽然这不是绘图法的正式名称，但因为宫胁老师这样称呼，所以我认为它是具有宫胁檀特色的。

虫视图是视线与地面持平，以仰望角度绘制的立体图，不需要描绘地面的情况，是一种高效的透视图。另外，人或电线杆等画得大的话看起来比较近，画得小的话看起来比较远，这是一种简便的透视图绘制方法。作为建筑从业者，学会速写透视图，对以后的设计学会大有益处。

另外如果建筑很小，那么可以从较低的视点绘制仰视图，节约素描时间，快速表现也是这种透视图的优点。

# 第5章

# 内部空间设计

# 1 需要很多门窗的理由

## 拉门槽和檐廊板架采用同样的设计 木村宅

**客厅的拉门槽和檐廊**

檐廊的凹槽和门户的拉门槽保持相同间隔，使整体看起来仿佛都是檐廊

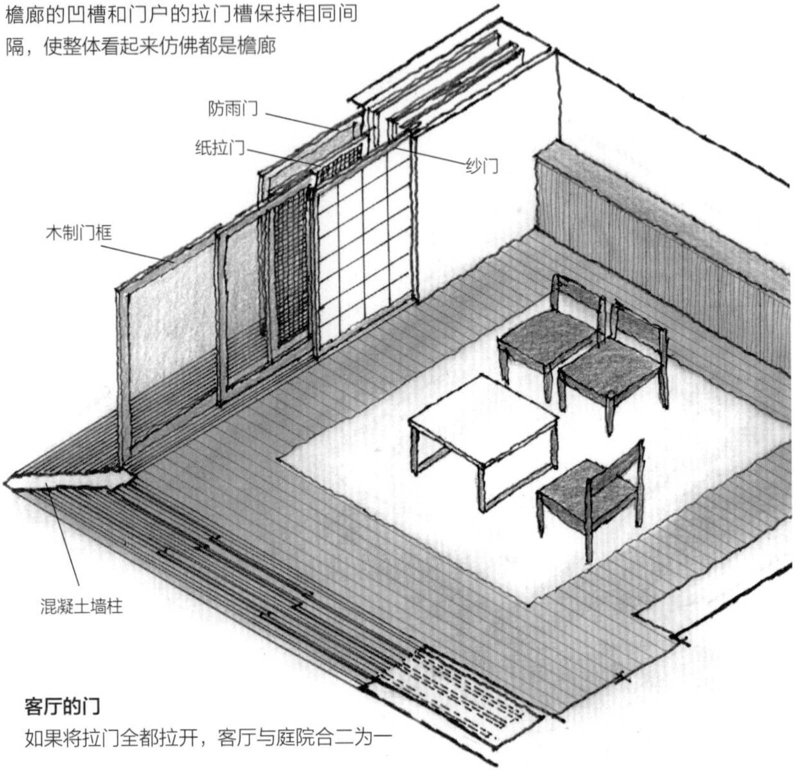


**客厅的门**

如果将拉门全都拉开，客厅与庭院合二为一

铝材密封性好、耐腐蚀，是门窗的首选材料，但宫胁先生很少选用铝材，他始终坚持“仅采用木制门窗”的原则。因为木头独特的手感和颜色，以及温暖的质感，会给房间的外观增色，使室内装修变得舒适恬静。

此处以木村宅的开口为例，观察一下轨道的数量和拉门暗箱的大小，会不会惊讶于所用拉门之多呢？但因为拉门的轨道与排水板架十分相似，且板架和轨道的间隔一致，所以整体看起来仿佛都是檐廊。

即使去除板架的部分，轨道的数量也比一般的房子多，那是因为装了 4 条防雨门（玻璃扇）轨道、3 条玻璃门轨道、1 条纱门轨道，加上 3 条纸拉门轨道，共计 11 条轨道。要想把房子近 2 $m^2$ 的大门全部打开，就需要这么多种拉门和轨道。

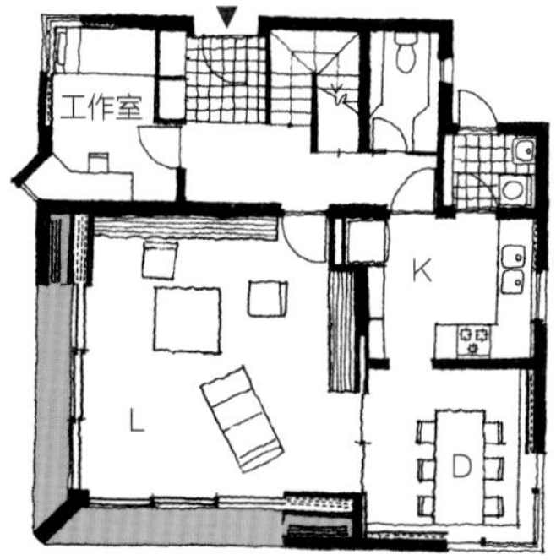
工作室
K
L
D

**一楼平面图**

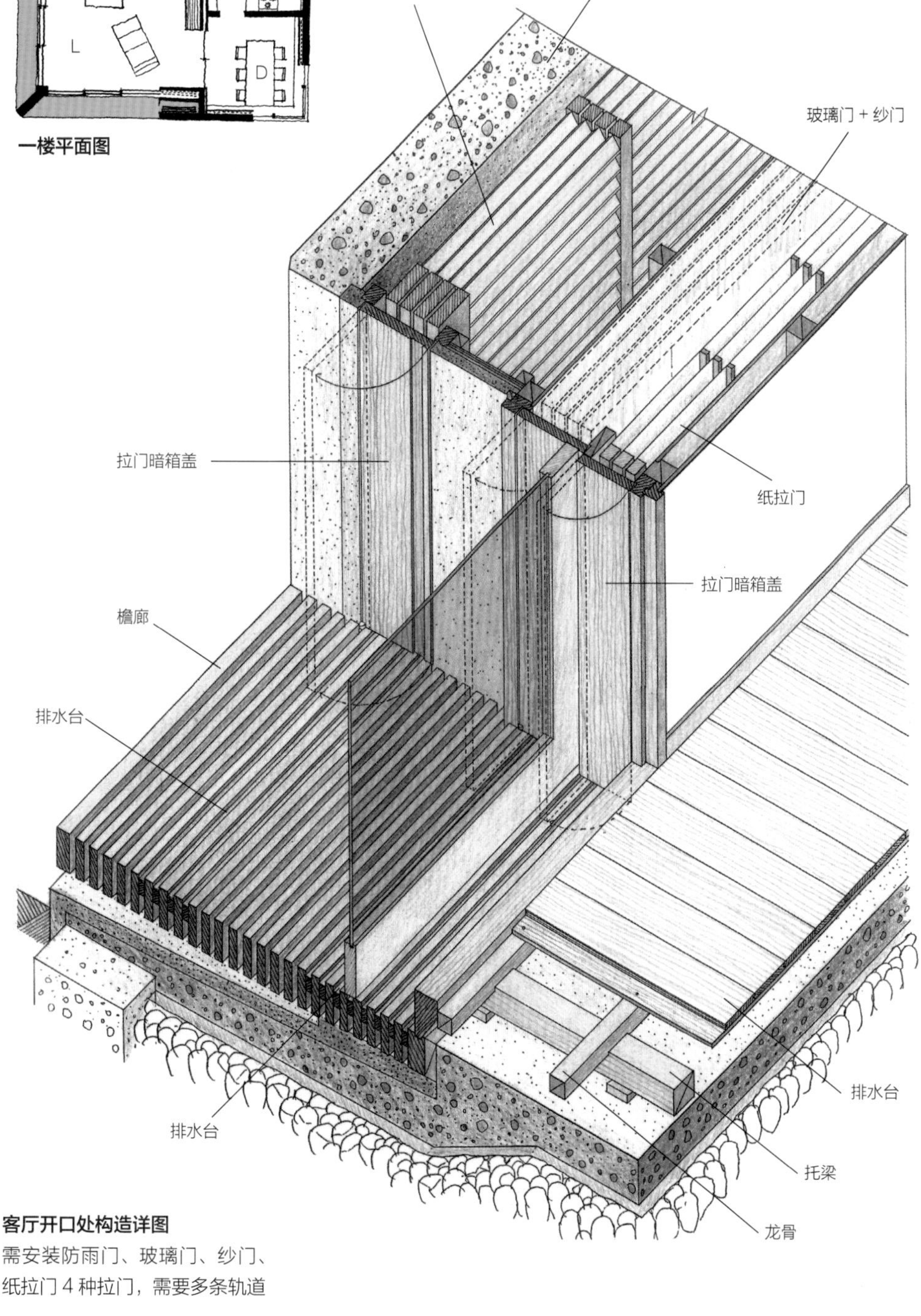
混凝土外墙
防雨门（玻璃扇）
玻璃门 + 纱门
拉门暗箱盖
纸拉门
拉门暗箱盖
檐廊
排水台
排水台
排水台
托梁
龙骨

**客厅开口处构造详图**

需安装防雨门、玻璃门、纱门、纸拉门 4 种拉门，需要多条轨道

# 2 小户型和高密度住宅区更需要飘窗

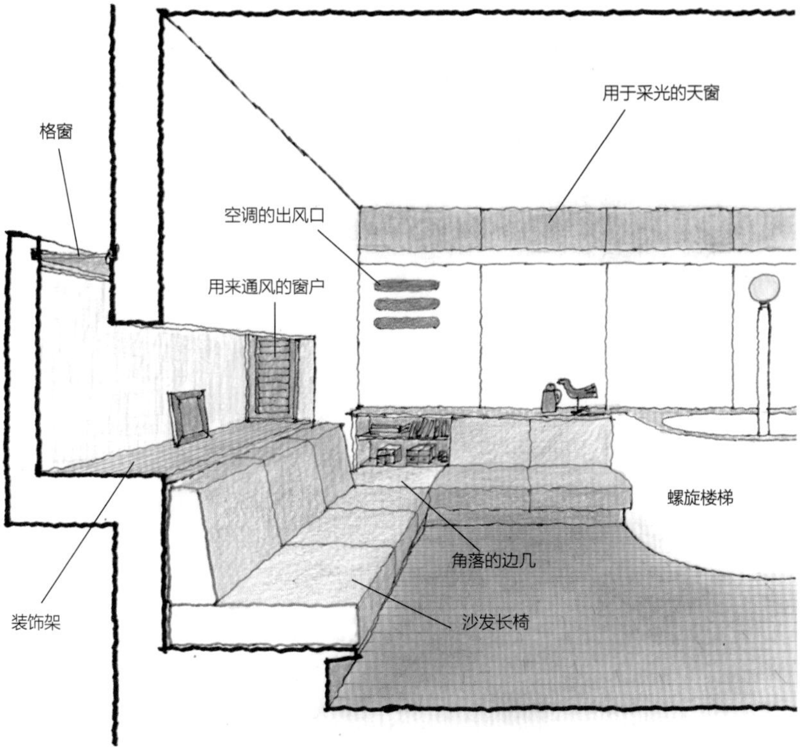
用于采光的天窗
格窗
空调的出风口
用来通风的窗户
螺旋楼梯
角落的边儿
装饰架
沙发长椅

**客厅飘窗剖面透视图　佐川宅**

来自沙发背后飘窗的光线和风，让人心情舒畅

窗户集采光、通风、眺望、隔声等功能于一体，是建筑的重要组成部分。虽有阳光大量照进房间的时候，但季节不同进光量不同，风量也是同理。为了视野开阔而选择安装大窗户的话，就要承受日常生活被暴露在外界视线中的后果。宫胁老师设计的飘窗，恰巧可以解决这些问题。

将墙壁向外移的形式会遮挡住邻居的视线，上方开天窗采光充足，两侧设通风口，适用于卧室、儿童房、厕所和浴室等隐私的房间。天窗用固定玻璃封条密封，侧方开口使用单扇玻璃窗和纱窗，或者用在玻璃和玻璃之间加入纱网的方法来引入光和风。

光从上面的玻璃照进来，风从侧面吹进来，开口处分工堪称完美。

**卧室飘窗　中山宅**

飘窗带来的柔和光线赋予卧室更多宁静感

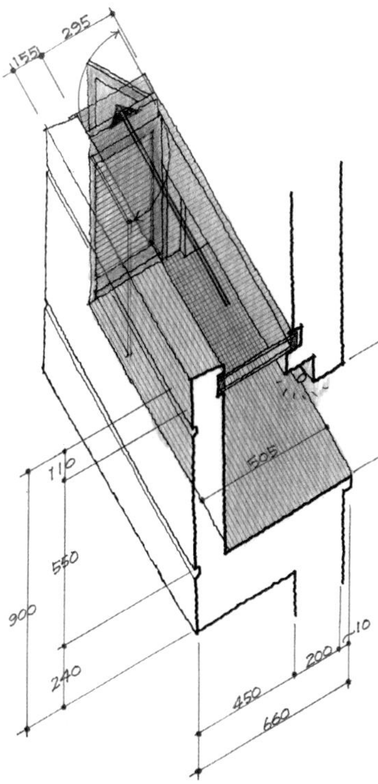
155
295
450
505
110
550
900
240
450
660
200
10

**飘窗构造详图**

侧面用于通风，上方用于采光，也装了夜间的照明灯

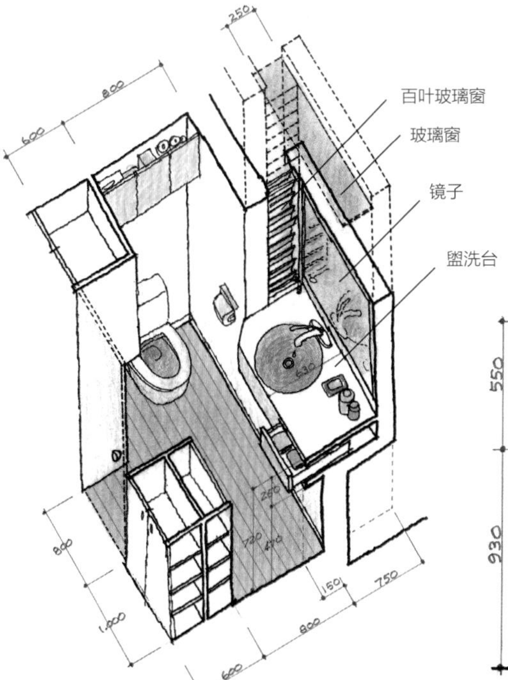
250
800
600
百叶玻璃窗
玻璃窗
镜子
盥洗台
630
260
720
470
800
1,000
150
750
800
600

**卫生间、盥洗室飘窗剖轴测图　崔宅**

飘窗两侧的百叶窗兼顾采光通风

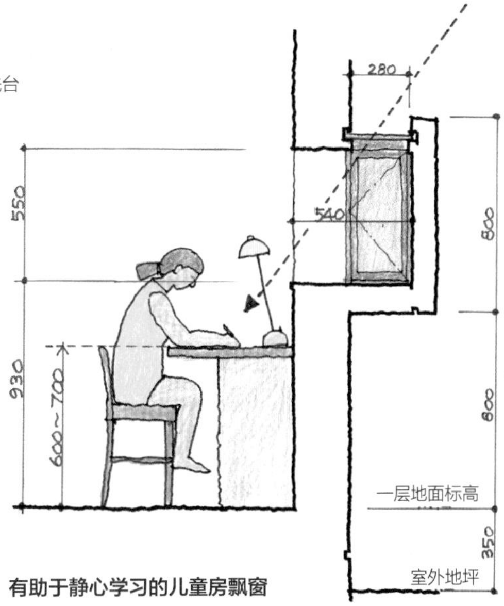
280
550
540
800
930
600~700
800
一层地面标高
350
室外地坪

**有助于静心学习的儿童房飘窗**

**剖面图　三宅宅**

既保护了隐私，也保证了采光和通风

# 3 仅采用木制门窗

**客厅的窗户（错位推拉）**
**河崎宅**
纸拉窗和玻璃窗为错位推拉，
纱窗和防雨窗可以收入墙中

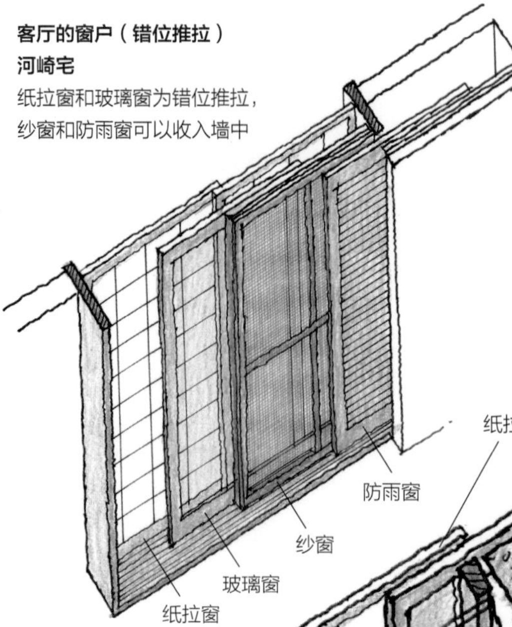
防雨窗
纱窗
玻璃窗
纸拉窗

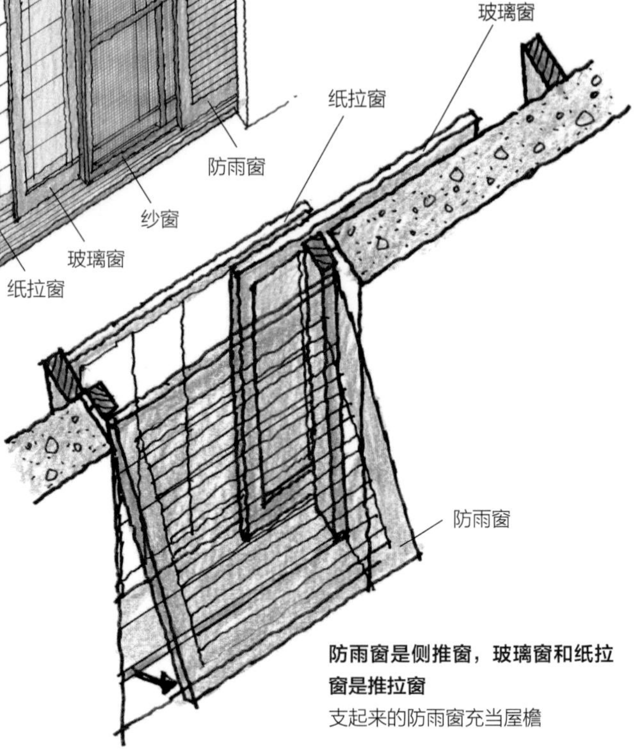
玻璃窗
纸拉窗
防雨窗

**防雨窗是侧推窗，玻璃窗和纸拉窗是推拉窗**
支起来的防雨窗充当屋檐

如果在墙壁的开口处安装错位推拉门，那么能打开的仅剩一半。宫胁先生想把开口处完全打开，因而搭配了能把门收入其中的墙内暗箱。

## 非常喜欢纸拉门

纸拉门有秩序的格栅设计、光透过纸照进来形成的光影美，是其他门窗不具备的特有魅力。即使是西式房间宫胁先生也会在房门开口处设计纸拉门。

## 木制门窗比较好

随着目前住宅中全屋使用空调的家庭日益增多，人们对建筑门窗的密封性要求也越来越高。宫胁先生并不把门窗的密封性当作问题，而是热爱木头的质感和风格，并对将木制门窗引入居住空间充满了热情。

**客厅的门（推拉门） 立松宅**

开口处能被全打开的推拉门，纸拉门、玻璃门、纱门、防雨门 4 种拉门需要 8 条轨道

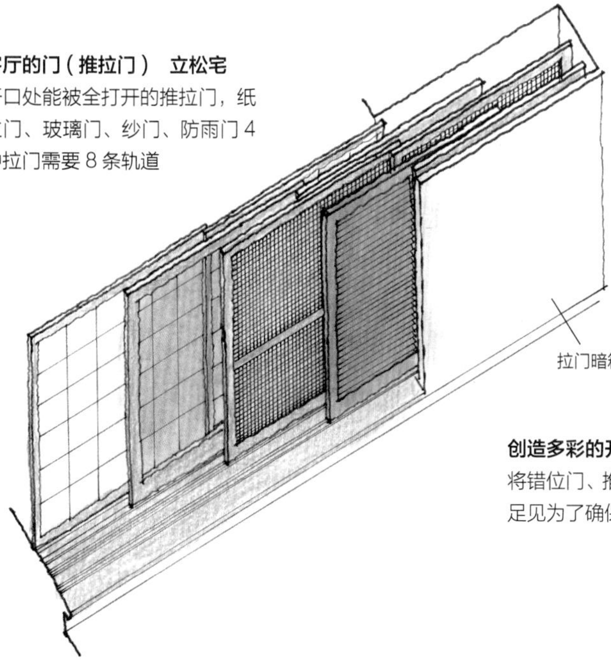


**创造多彩的开口处**

将错位门、推拉门、支起来的门等组合在一起，足见为了确保开口处宽敞而下的功夫

**门全开的时候**

由于内部和外部的空间融为一体，使人感觉空间宽阔

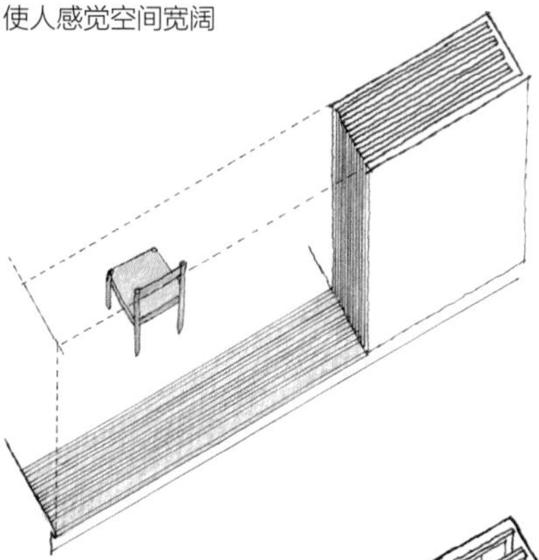

**拉上纱门和防雨门**

既防虫又通风，通过防雨门的开合来调节风量，多用于夏天夜间

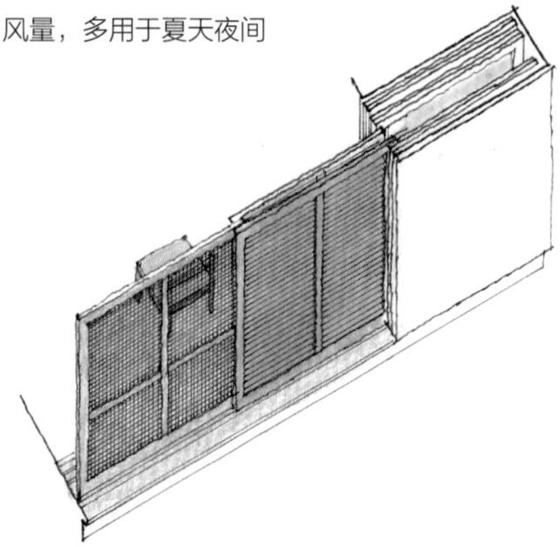

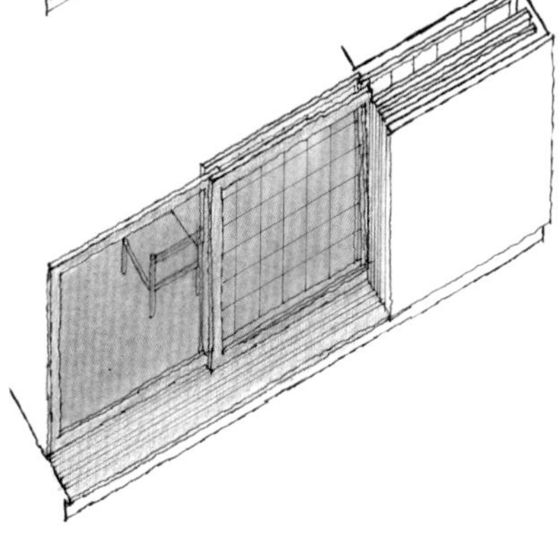

**拉上玻璃门和纸拉门**

既能阻隔外部的空气，又不会遮挡视线，可利用纸拉门的开合程度来调整来自内外的视线

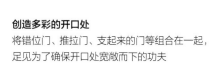

# 4 纸拉门并非和室专属

**用玻璃格窗隔开**
**前田宅**
上边是连续的纸拉门，无论是和室还是西式房间都适用。（左上）
**客厅和和室上方相连**
**立松宅**
从和室高窗的纸拉门照进来的光线是客厅的间接照明。（右上）
**从纸拉门射进来的光**
**岛田宅**
一到晚上纸拉门就像灯笼一样，营造出温暖的气氛。（下）

我们称之为“拉门”的门窗形式，准确地说应该是透光拉门或纸拉门。在建筑界，一般是指可移动门部分或门本身。纸拉门是日本自古就存在的优秀门窗形式，在和风建筑中当然不可或缺。但在宫胁檀设计的住宅中，无论是和室还是西式房间，一般都会使用纸拉门。

宫胁先生喜欢的是用这种格栅形式，以及从中透出的柔和光线，在室内营造出的一种难以言喻的氛围。不仅是在和室，就算融入西式房间也毫不违和。我清楚地体会到这一点，是在改装西式房间，换下窗帘、重新装上纸拉门之时。尽管只是改变了开口方向，空间本身却整齐紧凑起来，这正是纸拉门所具有的不可思议的魅力吧。

宫胁先生不喜欢只需要更换纸张的纸拉门，他对喜欢窗帘的客户敬而远之，他认为如果不好好保养，就没资格住在美丽的空间里。

# 第6章

# 街道设计

# 1 住宅区内公共空间不可或缺

**将绿化丰富的停车位当作公共用地，树木“枝”下高度须满足人车共用街区条件**
绿化面积大，居住环境更好

宫胁先生在日本规划了多个优秀的住宅区。为了打造宜居、美丽的居住环境，用地或住宅自不必说，还必须如俯瞰般考虑整个住宅区。另外如果只考虑扩大宅地面积，像棋盘格一样划分住宅区或许合理，但不会有良好宜居的居住环境。

人们理想的居住环境或许都是，邻里友好交流，健康安全地生活，拥有绿化丰富和美丽的林荫道的住宅区。宫胁先生为了实现这一目标，相比盲目扩大个人住宅用地，他更重视创造丰富的公共空间。公共空间是住宅区人们共有的，例如绿地和人行道。

公共空间不仅是居民们交谈的场所，也是孩子们安全玩耍的场所。我们需要规划的空间应该便于孩子们与植物和小动物接触，以便更多地了解大自然。

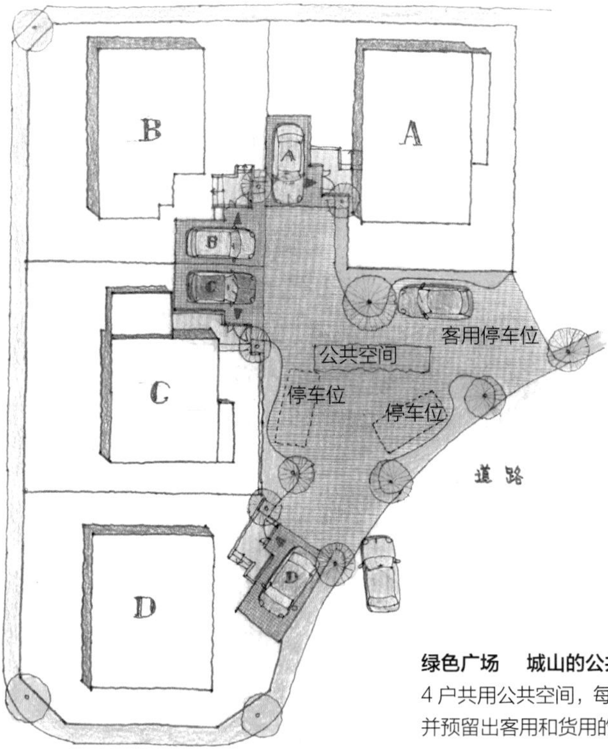


**绿色广场　城山的公共空间**

4 户共用公共空间，每户有一个停车位，并预留出客用和货用的空间

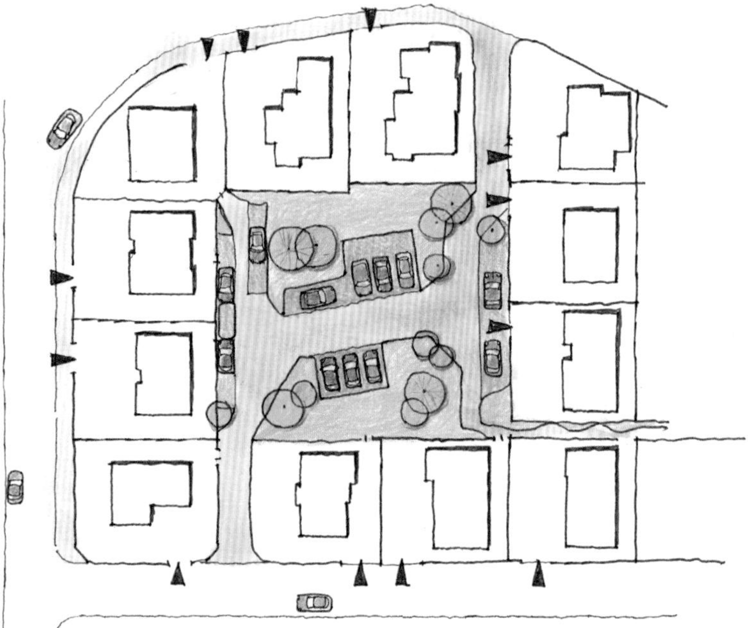

**公共空间**

树木“枝”下高度须满足人车共用路的宅地和公共空间条件。
不是在各户的住宅用地内，而是在公共空间规划停车位，以此来形成社区意识

# 2 停车位是交流场所

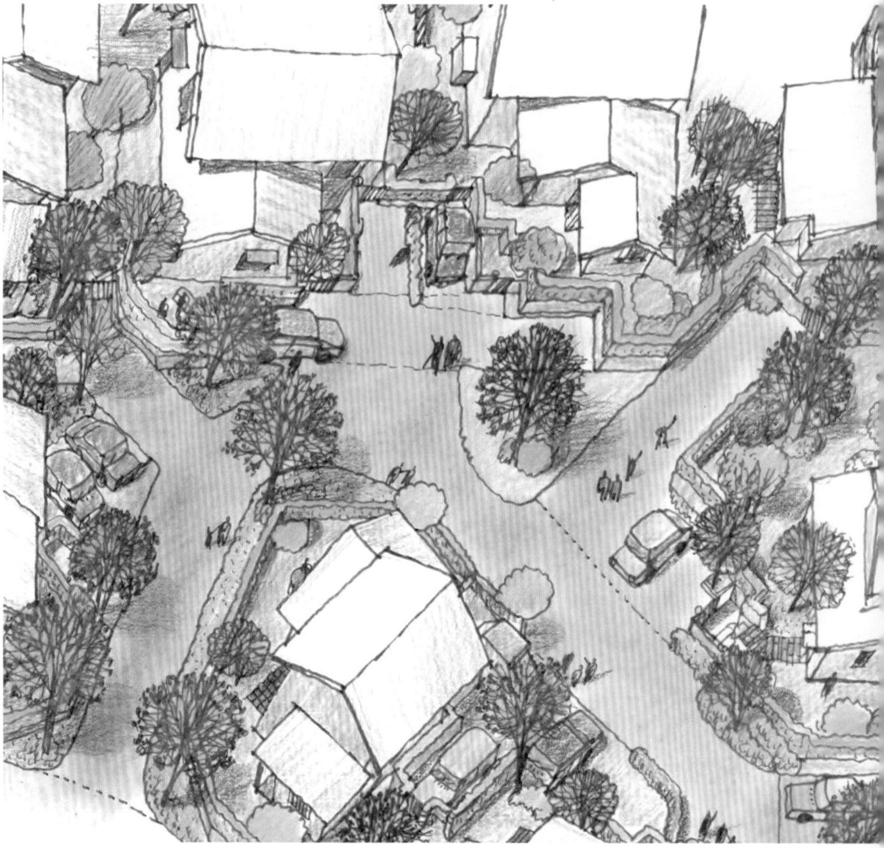

**设想中的人车混行住宅区**
宫胁先生想象中的住宅区速写

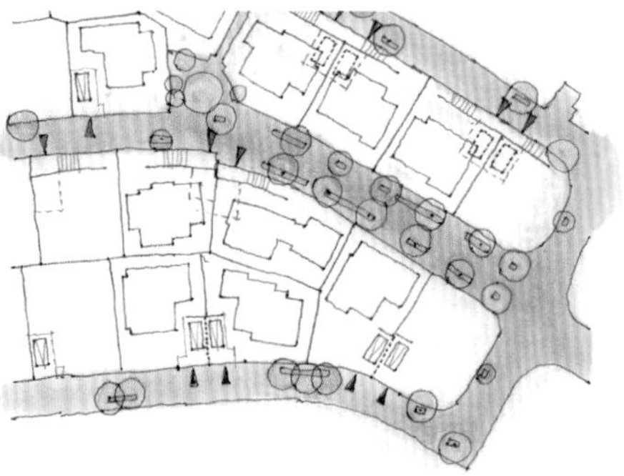

**住宅区规划中的林荫道**
**高幡鹿岛台花园 54 号宅地平面图**
宽阔的林荫道构成了公共空间

为了设计出舒适的住宅环境，宫胁先生走访了很多国家优秀的住宅，意外地看到公共停车位兼作交流场所的实例。引入这种公共停车位后，为了适应土地私有意识较强的日本，改造成了为 2~4 户业主创造沟通机会的交流停车场。如图所示，在高幡鹿岛台花园 54 号的停车位，两户宅地之间没有隔断。

汽车如今已经成为我们生活中不可或缺的存在，但它的存在也在一定程度上威胁着人类安全和侵占了部分休息空间。两侧是紧闭的车库卷帘门的街道，真的美丽宜居吗？我想，宫胁先生并不是单纯地将停车位当作汽车的停放场所，而是将人与人的交流置于其中，来观察真正的汽车社会。

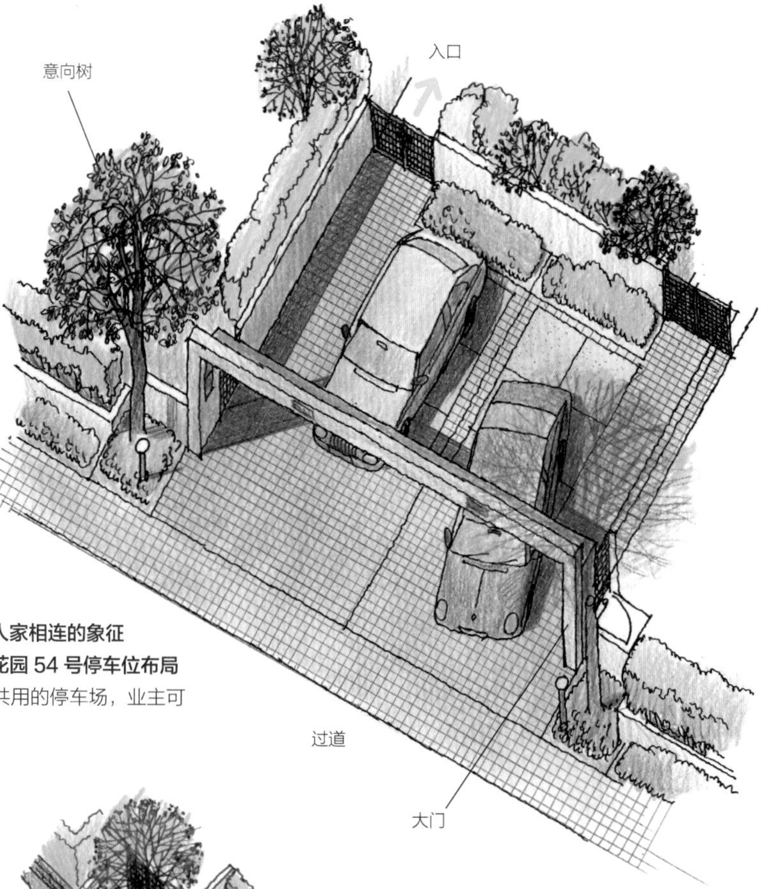


**大门是两户人家相连的象征**
**高幡鹿岛台花园 54 号停车位布局**
这里是两家共用的停车场，业主可在此交流

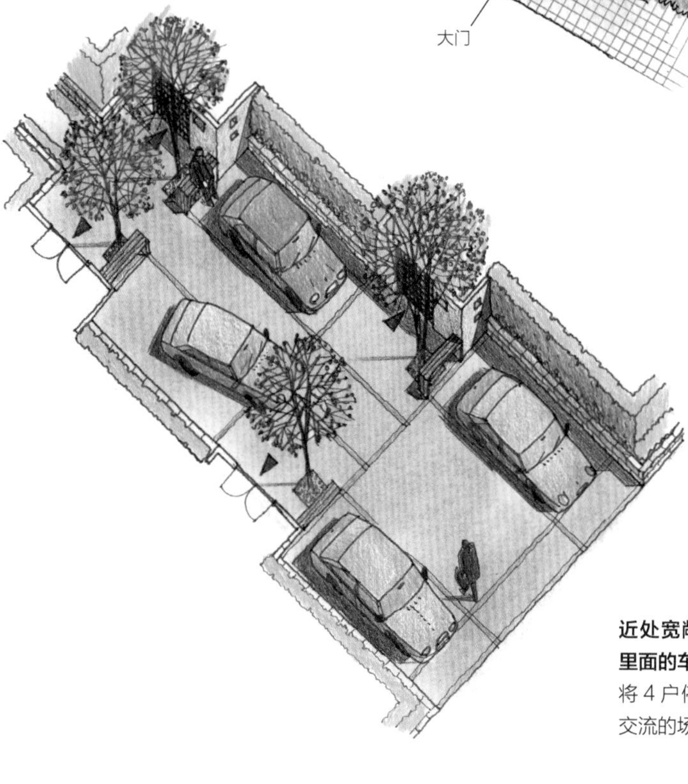

**近处宽敞的公共过道方便里面的车出入**
将 4 户停车位规划整合成交流的场所

# 3 停车位不停车时也有价值

**停车位的外观**

停车位上方是棚架，可供植物攀爬以创造出绿意盎然的街景

星田 B 小区两户住宅的停车位毗连，这点与其他住宅区规划相同，但这组停车位入口的门框是独立的，并利用低矮的灌木丛隔开停车位，可以说这迎合了日本人强烈的领地意识。但是出入家门或保养汽车时，还是有机会和邻居见面。

停车位上方装有棚架，如果种上藤蔓植物，不仅可以遮阳，还可以在下面进行户外烧烤。没有停车需求的家庭，也可以把居家生活挪到户外，不仅能活跃道路沿线氛围，还能增加邻里交流的机会。

从街区景观的角度来看，停车位不容忽视，爬满棚架的植物不仅增添生活气息，而且绿荫美观环保，选择开花的植物会形成更美的景观。

# 打造个性棚架与街区环境的星田 B 小区

**带棚架的停车位**

带棚架的停车位在保持独立性的同时美化了环境，在装点家庭门面中发挥重要作用

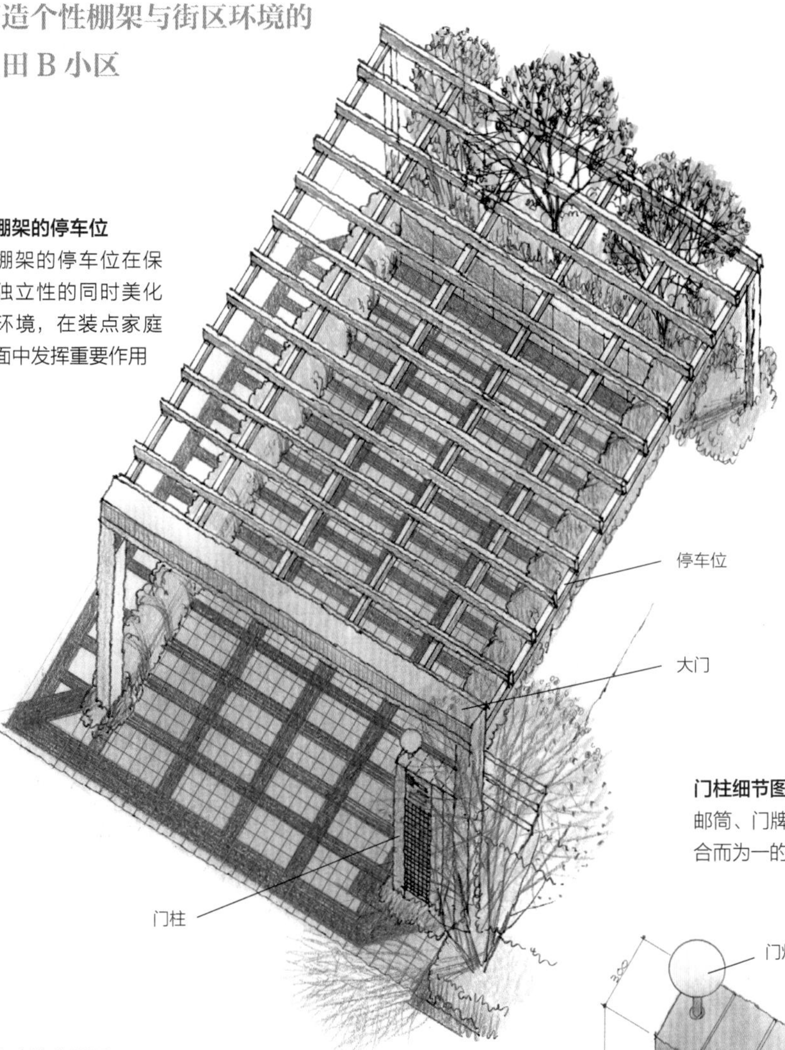


**门柱细节图**

邮筒、门牌、门灯、仪表等合而为一的设计

**基本宅地分配图**

两户合一的宅地分配，虽然停车位毗邻，但因中间有棚架而各自具有独立性

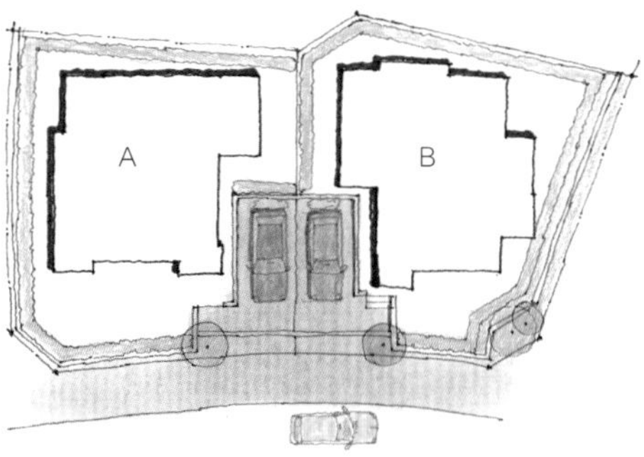


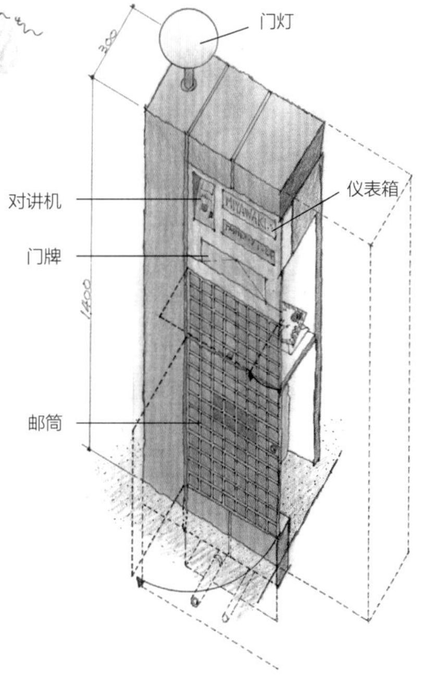

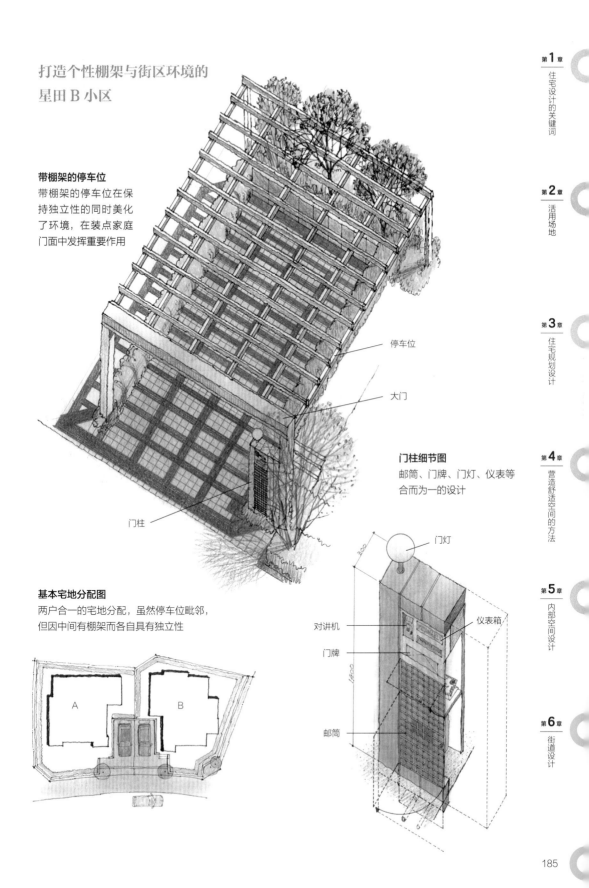

# 4 更便捷地停车

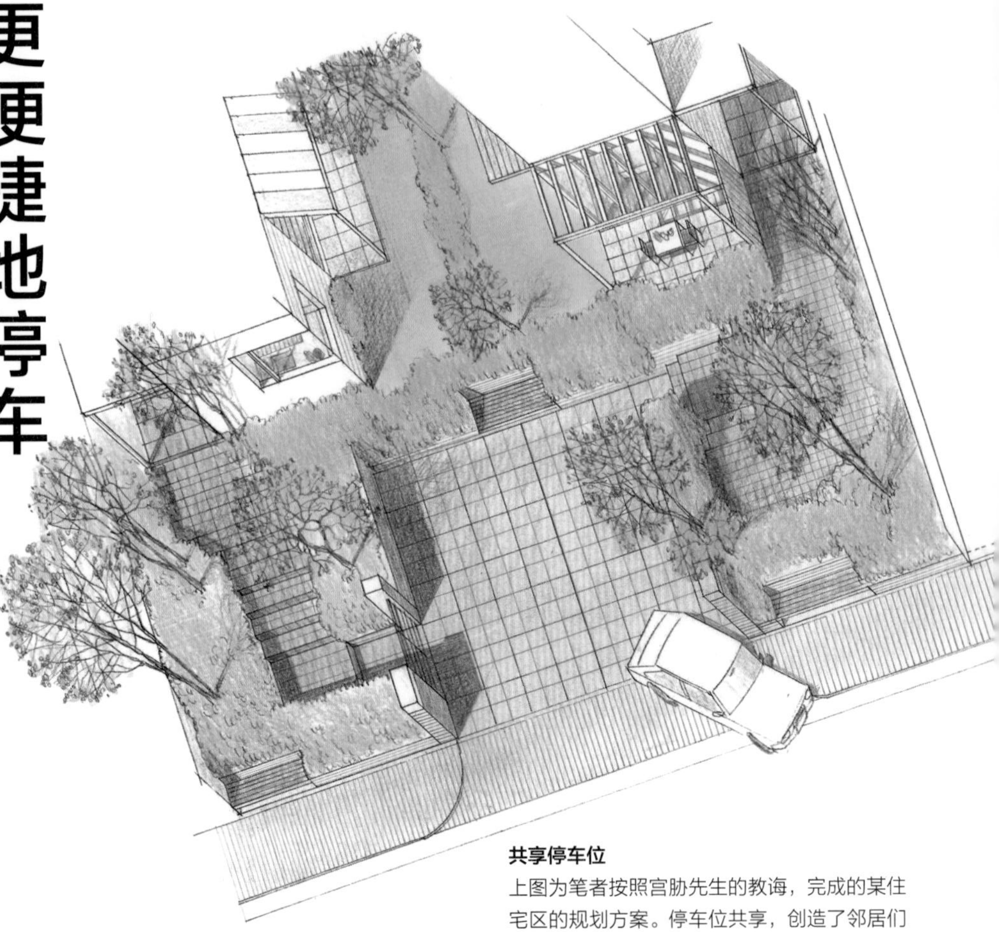

**共享停车位**

上图为笔者按照宫胁先生的教诲，完成的某住宅区的规划方案。停车位共享，创造了邻居们见面的机会

汽车是我们现代人生活中不可或缺的出行工具，停车场所一直都是面对家门口的道路而建的。因为我们会认为“汽车是财产”，所以一般会把汽车妥善保存在带卷帘门的车库里，导致街道景象简直是卷帘门林立。无论是停车位还是车库，都是街景的重要构成部分，不能忽视。希望这里即使在不停车的时候也能为街道景观做出贡献，同时还是一个能够在此轻松聊天的“有温度”的空间。功能齐全又舒适的停车位，体现了住户的品性。

另外停车位大小与车身尺寸有很大的关系，宽度受道路宽度影响。在设计时必须注意，不要出现车进去了却打不开门，或由于道路狭窄车需要反复停好几次才能进去等情况。

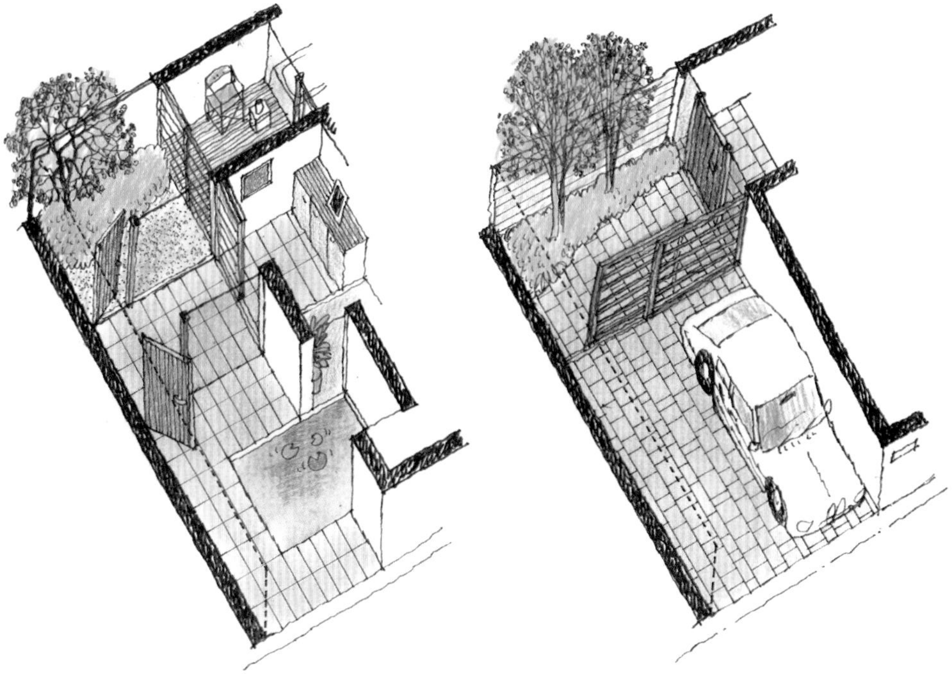

**入口前通道规划方法**

左图入口处没有门，通过水池划分公共和私人领域。右图中宽敞的停车位兼作门前通道

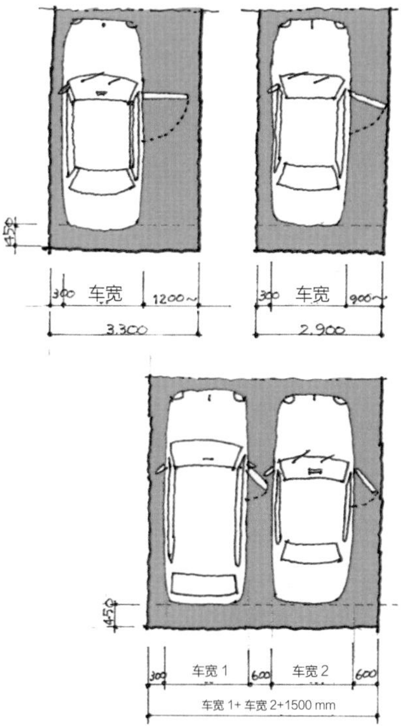


**停车位尺寸与车体尺寸的关系**

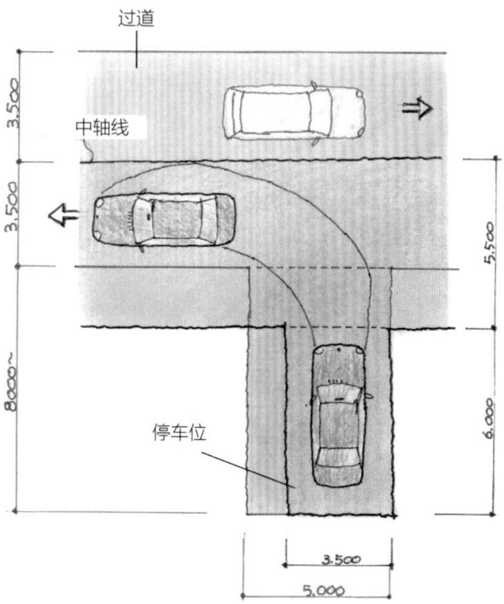


**停车位尺寸和道路宽度的关系**

停车位尺寸由汽车的大小和前面道路的宽度决定

专栏

# 教育家宫胁檀遗留的财富

“居住空间设计课程”的授课情景，从建筑系中选了 30 名学生参加

宫胁先生从年轻时就在各大院校担任讲师，长期以来都在教育一线。尤其是晚年，他结合建筑设计，对年轻人的建筑教育更是倾尽全力。其契机是日本大学生产工学部建筑系开设了一个只有 30 名女生的班级，宫胁先生被聘为那里的教授。在当时希望进入建筑系的女性人数不断增加的情况下，大学将女子的特别教育托付给了宫胁先生。这个课程被命名为“居住空间设计课程”，从建筑系的女学生中招募志愿者，通过考试和面试选拔出 30 人。除了设计课程以外，其他课程都和普通学生一样，设计按照原创课程，由宫胁老师召集的讲师团队授课。

宫胁先生积极地引入了实际建筑设计和现在学校教育中不足的科目，在景观、照明、室内装饰、家具设计等女性擅长、活跃的领域派上用场。尤其注重教育的是，风景不仅只是建筑，与周围庭院和道路的交界不能只用围墙隔开，而是通过丰富的道路空间来营造宜居美丽的街区环境。照明和家具都能发挥女性细腻的情感，此课程的开设是为了充分发挥女性在室内装饰领域的能力。

宫胁先生上课的时候，从不使用传统的教科书，每次上课前，他都会亲手制作资料，整理成“校长通信”和“资料集”，自己复印后分发给学生再上课。他年轻时期就实现了当建筑学教师的愿望，认真地实践着自己的教育理念。

宫胁先生已经去世 20 多年了，教师队伍中也有很多人不认识他，宫胁先生所追求的教育理念似乎也发生了很大的变化，但宫胁老师孜孜不倦给学生们讲课的样子令人怀念。

# 宫胁檀住宅作品列表

## 01 1966

石津别墅

所在地：静冈县富士吉田市
家庭成员：夫妇 + 3 个孩子
占地面积：77.64 m²
建筑面积：121.06 m²

## 02 1967

立松宅

所在地：东京都小金井市
家庭成员：夫妇 + 3 个孩子
占地面积：42.21 m²
建筑面积：103.77 m²

## 03 1968

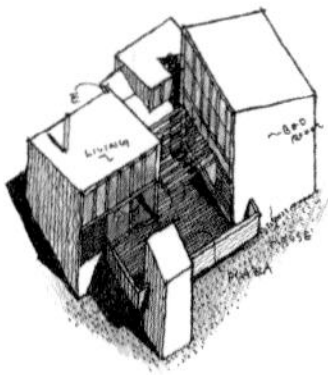

广场屋

所在地：神奈川县足柄下郡箱根町
家庭成员：无（疗养院）
占地面积：80.33 m²
建筑面积：110.70 m²

## 04 1970

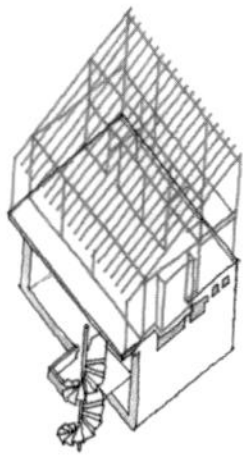

今村宅（**今村箱体**）

所在地：东京都品川区
家庭成员：夫妇
占地面积：45.50 m²
建筑面积：99.94 m²

## 05 1971

早崎宅（**蓝色箱体**）

所在地：东京都世田谷区
家庭成员：夫妇 +2 个孩子
占地面积：58.73 m²
建筑面积：122.26 m²

## 06 1971

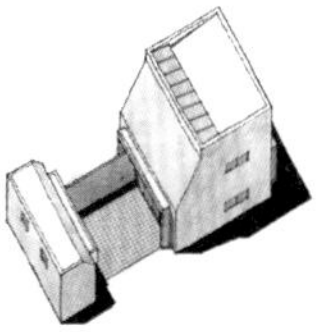

松川宅（**松川箱体 1 期**）

所在地：东京都新宿区
家庭成员：夫妇 + 1 个孩子 + 保姆
占地面积：75.42 m²
建筑面积：107.77 m²

## 07 1971

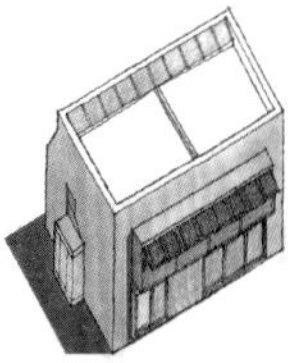

菅野宅（**菅野箱体**）

所在地：埼玉县大宫市
家庭成员：夫妇 + 3 个孩子
占地面积：55.68 m²
建筑面积：87.98 m²

## 08 1972

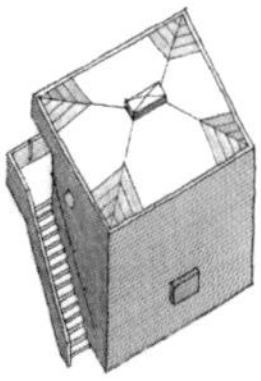

奈良宅（**灰色箱体 1 号**）

所在地：东京都目黑区
家庭成员：夫妇 + 1 个孩子
占地面积：53.67 m²
建筑面积：96.87 m²

## 09 1972

柴永别墅（**三角箱体**）

所在地：群马县桐生市
家庭成员：不详
占地面积：43.56 m²
建筑面积：53.26 m²

## 10 1972

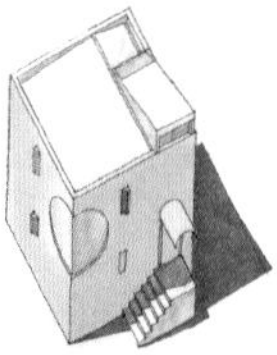

安冈宅（**绿色箱体 2 号**）

所在地：神奈川县藤泽市
家庭成员：夫妇 + 侄女
占地面积：33.64 m²
建筑面积：64.85 m²

## 11 1973

岛田宅（**黑色箱体**）

所在地：神奈川县川崎市
家庭成员：夫妇 +2 个孩子
占地面积：47.52 m²
建筑面积：89.64 m²

## 12 1973

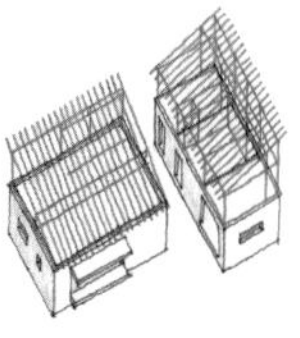

稻垣宅（**稻垣箱体**）

所在地：神奈川县川崎市
家庭成员：夫妇 +2 个孩子
占地面积：95.61 m²
建筑面积：132.10 m²

## 13 1974

藤江宅

所在地：神奈川县横滨市
家庭成员：夫妇 +2 个孩子
占地面积：84.91 $m^2$
建筑面积：117.54 $m^2$

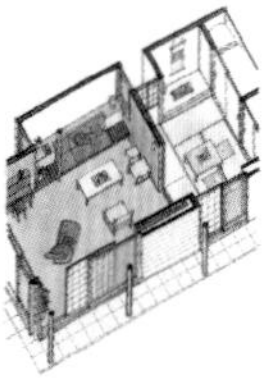

## 14 1974

三宅宅（**三宅箱体**）

所在地：千叶县船桥市
家庭成员：夫妇 + 3 个孩子
占地面积：64.25 $m^2$
建筑面积：119.93 $m^2$

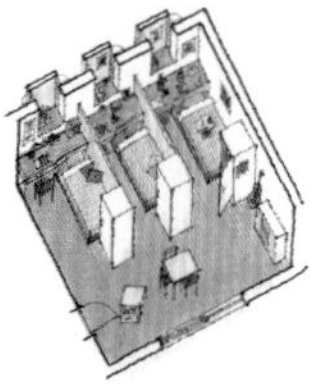

## 15 1974

佐藤宅（**佐藤箱体**）

所在地：长野县茅野市
家庭成员：夫妇 + 1 个孩子
占地面积：82.70 $m^2$
建筑面积：130.80 $m^2$

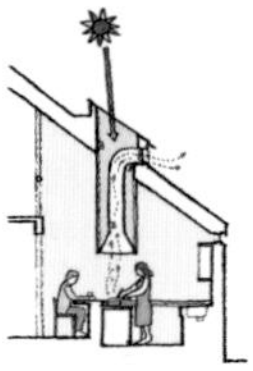

## 16 1974

船桥宅（**船桥箱体**）

所在地：东京都文京区
家庭组成：夫妇 + 1 个孩子 + 老人
占地面积：76.85 $m^2$
建筑面积：140.22 $m^2$

## 17 1976

佐川宅（**1/4 圆箱体**）

所在地：东京都新宿区
家庭成员：夫妇 +2 个孩子
占地面积：59.34 $m^2$
建筑面积：98.75 $m^2$

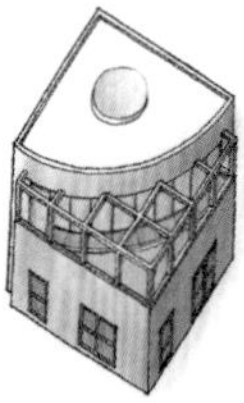

## 18 1976

木村宅（**木村箱体**）

所在地：兵库县神户市
家庭成员：夫妇 + 1 个孩子
占地面积：80.70 $m^2$
建筑面积：136.12 $m^2$

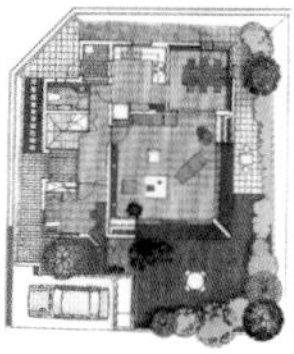

## 19 1977

高畠宅（**高畠箱体**）

所在地：东京都目黑区
家庭组成：夫妇 + 3 个孩子 + 老人
占地面积：65.61 $m^2$
建筑面积：142.73 $m^2$

## 20 1977

前田宅（**汽缸屋**）

所在地：神奈川县横滨市
家庭组成：夫妇 + 3 个孩子 + 老人
占地面积：81.76 $m^2$
建筑面积：137.16 $m^2$

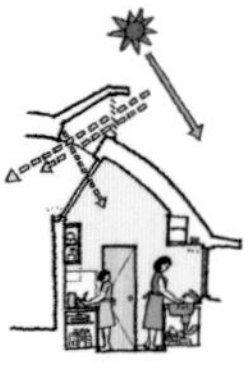

## 21 1977

松川宅（**松川箱体 2 期**）

所在地：东京都新宿区
家庭成员：夫妇 + 1 个孩子
占地面积：88.53 $m^2$
建筑面积：157.53 $m^2$

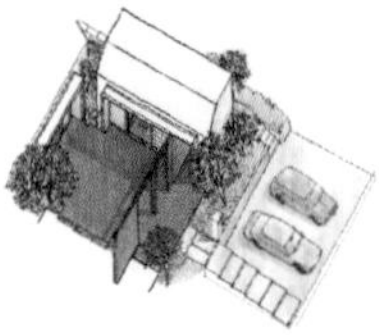

## 22 1979

吉见宅（**吉见箱体**）

所在地：神奈川县横滨市
家庭组成：夫妇 + 1 个孩子 + 老人
占地面积：67.32 $m^2$
建筑面积：119.16 $m^2$

## 23 1979

横尾宅（**横尾箱体**）

所在地：千叶县市川市
家庭成员：夫妇
占地面积：43.33 $m^2$
建筑面积：71.01 $m^2$

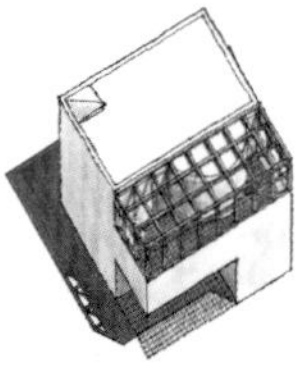

## 24 1979

富士道宅

所在地：爱知县爱知郡日进町
家庭组成：夫妇 + 3 个孩子 + 老人
占地面积：134.38 $m^2$
建筑面积：228.05 $m^2$

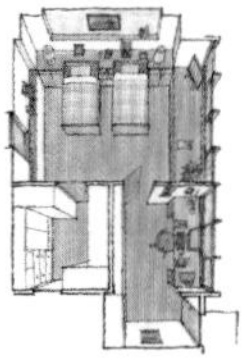

## 25 1979

渡边宅

所在地：东京都丰岛区
家庭成员：夫妇
占地面积：38.00 $m^2$
建筑面积：71.95 $m^2$

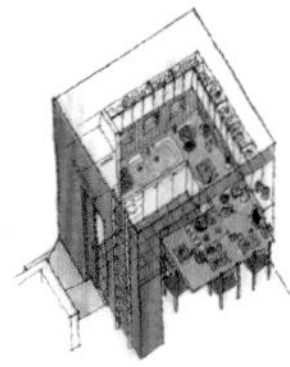

## 26 1980

有贺宅

所在地：群马县高崎市
家庭组成：夫妇 + 2 个孩子 + 老人
占地面积：218.76 $m^2$
建筑面积：288.90 $m^2$

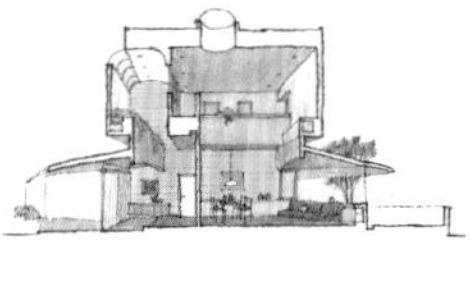

## 27 1980

森宅（**森箱体**）

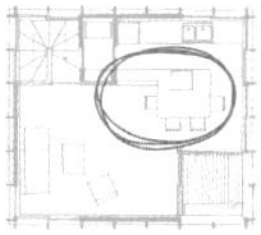

所在地：神奈川县横须贺市
家庭成员：夫妇
占地面积：37.96 $m^2$
建筑面积：60.50 $m^2$

## 28 1982

田中宅（**田中箱体**）

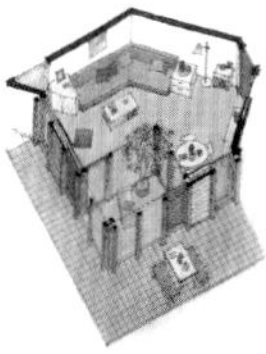

所在地：千叶县千叶市
家庭成员：夫妇 +2 个孩子
占地面积：81.99 $m^2$
建筑面积：139.55 $m^2$

## 29 1983

内山宅

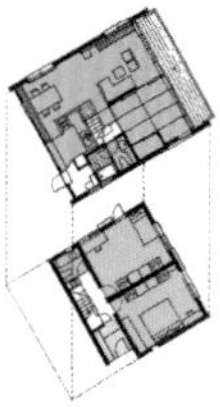

所在地：神奈川县小田原市
家庭成员：夫妇 +2 个孩子
占地面积：73.30 $m^2$
建筑面积：112.63 $m^2$

## 30 1983

中山宅

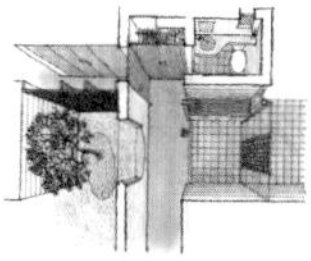

所在地：埼玉县川口市
家庭组成：夫妇 + 1 个孩子 + 老人
占地面积：464.92 $m^2$
建筑面积：464.92 $m^2$

## 31 1983

花房宅

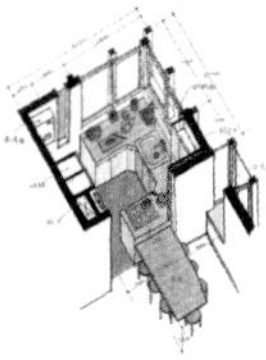

所在地：神奈川县横滨市
家庭成员：夫妇 + 3 个孩子
占地面积：56.20 $m^2$
建筑面积：101.70 $m^2$

## 32 1983

崔宅（CHOI BOX）

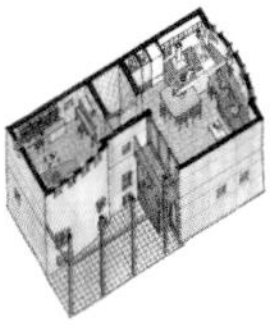

所在地：东京都大田区
家庭成员：业主 + 2 个孩子
占地面积：47.81 $m^2$
建筑面积：92.66 $m^2$

## 33 1985

伊藤明宅

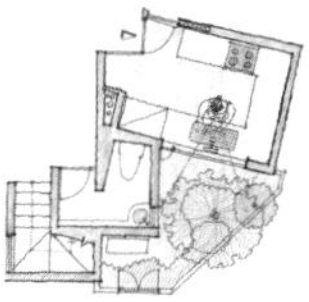

所在地：神奈川县横滨市
家庭成员：夫妇
占地面积：72.14 $m^2$
建筑面积：102.20 $m^2$

## 34 1985

森井宅

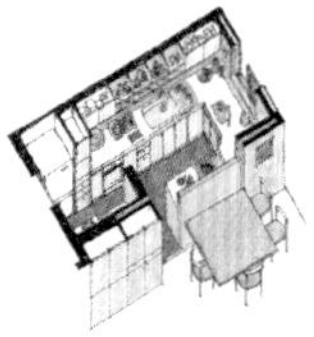

所在地：广岛县廿日市
家庭成员：夫妇
占地面积：88.56 $m^2$
建筑面积：155.62 $m^2$

## 35 1986

林宅

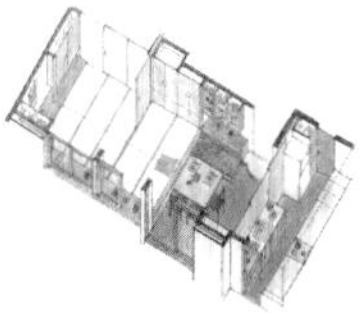

所在地：群马县前桥市
家庭成员：夫妇 +2 个孩子
占地面积：148.46 $m^2$
建筑面积：208.33 $m^2$

## 36 1989

植村宅

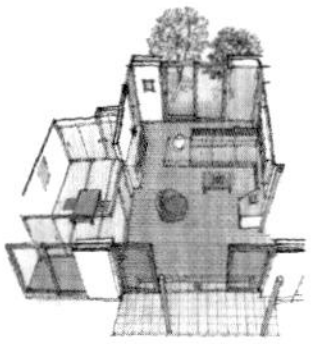

所在地：神奈川县茅崎市
家庭成员：夫妇 + 3 个孩子
占地面积：110.81 $m^2$
建筑面积：165.58 $m^2$

## 37 1989

名越宅

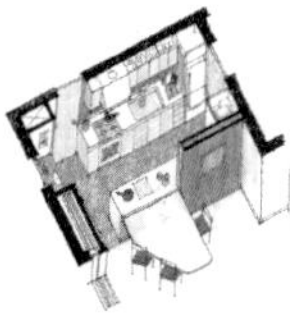

所在地：东京都新宿区
家庭成员：夫妇 + 1 个孩子 + 保姆
占地面积：179.67 $m^2$
建筑面积：282.61 $m^2$

## 38 1991

松川宅（**松川箱体 3 期**）

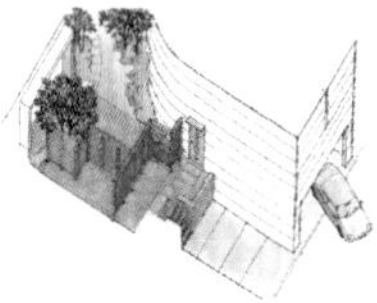

所在地：东京都新宿区
家庭成员：不详
占地面积：54.05 $m^2$
建筑面积：104.60 $m^2$

## 39 1992

大町别墅（**白萩庄**）

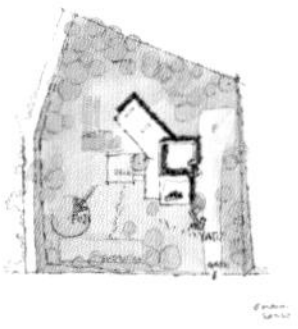

所在地：长野县诹访郡富士见町
家庭组成：夫妇 + 2 个孩子 + 老人
占地面积：106.14 $m^2$
建筑面积：113.64 $m^2$

## 40 1999

桥爪宅

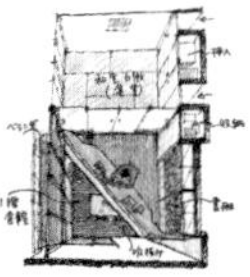

所在地：东京都杉并区
家庭成员：夫妇
占地面积：96.61 $m^2$
建筑面积：163.03 $m^2$

# 后记

宫胁先生虽然已经去世 20 多年了，但是他作为设计出许多优秀住宅的建筑师，至今仍留在许多人的记忆中。

宫胁先生是我终生难以忘怀、无可替代的恩师，他教会了我很多东西，可以说如果没有宫胁先生，就没有现在的我。

这次我以自己的方式解读老师的作品，为了让大家了解宫胁作品的精髓，总结出了这部拙著。如果能对各位读者有所帮助，我想老师一定会非常高兴。虽然我做的不多，但如果能报答老师的一点恩情我也会感到很幸福。在图书撰写和整理过程中，宫胁先生的女儿宫胁彩女士给予我很大的理解和帮助，在此表示感谢。

另外，对于在宫胁檀建筑研究室担任设计的诸位前辈，如果书中有任何纰漏或不同的见解的话，也请见谅。

我希望读到这部拙作的各位，可以永远记住宫胁檀这位建筑师的伟大造诣。

中山繁信